果蔬科学施肥技术丛书

蔬菜科学施肥

主　编　宋志伟　李光辉

副主编　王晓山　李艳珍

参　编　程东祥　李延铃　杨首乐

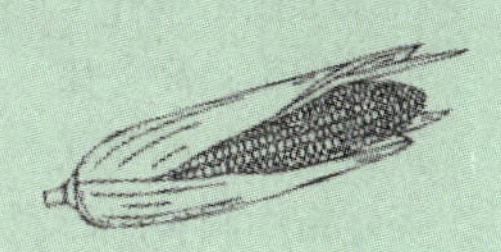

机械工业出版社

本书介绍了菜田土壤特性与蔬菜需肥特点、蔬菜生产中肥料的科学施用、蔬菜科学施肥新技术、主要露地蔬菜科学施肥、主要设施蔬菜科学施肥、健康蔬菜生产科学施肥等内容，并依据栽培茬口（如设施的春提早、夏避雨、秋延迟、越冬长季等，露地的春播、夏播、秋播、越冬等）、灌溉方式（如常规灌溉、滴灌等）等进行编写。书中设有“小贴士”“温馨提示”“身边案例”等栏目，以方便读者根据实际情况进行选用。

本书适合广大菜农、各级农业技术推广部门及肥料生产企业的技术人员、肥料生产和经销人员使用，也可供土壤肥料科研教学部门的科技人员阅读参考。

图书在版编目（CIP）数据

蔬菜科学施肥 / 宋志伟，李光辉主编. -- 北京 ：机械工业出版社，2024. 9. --（果蔬科学施肥技术丛书）.
ISBN 978-7-111-76158-7

Ⅰ. S630.6

中国国家版本馆 CIP 数据核字第 2024D4U360 号

机械工业出版社（北京市百万庄大街22号　邮政编码100037）
策划编辑：高　伟　周晓伟　　责任编辑：高　伟　周晓伟　刘　源
责任校对：韩佳欣　刘雅娜　　责任印制：单爱军
保定市中画美凯印刷有限公司印刷
2024年9月第1版第1次印刷
145mm×210mm・9.375印张・314千字
标准书号：ISBN 978-7-111-76158-7
定价：49.80 元

电话服务
客服电话：010-88361066
010-88379833
010-68326294

网络服务
机　工　官　网：www.cmpbook.com
机　工　官　博：weibo.com/cmp1952
金　　书　　网：www.golden-book.com
机工教育服务网：www.cmpedu.com

前言

蔬菜种类繁多，主要有白菜类、绿叶类、茄果类、瓜类、豆类、根菜类、葱蒜类等，已成为人们生活中重要的食品，其安全性对人类健康至关重要。我国地域广阔，南北方蔬菜种植条件差异较大，采用科学施肥技术是我国蔬菜生产的重要措施之一。随着现代农业的发展，对健康（合格）、绿色、有机农产品的需求越来越多，蔬菜施肥也进入注重科学安全施肥的时期。

我国是化肥生产和使用大国。当前，我国化肥施用存在四个方面的问题：一是亩均施用量偏高，远高于世界平均水平；二是施肥不均衡现象突出，东部经济发达地区、长江下游地区和城市郊区施肥量偏高、附加值较高的蔬菜过量施肥比较普遍；三是有机肥料资源利用率低，实际利用率不足40%；四是施肥结构不平衡，重化肥、轻有机肥料，重大量元素肥料、轻中微量元素肥料，重氮肥、轻磷钾肥，“三重三轻”问题突出。为此，农业农村部开展了化肥减量增效行动，力求做到施肥结构优化、施肥方式改进、肥料利用率稳步提高，保持化肥使用量负增长。基于以上现状，我们编写了本书，在阐述菜田土壤特性与蔬菜需肥特性、蔬菜生产中肥料的科学施用等基础知识基础上，介绍了蔬菜测土配方施肥技术、蔬菜营养诊断施肥技术、蔬菜营养套餐施肥技术、蔬菜水肥一体化技术、蔬菜有机肥替代化肥技术等科学施肥新技术，并对主要露地蔬菜及设施蔬菜科学施肥、健康蔬菜生产科学施肥进行了重点介绍，希望能为广大菜农科学合理施肥提供参考，为现代农业的可持续发展做出相应的贡献。为了方便学习，书中插入了“小贴士”“温馨提示”“身边案例”等栏目，同时在编写时考虑到了栽培茬口、灌溉方式等实际情况，使蔬菜施肥有了更好的针对性、科学性、实用性、可操作性，方便菜农参照并进行科学施肥。

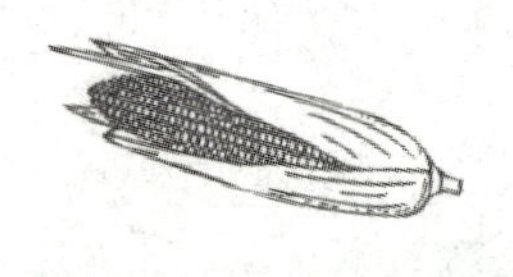

需要特别说明的是，本书中介绍的肥料及其使用量仅供读者参考，不可照搬。在实际生产中，所用肥料学名、常用名与实际商品名称有差异，肥料用量也有所不同，建议读者在使用每一种肥料之前，参阅厂家提供的产品说明，以确认肥料用量、使用方法、使用时间及禁忌等。

本书由宋志伟、李光辉任主编，王晓山、李艳珍、程东祥、李延铃、杨首乐参加编写，全书由宋志伟统稿。本书在编写过程中得到了河南农业职业学院、河南省漯河市郾城区农业技术推广站、河南省舞钢市乡村产业发展中心、河南省新郑市农业科学研究所、河南省开封市农产品质量安全监测中心、河南省兰考县农业农村局等单位领导和有关人员的大力支持，在此表示感谢，同时向书中参考文献的原作者表示感谢。

由于编者水平有限，书中难免存在疏漏和错误之处，敬请专家、同行和广大读者批评指正。

编　者

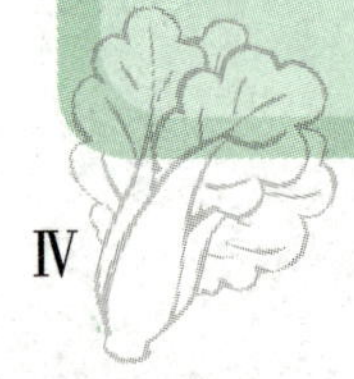

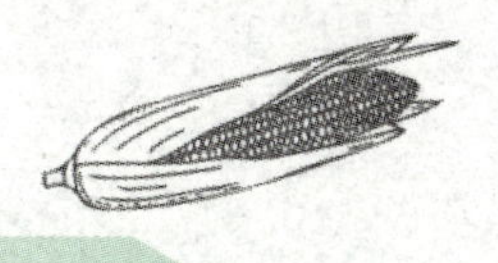

目录

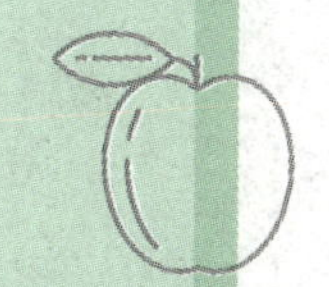

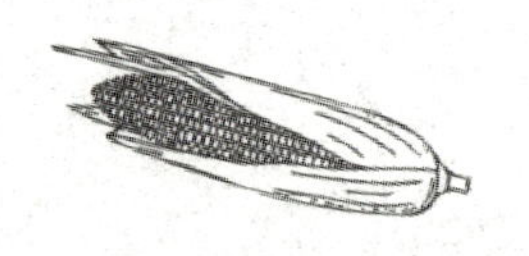

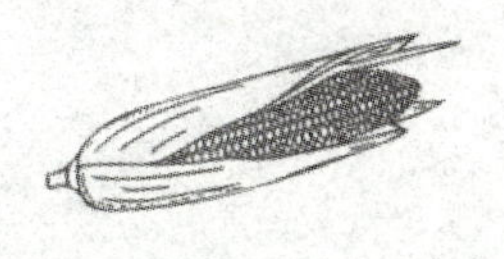

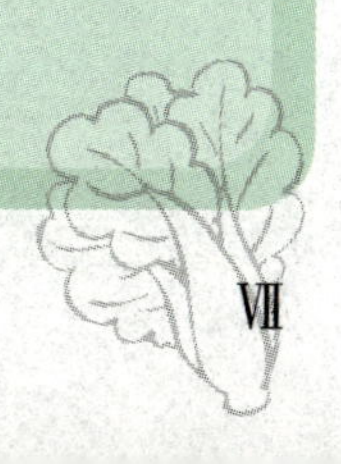

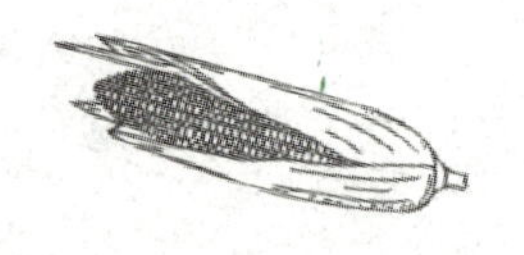

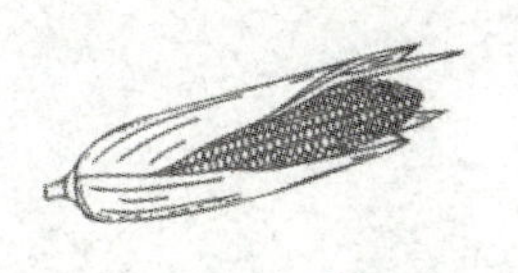

第一章 菜田土壤特性与蔬菜需肥特点

蔬菜是高投入、高产出的作物，对土壤肥力要求较高，肥料投入也较其他作物高很多。因此，很多菜农为追求高产效益，往往不惜成本而大量施用肥料，特别是化学肥料（简称化肥），结果导致菜田养分失衡、资源浪费和环境污染等。

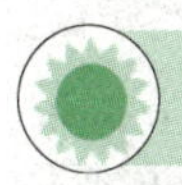

第一节　菜田土壤特性与管理

菜田土壤是在对栽培蔬菜进行长期精耕细作的过程中逐步形成的。与大田作物的土壤相比，菜田土壤具有熟化土层深厚、有机质和养分含量高、理化性状好等特点。

一、露地菜田土壤特性与管理

1. 露地菜田土壤特性

蔬菜具有生长期短、生长速度快、吸收水分与养分量大、产量高、复种指数高等特点，因此，其对菜田土壤肥力的要求也较高。

（1）土壤高度熟化　菜田土壤应有一层较厚的有机质积累层，其有机质含量在30克/千克以上，最好能达到40~50克/千克。土壤质地均匀，粗粉粒含量较高，物理性能好，三相组成：固相为50%、气相为20%~30%、液相为20%~30%，总孔隙度应在55%以上，地下水位应大于2.5米。

（2）土壤稳温性好　地温对蔬菜根部的生长、活性和养分吸收有直接的影响，同时对土壤中微生物的种类及其繁殖、土壤养分的有效性及土壤中传染病害的发生，均有很大的影响。只有土壤稳温性良好，才有利于蔬菜根部的生长、活性和养分吸收。因此，对早春蔬菜不宜灌大水，防止地温降低；给夏季蔬菜灌大水，可起到降低地温作用；给越冬蔬菜灌水，可防止冬季地温变动较大或过低。

（3）土壤质地疏松，耕性良好 菜田土壤容重应为1.1~1.3克/厘米^3。土壤容重达到1.5克/厘米^{3}时，土壤板结，有机质含量低，土壤耕性不良，蔬菜根系生长会受到抑制。

（4）土壤具有较强的蓄水、保水和供氧能力 多数蔬菜在土壤含氧量为10%以下时，根系呼吸作用受阻，生长不良。黄瓜和甘蓝类蔬菜在土壤含氧量为20%~24%时才生长良好。蔬菜对土壤含水量要求较高，最适田间持水量为60%~80%。

（5）土壤含有较多的速效养分 菜田土壤应含有碱解氮90毫克/千克以上、速效磷50毫克/千克以上、速效钾115毫克/千克以上、氧化钙1.0~1.4克/千克、氧化镁150~240毫克/千克，以及一定量的有效硼、锰、锌、钼、铁、铜等微量元素。土壤含盐量不得高于4克/千克，土壤酸碱度宜为微酸性。

（6）土壤不含有毒物质 蔬菜作物的根系在生长发育过程中，除分泌有益物质外，还分泌一些有毒物质，这是蔬菜不宜进行连作的主要原因。肥力较高的土壤，因有机质含量丰富，微生物数量多，土壤缓冲性能较高，一般不存在或很少存在过量的有毒物质。

（7）不同种类的蔬菜对土壤酸碱度的适应性不同 不同种类的蔬菜对土壤酸碱度的适应性也不一样，绝大部分蔬菜适宜中性或微酸性土壤。而微碱性土壤比较黏重，有机质含量较少，蔬菜不宜出苗，可选择种植菠菜、芹菜、莴苣、甘蓝、茄子、豌豆等蔬菜。

2. 露地菜田土壤管理

（1）增肥改土 增施大量腐熟的优质有机肥料，并辅以化肥。合理而充分地利用畜禽粪便、种植绿肥、秸秆还田等，可以增肥改土。有机肥料可以改善土壤的团粒结构，同时经微生物的活动和分解，可使有机物中的氮按铵态氮、亚硝酸态氮、硝酸态氮的顺序分解，而蔬菜和土壤中的微生物则都可以吸收利用无机氮合成蛋白质。当微生物蛋白质被分解时，所产生的硝态氮又可作为养分供蔬菜吸收利用。但大量施用未经过处理的有机物，也会破坏土壤结构，降低土壤保水保肥的能力。将大量人粪尿直接施入土壤，不仅易造成菜田及蔬菜污染，而且易导致土壤酸化，应经过处理或加工成颗粒后再与其他肥料配合施用。

（2）合理轮作 “茬口倒顺，胜似上粪”。正确的轮作倒茬，可使土

壤中的养分、水分得到合理利用，充分发挥生物养地、培肥增产的良好作用，同时还可减少病虫对作物的危害，促进丰产、丰收。有条件的地区要实行菜、粮、饲轮作，改善菜田土壤的生态条件，建立合理的物质循环体系。

（3）配方施肥　在给菜田施用化肥的过程中，要注意氮、磷、钾肥的合理搭配，不要单施氮肥，以免影响蔬菜的良好生长。

（4）间、套种绿肥　有条件的地区，在种菜的同时还可间、套种短期绿肥，如苕子、苜蓿等，都有利于改善土壤的物理性状，提高土壤肥力。

（5）合理耕作，加深耕作层　耕作层普遍较浅是当前菜田土壤的一个问题，这必然会影响蔬菜根系的生长发育，造成蔬菜发棵差及早衰的不良后果；且由于耕作层浅，土壤营养库及储水库容积受到限制，供肥能力及抗灾能力降低。应逐年加深耕作层，直至深度达到20厘米左右。在增施有机肥料的条件下可隔年秋季进行1次深翻，加速土壤的熟化，消灭旱地的犁底层。当然，耕作次数及深度的确定还应因地制宜，对土层较浅的漏水漏肥地块宜深耕；对肥力较高且疏松的地块宜少耕，以减少水土流失和养分淋失。

（6）客土改土　根据土壤的性质不同，可采用客土改土的方法。对于黏重的土壤，适当地掺入沙土、垃圾、河泥等改良材料；对沙土、盐碱土可采用开沟淋碱、沙土掺泥和旱改水等方法来改变土壤的性状。

二、设施菜田土壤特性与管理

2023年，我国设施蔬菜栽培面积超过285万公顷，占世界设施蔬菜栽培面积的80%以上。由于设施栽培人为地改变了传统露地栽培的土壤环境，具有常年高温、高湿、无降水淋洗及高施肥、高产出、超强度利用等特点，因此土壤与施肥均具有与露地蔬菜不一样的特点。

1. 设施菜田土壤特性

设施菜田是设施蔬菜生态系统中的重要组成部分，是对蔬菜活体进行机械支撑及对养分、水分和空气等进行协调供应的基本载体，其土壤的物理性状、化学性状、生物学性状与露地菜田有很大区别。

（1）物理性状　设施菜田连续耕种3~5年，适耕土层就会变浅，土壤日益板结，其主要原因是有机肥料用量减少、化肥用量增加，肥料残余离子和基团累积；土壤微生物数量和生物量下降，土壤团粒结构稳定性下降、孔隙变小，质量退化。

（2）化学性状 设施菜田的有机肥料投入量普遍比露地菜田多2~4倍，比露地其他作物多4~10倍，这是因为设施菜田要求土壤有机质含量高、腐殖质多、养分含量高。此外，土壤酸碱性会影响设施蔬菜的营养吸收、生长代谢等，大多数设施蔬菜适宜生长的pH为5.5~7.5。

（3）生物学性状 新设施菜田的土壤微生物总量、种群结构、剖面垂直分布等特征与露地菜田类似，每克设施菜田土壤中约有微生物2.0×10^9个。老设施菜田的土壤微生物种群主要有细菌、放线菌、真菌、藻类、小动物及原生动物等，每克土壤中约有细菌2.5×10^9个、放线菌3.0×10^6个、真菌4.0×10^5个、藻类5.0×10^4个、小动物及原生动物1.5×10^7个，以生物量计约为600克/米^3。设施菜田土壤微生物主要分布在表层土壤（0~20厘米），基本与蔬菜根系分布区域重合。

设施菜田连续耕种3~5年，随着杀菌剂等化学物质的使用，土壤板结，盐分不断聚集在表层土壤，表层土壤酸化，土壤团粒结构比重增加，土壤含水量增加，土壤微生物数量逐步下降，从而导致微生物种群变得与露地菜田不同，放线菌减少，真菌增加，蔬菜病害加重。

2. 设施菜田土壤管理

设施菜田土壤管理措施主要有科学合理耕作、土壤改良、土壤消毒、土壤质量提升等。

（1）科学合理耕作 可通过选用抗逆蔬菜品种、科学田间管理、合理轮作等措施，优化耕作方式。

1）选用抗逆蔬菜品种。设施内的蔬菜因光照少、肥水大，植株表层蜡层薄、组织软、口感嫩，易被病虫侵害，因此应选用抗逆蔬菜品种，创造不利于病虫害发生发展的局部小环境，以抑制病虫害形成优势生理小种而造成的大暴发、大流行，达到减药减肥生产的目的。

2）科学田间管理。冬季和春季，在设施内温度能满足蔬菜生产要求的情况下，尽量揭去覆盖物以增加光照，加强通风以降低湿度、补充二氧化碳。夏季高温时，适时遮阳降温。田间栽培时，适当稀植，及时摘除老叶、病叶，疏剪老枝，增强通风性和透光性。及时疏花疏果。

3）合理轮作。第一，轮作抗性强的蔬菜品种，切断病虫害转主寄生的生态链，有助于减轻设施内的病虫害。第二，不同蔬菜的吸肥偏好不同，轮作这些蔬菜避免了生长吸肥的趋同性，可以充分利用土壤中各种养分。第三，轮作根系深浅不同的蔬菜品种，可以使不同土层的养分都能得

到充分利用，提高肥料利用率。第四，轮作固氮蔬菜或绿肥，可以固氮保育土壤。

(2) 土壤改良 设施菜田地力下降的主要原因是土壤盐积化、有害真菌数量和生物量增加、土壤板结、蔬菜分泌自毒化感物质等，其改良措施主要如下。

1）减盐降盐。通过灌水洗盐、揭膜淋溶、生物吸盐、增施有机肥料、合理施肥等达到减盐降盐的目的。例如，设施菜田轮作水生蔬菜或利用换茬空闲时间灌水，建立5~10厘米的水层，每次浸泡3~5天，灌水、排水交替2~3次，洗盐效果较好；应用滴灌设施，小水勤灌，有利于盐分下渗，减轻当季蔬菜所受的盐分危害。在雨量大、降雨集中的季节，揭去设施菜田的天膜，利用雨水淋溶，洗脱盐基。通过轮作吸盐能力强的作物或其他植物（如玉米、马铃薯、蕹菜、菠菜等作物，盐角草、碱蓬、苏丹草等植物），降低土壤盐分含量。增施有机肥料、促进秸秆还田、种植绿肥等，可以增加土壤有机质含量，减轻盐分危害。结合生产实际，尽量大棚套小棚，增加地膜覆盖，减少土壤蒸散量，防止地下盐分随水分上移、向土壤表层聚集。根据蔬菜需肥特点、目标产量、土壤养分状况等，制定科学配方，尽量采用水肥一体化技术，减少盐分残留。

2）缓冲设施菜田土壤酸碱度。设施菜田径蔬菜种植3~5年后，由于大量施用化肥，富裕的氯离子、硝酸根、硫酸根等易导致土壤酸化，可结合消毒施用生石灰，调节土壤pH到5.5~7.5，以适应设施蔬菜生长。

3）提高土壤微生物活力。可以通过增施有机肥料、生物有机肥、微生物菌剂、复合微生物肥料等措施，促进微生物增殖，提高土壤生物修复能力。

(3) 土壤消毒 土壤消毒的方法主要包括物理消毒法、化学消毒法、生物消毒法等。

1）物理消毒法。例如，在高温季节灌水闷棚，利用日光加温密闭设施，产生高温水蒸气，可以杀灭病虫菌。在封闭设施前，每亩（1亩≈666.7米^2）撒施碳酸氢铵20~30千克，分解生成的氨气混于水蒸气中，杀灭效果更好。结合换茬施用有机肥料时，每亩施用40~100千克石灰氮，也有很好的消毒效果。在偏酸土壤中适量施用生石灰，可以杀菌，并缓解土壤酸化程度，同时补充钙肥。施用活性炭，也可促进土壤有益微生物增殖，抑制病原菌发展，还可起到物理消毒的效果。

2）化学消毒法。常用的有多菌灵、波尔多液、代森锰锌、福尔马林、硫酸亚铁和硫黄粉等化学药剂，在单位面积土壤中施用适量药剂，可以防治根腐病、茎腐病、叶枯病、黑斑病、灰霉病、炭疽病等。

3）生物消毒法。如可以通过施用微生物药肥，控制有害细菌、真菌等病害的发展，促进能产生抗生素的放线菌增殖，提高土壤健康指标。

（4）土壤质量提升 土壤质量提升的主要措施有合理轮作换茬、科学肥水管理、应用绿色防控技术、推广生态循环技术、优化配套辅助设施等。

1）合理轮作换茬。选择适应本地环境资源、设施类型的专用品种，进行科学合理轮作，有助于提升耕地质量。如在水源充足的地区，推广水旱轮作，既能有效补偿地下水，洗脱土壤表层盐分，缓冲土壤酸碱度，淹水杀灭线虫、地老虎等地下害虫和有害菌，又能改善土壤理化性状。

2）科学肥水管理。设施蔬菜在施肥时要坚持有机无机相结合，适当增施微量元素肥料和生物有机肥。在肥水管理时，科学运筹，精确定量控制，以水调肥、以水调气、肥水互交，提高肥料利用率。

3）应用绿色防控技术。在进行设施蔬菜生产管理时，要优先选用粘虫板、杀虫灯、太阳能及高温水蒸气等物理防治技术；放养害虫天敌，增施有益菌以产生抗生素，喷施生物农药等生物防治技术；化学防治应坚持“防小防早”，禁用“三高”农药及违禁农药，尽力减轻土壤污染。

4）推广生态循环技术。主要措施包括：食用菌与蔬菜设施配套；种养结合或养殖、沼气、蔬菜相结合等。

5）优化配套辅助设施。如根据蔬菜生长特性，合理选用棚膜，增加除湿和换气设备，增加二氧化碳补充设备和蔬菜有效光合光源，配套现代化信息监控设备，动态无损检测蔬菜生长情况，基于专家决策模型优化土壤、蔬菜、环境控制技术，间接地提高设施菜田的土壤质量。

第二节 蔬菜的需肥特点

和所有大田作物一样，蔬菜需要的主要营养元素仍是碳、氢、氧、氮、磷、钾、钙、镁、硫、铁、硼、钼、锌、铜、氯等，但蔬菜在栽培生产过程中，对各种元素的需求量与大田作物有着明显的不同。相比之下，蔬菜作物需肥量大，对土壤肥力要求较高。并且，不同种类蔬菜的生物学特性各异，食用部分不同，对营养元素的需求就存在着较大差异。

一、叶菜类蔬菜的需肥特点

叶菜类蔬菜种类很多，种植面积大，产量高，包括白菜、甘蓝、芹菜、菠菜、莴苣等。这类蔬菜的共同需肥特点是：第一，在氮、磷、钾三要素中，以钾的需求量为最高，每1000千克产量吸收钾和氮的量接近1∶1。第二，根系入土浅，属于浅根性作物，根系抗旱、抗涝能力较弱。第三，植株体内的养分在整个生长发育期内不断积累，但养分吸收高峰在生长发育前期。

1. 白菜类蔬菜的需肥特点

这类蔬菜包括大白菜、大青菜、小青菜、乌塌菜（黑白菜）、油菜等，食用部分是叶片，生产特点是种植面积大、产量高、耐储运、供应期长。它们吸收养分的共同特点包括：一是钾的需求量大。白菜类蔬菜对氮、磷、钾三要素养分的需求量以钾的最大，每1000千克产量吸收钾和氮的量接近1∶1。二是根系入土较浅。白菜类蔬菜属于浅根性作物，根系抗旱、抗涝能力较弱，因此在土壤过湿、氧气含量低时，会严重影响它们对土壤养分的吸收；土壤干旱时，又很容易发生缺钙和缺硼症状。三是养分吸收高峰在生长发育前期。白菜类蔬菜体内的营养元素在整个生长发育期内不断积累，但养分吸收速度的高峰在生长发育前期。因此，生长发育前期的养分供应对全生长发育期影响很大，对产量和品质有重要作用。

白菜类蔬菜的产品有绿叶、叶球、花薹和嫩茎等，除菜薹（菜心）外，大部分白菜类蔬菜营养生长与生殖生长阶段分明。其中，在营养生长阶段，白菜类蔬菜喜好冷凉、温和的天气。大白菜生长需要温和的天气，而小白菜的耐寒性和耐热性都比大白菜强。

白菜类蔬菜均有很大的叶面积，水分蒸发量大，但是根系较浅，因此需要含水量较高和较肥沃的土壤。它们都有较多的叶片，因此保证全生长发育期有充足的氮肥供应，是其丰收的关键。钾有利于促进叶球变得紧实，磷可促进花薹的形成，因此后期施用的磷、钾肥要充足，适时适量施用微量元素肥料也是必要的。对中、微量元素肥料的要求，以铁为主，钙、锌、硼、锰次之，铜最少。

2. 绿叶类蔬菜的需肥特点

这类蔬菜包括菠菜、莴苣、芹菜、蕹菜（空心菜）、芥菜、茼蒿和茴香等，食用部分主要是柔嫩的叶片、叶柄或茎部，生产特点是根系浅、生长迅速、对肥料需求量大。

绿叶类蔬菜种类多，对环境条件的要求各不相同，大致可以分为两类：一类喜冷凉湿润，大多数为低温长日照作物，如菠菜、芹菜、莴苣等。生长发育的适宜温度为15~20℃，能忍耐短期的霜冻。在冷凉湿润条件下，产量高、品质好；在高温干旱条件下，品质变差，叶片小而味道差。另一类喜温暖且不耐寒，属于高温短日照作物，如苋菜、蕹菜等，生长发育的适宜温度为20~25℃，特别是蕹菜，更喜欢高温。除芹菜和莴苣外，多数绿叶类蔬菜生长发育很快，植株矮小，长到4~5片叶时就可以食用，没有严格的采收标准。它们质地柔嫩，不耐储运，上市的质量要求是鲜嫩。

大多数绿叶类蔬菜生长非常快，并且单位面积株数很大，每亩可达10万甚至几十万株，因此对土壤和肥水要求高。绿叶类蔬菜根系浅，因而施肥时适宜浅施，追肥以速效氮肥为主。氮供应充足时，植株叶片柔嫩多汁，纤维较少；氮供应不足时，植株矮小，叶片小，叶色黄而且粗糙，容易先期抽薹，失去食用价值。

莴苣的根系对氧气的需求较高，因此，在富含有机质的土壤中，其根系生长发育较快，有利于养分吸收。当莴苣嫩茎伸长膨大时，必须供应充足的养分。蕹菜的分枝能力强，蔓叶生长很快，其产量决定于采收的次数和每次采收的数量，因此每次采收后要注意追施肥料。

芹菜是一种喜钾蔬菜，钾可使叶柄粗壮和充实，光泽性好，有利于提高产量及改善品质；缺钙会引起芹菜心腐病；菠菜对缺铜、缺钼、缺锌敏感；莴苣对缺锌、缺铜和缺钼敏感。因此，对这类蔬菜喷施多元微量元素肥有一定的增产效果。

3. 甘蓝类蔬菜的需肥特点

这类蔬菜主要包括结球甘蓝、花椰菜、西蓝花、球茎甘蓝及抱子甘蓝等，食用部分是叶球、短缩花薹、球茎和侧芽。

结球甘蓝的顶芽发达，而侧芽一般不生长，养分储存在顶芽中，形成了紧实的叶球；抱子甘蓝的顶芽和侧芽都很发达，养分储藏在各个腋芽中，形成许多小的叶球；花椰菜、西蓝花则在当年形成肥嫩的花球或者花枝，是一年生作物。

结球甘蓝的生长发育期与大白菜相似，结球前期供应充足的氮有利于结球，磷和钾对于结球的紧实度有很大影响；抱子甘蓝喜欢肥沃的黏质土壤，在沙壤土上种植时植株矮小、产量低，应增施基肥。

花椰菜、西蓝花应在花球充实后采收上市。花椰菜和西蓝花在整个生

长发育过程中都需要氮，特别是花球生长期是其吸收养分最多的时期，要及时补充氮、磷、钾。这类蔬菜是典型的喜钙作物，往往因缺钙引起叶缘干枯的生理病害。缺硼时易引起叶柄溃裂或略带苦味，影响品质；缺钼的典型症状是出现“鞭尾症”，所以及早喷洒多元微量元素肥有很好的防病、增产效果。

二、茄果类蔬菜的需肥特点

这类蔬菜有番茄、茄子和辣椒等，食用部分都是果实，生长特点是边现蕾、边开花、边结果，其养分吸收特点如下。

茄果类蔬菜都是育苗移栽的，从生长发育初期一直到花芽分化开始时的养分吸收均在苗床进行。磷在花芽分化中具有重要作用，所以在育苗阶段一定要保证磷的供应。在苗期增施磷、钾肥，不仅可以提高幼苗的质量，增加带花植株，而且可以明显促进早熟，增加产量。

茄果类蔬菜对钾的吸收量最大，其次是氮、钙、磷、镁。由于是多次采收，果实中所含养分随采收而被不断带走，因此，茄果类蔬菜的养分吸收到生长发育后期仍然很旺盛，茎叶中的养分到生长发育末期仍然在继续增加。

茄果类蔬菜一般喜高温和充足阳光，生长发育期长，产品供应时间也较长久。这类蔬菜的生长发育期大致可以分为幼苗期、定植期、第 1 次盛果期、败秧期、第 2 次盛果期，直到最后拉秧，除部分番茄品种为自封顶有限生长型外，其他均为无限生长型，营养体都很发达，在栽培上要注意调节营养生长和生殖生长的矛盾。

茄果类蔬菜根系比较发达，吸收养分和水分的能力非常强，适宜种植在土层深厚、有机质充足的土壤中。由于其生长发育期长，分次采收上市，因此要分期多次追肥，尤其是结果期施肥更为重要。

茄果类蔬菜在生长发育全过程中要供应充足的氮，促进光合作用以增加干物质；磷对茄果类蔬菜的生长发育也有很大影响，生长发育初期对磷的需求更为迫切；钾供应充足有利于促进光合作用和果实膨大。因此，要重视氮、磷、钾肥的施用，并保证氮、磷、钾的平衡供应。

茄果类蔬菜都是喜钙作物，缺钙容易发生脐腐病，特别是番茄表现更加明显，应注意钙的补充。此类蔬菜对缺铁、缺锰和缺锌比较敏感，应及早喷施多元微量元素肥料，可防治黄化症、花斑叶和小叶病等生理病害。

三、瓜类蔬菜的需肥特点

这类蔬菜包括黄瓜、南瓜、西葫芦、冬瓜、丝瓜、苦瓜及佛手瓜等，食用部分都是果实。这类蔬菜属于营养器官与产品器官同步发育的蔬菜，其养分吸收特点如下。

果重型瓜类对养分的需求低于果数型瓜类。黄瓜为果数型瓜类的代表，其耐肥力较弱，但需肥量高，一般采用“轻、勤”的施肥方法；果重型瓜类则更注重施用基肥。

瓜类蔬菜植株体内碳氮比升高时，花芽分化早；施用氮肥较多时，碳氮比降低，花芽分化推迟。因此，瓜类蔬菜育苗时要注意氮、磷、钾的比例。

瓜类蔬菜在生长发育过程中要注意施肥对果实品质的影响，钾能明显提高瓜类蔬菜的抗病能力和果实品质。

瓜类蔬菜不耐霜冻，生长发育期要求温度高。其中，笋瓜、节瓜和南瓜等耐热，要求气候干燥且阳光充足。黄瓜等瓜类的耐热性均较差，能够适应温暖多雨的气候。瓜类蔬菜以果实为产品，其采收适期依种类不同而不同，南瓜、冬瓜在生理成熟时采收，但有时也采收嫩瓜；西葫芦、黄瓜、笋瓜、瓠瓜、丝瓜等是在产品种子未成熟时采收。

瓜类蔬菜是典型的营养生长和生殖生长同步的作物，进入开花期后蔓的生长很快，节间伸长；进入结瓜期后，蔓的生长和结瓜之间的养分竞争比较激烈，因此应采用合适的农业栽培措施，以调节它们之间的平衡。

瓜类蔬菜的花芽分化是在夜间温度较低和白天光照好的情况下进行的。这时植株体内碳水化合物积累较多，如果适量增加氮、磷，容易产生较大的花。氮增加有利于雌花的产生，而钾有利于雄花的产生。施用二氧化碳有利于黄瓜的根茎生长和叶片展开，可明显增加雌花的数量。瓜类蔬菜在开花结瓜期需要充足的养分，如果缺乏氮、磷、钾，花的发育会受到影响，出现落花或结出不正常的瓜。在高温、氮供应过多的情况下，容易造成植株营养生长过旺，从而不利于结瓜。

西葫芦、南瓜、冬瓜、笋瓜等，根系比较强大，有一定的耐旱能力；黄瓜根系较弱，一般不耐旱；其他瓜类的耐旱能力介于它们之间。瓜类蔬菜一般适宜种植于肥沃的沙壤土或黏壤土，不耐酸碱；喜欢腐熟的有机肥料，在施肥上要重视磷、钾肥的施用，并保证氮、磷、钾的平衡供应，注意锰、铜和钙等中、微量元素肥料的施用。这类蔬菜对缺锰、缺铜较敏

感，及早喷施多元微量元素肥料有良好的增产作用。

四、豆类蔬菜的需肥特点

这类蔬菜包括菜豆、食荚豌豆（荷兰豆）、豇豆、扁豆、豌豆和蚕豆等，食用部分主要是嫩豆荚和豆粒。

豆类蔬菜因种类不同，其耐热性也不同。扁豆、刀豆和四棱豆等在炎热的夏季可以旺盛生长，并且大量开花。豌豆和蚕豆耐寒性较强，南方地区可以冬季播种，春末夏初采收；北方地区可以春播夏收。菜豆和豇豆介于它们之间，多为春季播种，夏、秋季采收。除豌豆和蚕豆有短日照和长日照品种外，其他豆类蔬菜基本上为短日照作物。豆类蔬菜都要求有较高的光照强度，生长发育期内光照充分，能够增加花芽分化数量，提高开花结荚率。

这类蔬菜的生长特点是直根发达，根瘤菌能固氮。所以这类蔬菜需氮较少，并且可以提高土壤肥力，对下茬作物有利。豆类蔬菜对土壤养分的需求不严格，但对于食用嫩荚及嫩豆的品种来说，氮肥供应不可缺少，其对磷、钾肥的需要量多一些，对硼、钼、锌等微量元素很敏感，所以在合理施氮、磷、钾肥的基础上，喷施硼、钼、锌肥对提高豆类的结荚率、促进籽粒饱满和提高产量有一定的作用。

五、根菜类蔬菜的需肥特点

这类蔬菜包括萝卜、胡萝卜、芜菁、芜菁甘蓝、辣根、根芹菜、美洲防风、牛蒡、婆罗门参等，都以肥大的肉质根为食用部分，尤其以萝卜、胡萝卜栽培最为普遍。这类蔬菜的养分吸收特点如下。

根菜类蔬菜是深根性作物，土壤条件不仅影响其营养生长，还决定其产量和质量，因此增施有机肥料对根菜类蔬菜有很好的增产作用，并且可以改善品质。

根菜类蔬菜的养分吸收量在植株生长发育中期达到最高，以后养分吸收量逐渐减少，养分从叶片部分向根部转移，从而促进根部膨大，因此应重视生长发育初期到中期的养分供应。

根菜类蔬菜根系发达，吸收土壤中磷的能力强，但需硼量高，育苗期喷施 0.15%～0.25%硼砂溶液效果好，对铜、锰等微量元素很敏感。

根菜类蔬菜需要低温和长日照条件才通过阶段发育，一般于秋季形成肥大的肉质根。为使肉质根膨大，首先要使地上部分旺盛生长发育，以此促使地下部分膨大。氮对茎叶的旺盛生长有重要作用，在生长发育初期促进茎叶生长和肉质根膨大；在生长发育中期，增施氮和钾肥，植株大量吸收后，可以增加干物质向地下部分的运转量，促进肉质根膨大。

六、葱蒜类蔬菜的需肥特点

这类蔬菜主要包括韭菜、大葱、大蒜、洋葱、分葱、韭葱、细香葱等，均属于百合科葱属的二年生或多年生草本植物，主要食用部分是叶片、假茎或鳞茎。

这类蔬菜的共同养分吸收特点是：根系为弦线状须根，几乎没有根毛，入土浅，根群小，吸收养分能力弱，需求养分量大，属于喜肥耐肥作物。这类蔬菜要求土壤具有较强的保水保肥能力，需要施用大量腐熟的有机肥料来提高土壤的养分缓冲能力，同时以施氮肥为主，配合磷、钾肥，以保证植株健壮生长，并促使同化产物转运到储藏器官，从而获得优质高产的产品。

葱蒜类蔬菜茎叶中都含有特殊的香辛物质——硫化丙烯，同一品种在干燥且含硫多的土壤中种植，其辣味较浓。施肥上应注意硫肥的施用，防止叶片因缺硫而发黄、缺少辛辣味。

葱蒜类蔬菜生长的主要部分是叶片及其变态部分，其叶面积小，因此蒸腾量也小，氮可以促进其叶片生长。葱蒜类蔬菜没有明显的主根和侧根，仅有不耐干旱的弦线状须根从退化的茎部生出，主要须根分布在30厘米以内的耕作层中，因此需求养分一般以氮为主，并配合适量的磷、钾。增施腐熟的有机肥料，对于其品质和色泽的提高有显著效果。但在大蒜、洋葱等作物鳞茎膨大的后期，不宜多施氮肥，否则会使鳞茎破裂而推迟成熟期，且不宜储藏。

葱蒜类蔬菜根系吸收养分能力差，但是养分的吸收量较大。因此，要获得优质高产就必须增加施肥量和施肥次数。葱蒜类蔬菜对锰、硼等敏感，如洋葱缺锰时易引起植株倒伏，缺硼时易导致茎不紧实而发生心腐病。

七、薯芋类蔬菜的需肥特点

这类蔬菜有生姜、芋头、马铃薯、山药、甘薯、豆薯、菊芋、魔芋等，食用部分为块茎、根茎、球茎或块根。

薯芋类蔬菜的生长发育过程是先形成同化器官，然后形成产品器官。

产品器官也是其繁殖器官，在土壤中膨大。因此，薯芋类蔬菜对养分的需求，不只限于直接供应有效养分，以促进同化器官的形成和调节光合产物的分配；还要通过使用有机肥料，提高、改善土壤中的有机质含量，改善土壤理化性状，以利于产品器官的膨大，提高产量和品质。

由于薯芋类蔬菜多利用营养器官播种，根产生时不是先产生胚根，再产生次生根，而是直接形成不定根。因此，根的形成对环境条件要求比较严格，尤其是要求土壤疏松透气。薯芋类蔬菜发芽出苗后，要求土壤中含有一定量的速效氮，以利于新叶的产生和叶面积扩大。但是，过多的氮往往会造成生理性障碍，考虑到这个特点，薯芋类蔬菜应以优质的有机肥料为基肥，苗期施用浓度较低的速效性氮肥，以促进营养器官的形成。钾对产品器官的形成有明显的促进作用，因此在其生长发育前期要有足够的氮，生长发育中后期要提供磷、钾，以利于产品器官的形成和膨大。

薯芋类蔬菜大多数不耐霜冻，必须在无霜季节种植，它们的产品器官位于地下，要求土壤富含有机质、土层深厚、土质疏松、透气性与排水性良好。在产品形成的盛期，要求光照充分和较大的昼夜温差，以利于干物质积累，对于有机肥料和钾肥反应明显。对于这类蔬菜应足量施用有机肥料、钾肥，配施氮、磷肥，追施锌、硼肥，对根茎膨大效果明显。

八、水生蔬菜的需肥特点

水生蔬菜主要有莲藕、茭白、慈姑、荸荠、菱、芡、水芹、莼菜、蒲菜等。这类蔬菜根据其对水深的忍耐力，可以划分为两类：一类以菱、芡等为代表，适应深水能力强，能耐深 2 米左右的水层；另一类以茭白、慈姑、荸荠和莲藕等为代表，要求在浅水中栽培。水的深度直接影响水温和地温。水浅，温度易升高，土壤养分容易转化，作物易吸收；水深则温度低，并且不容易升高。

水生蔬菜对土壤肥力的要求以莲藕最高，要求土壤有机质含量为 20~30 克/千克，需要松软土层的深度为 50~65 厘米；茭白、慈姑次之，要求土壤有机质含量在 20 克/千克以上，需要松软土层的深度为 16~23 厘米。这类蔬菜由于长期生长在特殊的生态环境中，根系不发达，根毛退化，因而对土壤肥力要求较高。由于水田条件下硝态氮肥容易流失，因此要适当施用铵态氮肥。在施肥方法上，要尽量施足基肥，追肥时要放水搁田或浅水层施肥，以利于养分被土壤吸附，减少养分流失，提高肥效。

第二章

蔬菜生产中肥料的科学施用

蔬菜生产中常用的肥料主要有化学肥料、有机肥料、微生物肥料三大类，以及在此基础上研制开发的新型肥料等。

第一节　化学肥料的科学施用

蔬菜生产施用的化学肥料主要包括单质化肥（如氮肥、磷肥、钾肥、微量元素肥料等）及复合（混）肥料等。

一、菜田长期施用化肥的误区与危害

1. 菜田施用化肥的误区

菜田，尤其是设施菜田施用化肥不当，不仅会导致土壤板结，引起肥害，还会使蔬菜硝酸盐、亚硝酸盐超标，危害人体健康。蔬菜施用化肥不当，既会降低施肥效果，又会产生负面效应。

（1）施尿素后浇水　尿素的含氮成分为酰胺，需要在土壤微生物分泌的脲酶作用下转化为碳酸铵或碳酸氢铵，才能被蔬菜的根系吸收利用。如果施用尿素后马上浇水，极易引起酰胺态氮淋失。因此无论尿素用作基肥还是追肥，都应根据温度间隔5~7天，使其全部转化后再浇水，以减少养分损失。同时，应注意深施覆土和控制用量，一般每次每亩施用量不超过10千克。

（2）设施菜田误施碳酸氢铵　设施菜田追施碳酸氢铵后，极易挥发大量氨气，不利于蔬菜生长，甚至造成氨害。即使在5℃以下地温，碳酸氨铵也能转化分解成氨气释放。因此，碳酸氢铵必须作为追肥施用，一般应在距离蔬菜根茎8~10厘米处开10厘米的深沟，撒施覆土。如遇干旱天气，施后立即浇水。

黄瓜盛果期一般都在气温较高的时期，追施碳酸氢铵时如果不注意棚室温度，就会造成黄瓜氨气中毒，叶脉间或叶缘出现水浸状斑纹，随后斑纹变为褐色，叶片干边呈烧叶状。

（3）撒施磷肥　磷在土壤中的移动性很小，采用撒施的方法容易被土壤固定，降低肥效。磷肥适宜用作基肥或在蔬菜生长前期集中追施于根区。一般在移栽行开 8 厘米的深沟，集中施入磷肥后覆土 4~5 厘米，然后在覆土后的浅沟中移栽蔬菜，缩短磷肥与蔬菜根系的距离。

（4）过量施用磷酸二铵　蔬菜需要大量的氮、钾，但需磷较少。如茄子需要氮、磷、钾的比例为 3∶1∶4，黄瓜为 3∶1∶10，番茄为 6∶1∶12，而磷酸二铵含氮量为 18%㊀、含五氧化二磷的量为 46%，不含钾。菜农习惯大量施用磷酸二铵，不仅导致磷的浪费，还会严重影响蔬菜生长发育，使植株早衰，产量降低，品质变差。一般磷酸二铵的每亩施用量不超过 20 千克。

（5）后期追施钾肥　蔬菜一般在开花前后需钾较多，以后逐渐减少，后期施用钾肥会造成钾的利用率明显降低，浪费肥料。

2. 菜田长期施用化肥的危害

菜田长期施用化肥，会产生以下危害。

（1）经常施用化肥，影响蔬菜质量　长期施用化肥的蔬菜，特别是氮肥施用过量生产的“氮肥蔬菜”，会使蔬菜中的硝酸盐含量成倍增加，直接威胁食品安全。经常施用化肥生产的蔬菜，看起来茎叶鲜嫩，不知情者以为质量上乘，其实这种蔬菜硝酸盐含量超标，在储存过程中容易发霉变质，有毒物质含量高。

（2）连年施用化肥，破坏土壤肥力性能　蔬菜，特别是设施蔬菜，在从播种到采摘的过程中，有些菜农 1 周就施肥 1 次。这样连年过量施肥，不仅浪费养分，还会污染环境。尤其是多次施用硫酸铵、硫酸钾、氯化钾等，会增加土壤中硫酸根离子和氯离子的含量，使土壤次生盐渍化，破坏土壤结构，导致土壤板结、失去柔性和弹性、降低通透性，进而导致土壤肥力下降，使蔬菜长势变差，产量降低。

（3）过量施用化肥，容易引起缺素症　菜田连年大量施用硫酸铵、

㊀ 文中涉及含量的百分数为质量分数，若有特殊情况另作说明。

硫酸钾、氯化钾、过磷酸钙等酸性化肥，会使土壤中残留大量的酸类物质，使中性土壤酸化，既破坏了土壤微生物区系，又破坏了蔬菜根系的营养环境。长期过量施用化肥，不仅对蔬菜造成危害，还会妨碍蔬菜对其他营养元素的吸收，引起缺素症。例如，过量施用含氯化肥会引发蔬菜的缺钙症状，硝态氮施用过多会引发缺钼症状，钾肥施用过量会降低钙、镁、硼的有效性，磷肥施用过多会降低钙、锌、钼的有效性。

（4）长期施用化肥，导致环境污染 我国占世界不足9%的土地消耗了占世界总量32%的化肥。国际公认化肥施用量的安全上限是15千克/亩，但我国化肥的年均施用量曾达到29千克/亩，为安全上限的1.9倍。然而，肥料利用率不足40%，化肥中未被利用的部分进入了土壤、水体、空气中，导致1600多万公顷耕地受到严重污染。

3. 蔬菜施用化肥禁忌

化肥种类很多，功效各不相同。蔬菜施用化肥不当，会产生毒副作用，既浪费肥料又危及食用安全。实践证明，蔬菜施用化肥有五忌。

（1）忌施硝态氮肥 硝酸铵及其他硝态氮肥一般禁止施用于蔬菜。因为硝态氮肥施入菜田后，硝态氮易被蔬菜吸收，使蔬菜硝酸盐含量倍增。食用这样的蔬菜后硝酸盐进入人体，易被还原成亚硝酸盐。而亚硝酸盐是一种致癌物质，对人体危害极大。

（2）忌叶菜喷氮肥 氮肥一般不宜用于对叶菜类蔬菜进行叶面喷施。对叶菜喷施尿素、硫酸铵等氮肥，虽然能使叶片肥嫩、色泽鲜艳，但因铵离子与空气接触后易转化为酸根离子被叶片吸收，而叶菜生长发育期短，又很易被转化为硝酸盐积累，危及食品安全。

（3）忌施含氯化肥 氯化铵、氯化钾等含氯化肥不宜施于番茄、马铃薯、甘薯等蔬菜。氯会对蔬菜根系产生毒害，严重时会造成蔬菜死亡。而且氯离子还能降低蔬菜淀粉含量，使品质下降，产量降低；另外，氯离子残留于土壤中，易使土壤板结。

（4）忌常施硫酸铵 硫酸铵是生理酸性肥料，若常年连续施用，菜田土壤积累大量的硫酸根离子，会使土壤变得更酸，引起石灰性土壤酸化板结，导致蔬菜生长不良，产量降低。

（5）忌随水撒施化肥 从肥料特性来看，氮肥易挥发淋失，磷肥、钾肥易固定。随水撒施化肥于表层土壤，肥料利用率很低。此时菜农为满足蔬菜养分需求，往往提高肥料撒施量，就会出现根系养分“倒吸”，引起蔬菜烧根烧苗等肥害。

二、大量元素肥料的合理施用

1. 合理施用大量元素肥料的原则

基于蔬菜的营养平衡，合理施用大量元素肥料时，应遵循以下原则。

（1）因土施肥　基于测土结果平衡施肥，根据土壤养分供给能力，合理搭配氮、磷、钾肥。施用的养分比例协调，才能有利于蔬菜增产和品质改善。高肥力菜田，土壤富含有机质，蔬菜易积累硝酸盐，应不施或少施氮肥；低肥力菜田，蔬菜积累的硝酸盐较少，可施氮肥和有机肥料以培肥地力；一般菜田，采取测土配方施肥，既有利于优质高产，又防止蔬菜积累硝酸盐，还有利于培肥地力。

（2）因菜施肥　不同蔬菜对土壤养分的吸收存在很大差异，应根据不同蔬菜的需肥特点合理施肥。例如，白菜类蔬菜、绿叶类蔬菜容易积累硝酸盐，不能施用硝态氮肥；茄果类蔬菜、瓜类蔬菜、根菜类蔬菜对硝酸盐积累少，可适当施用，但应至少在采收前15天停止施用氮肥。萝卜、洋葱等根茎类蔬菜对钾、镁肥需求较多，番茄、辣椒、西葫芦等瓜果类蔬菜对钾、钙肥需求较高，需要多施一些钾、镁、钙肥。

（3）因肥施肥　根据不同化肥品种的特性，采用不同的施肥方法。例如，有的化肥适宜用作基肥、种肥、根外追肥等，有的则不宜。因此，要根据化肥的特点，采用相应的施肥方法，注意蔬菜施用化肥误区和禁忌。

（4）因季施肥　不同季节温度的变化，对氮肥会产生较大的肥效影响。夏秋季节温度高，不利于硝酸盐积累，可以适量施用氮肥；冬春季节气温低，光照弱，硝酸盐还原酶活性下降，容易积累硝酸盐，应不施或少施氮肥。

（5）配合施肥　菜田施用有机肥料，形成有机胶体，对养分离子有很强的吸附交换能力。此时施用化肥，可缓解控制养分离子浓度，大大减少肥害。同时，有机肥料养分齐全，肥效缓、稳、长；化肥养分单一，肥效快、猛、短。两者配合施用，缓急相济，互相补充，有利于养分供应平衡，改善蔬菜品质。因此，蔬菜施肥应以有机肥料为主，有机肥料与化肥配合施用。

（6）限量施肥　蔬菜中硝酸盐的积累，随氮肥施用量的增加而增加。菜田施用化肥时，按照限量和规定浓度施用，会大大降低肥害。每亩施氮肥应该控制在30千克以内，其中70%~80%应作为基肥深施，20%~30%

作为苗肥深施。每次每亩施硫酸钾、碳酸氢铵不宜超过 25 千克，硫酸铵不宜超过 20 千克，尿素不宜超过 10 千克，过磷酸钙用作基肥不宜超过 50 千克。

2. 常见大量元素肥料的合理施用

（1）氮肥 我国常用的氮肥主要有：碳酸氢铵、尿素、硫酸铵、氯化铵、硝酸铵、氨水、液氨等，最常用的是尿素。合理施用氮肥的要领是：深施、早施、限量施和避免叶喷。

1）深施。氮肥深施可以减少其与空气、阳光的直接接触，以免挥发损失和污染蔬菜。一般氮肥必须深施在 10~15 厘米的土层中。对直根系发达的茄果类、薯芋类、根菜类蔬菜，可将氮肥深施在 15 厘米以下的根层中。

2）早施。叶菜类蔬菜和生长发育期短的蔬菜，宜及早施用氮肥，一般在苗期施用为好，蔬菜生长中后期不宜过多施用氮肥。一般蔬菜采收前 15 天停止追施氮肥；对于易吸收硝酸盐的蔬菜应在采收前 30 天停止施用氮肥。

3）限量施。一般菜田每亩施纯氮量应该控制在 20 千克以内；肥力较高的菜田每亩施纯氮量应该控制在 10 千克以内或不施氮肥。需施氮肥的菜田，应将氮肥的 70%~80%作为基肥深施，20%~30%作为苗肥深施。

4）避免叶喷。叶菜类蔬菜生长发育期短，叶片很易积累硝酸盐，因此，叶菜类蔬菜不宜叶面喷施氮肥，尤其是采收前 28 天内，更不能叶面喷施氮肥，以防早衰。

（2）磷肥 常用的磷肥主要有过磷酸钙、重过磷酸钙、钙镁磷肥等。通常菜田施用磷肥的要领是：全施基肥，酌情追肥。

1）全施基肥。菜田磷肥应尽量全部用作基肥，应将肥料集中施于根系附近，沟施或穴施，施于根系密集的 10~15 厘米土层。将磷肥预先和猪粪、牛粪、厩肥等农家肥混合堆沤 1~2 个月后施用，可提高肥效；将钙镁磷肥和氯化钾、硫酸钾等酸性肥料混合施用，可以提高肥效，但不宜与铵态氮肥混合施用。

2）酌情追肥。蔬菜生长发育后期，根系吸肥能力减弱，可酌情采用根外喷施。施用时可将过磷酸钙用水稀释 10 倍，充分搅拌，澄清后取其上清液，稀释成 1%~3%的溶液进行叶面喷施，喷施量为 50~100 千克/亩。

（3）钾肥 常用钾肥主要是氯化钾和硫酸钾，有时也可以用草木灰。

合理施用钾肥的要领是：适量、早施、深施、补施。

1）适量。通常菜田土壤速效钾含量以100毫克/千克为临界值。土壤速效钾含量超过150毫克/千克的菜田可不施钾肥；土壤速效钾含量低于100毫克/千克时，应每亩施钾肥（以 K_2O 计）5千克；土壤速效钾含量为100~150毫克/千克时，应少施钾肥。

2）早施。大多数蔬菜钾的营养临界期出现在生长发育的早期，前期吸收钾强度大，后期显著减少，甚至成熟期部分钾从根部溢出。茄果类蔬菜在花蕾期、萝卜在肉质根膨大期为需钾量达到最大的时期。钾肥通常用作基肥，若作为追肥以早施为宜。

3）深施。钾肥集中深施可减少因表层土壤干湿交替频繁引起的固定，提高钾肥利用率，有利于蔬菜对钾的吸收。钾肥应集中深施，这对生长期短的蔬菜和明显缺钾的菜田尤为重要。

4）补施。茄果类等生长期长的蔬菜在后期可能缺钾，但根系吸收能力变弱，应及时补施叶面肥。当未施用钾肥或施用钾肥不足的菜田出现缺钾症状时，应用0.5%~1.0%磷酸二氢钾或氯化钾溶液及时叶面喷施。

三、中、微量元素肥料的合理施用

1. 中、微量元素肥料合理施用的原则

（1）因缺补缺 根据土壤中各中、微量元素有效含量的丰缺，按照“缺什么补什么”的原则施用，切忌盲目滥施和超量施用（表2-1）。应注意中、微量元素的有效性与土壤酸碱性有关，碱性土壤能显著降低铁、锰、锌、铜、硼等元素的有效性，容易出现缺素症；酸性土壤常常出现缺钼症；有机质含量高的泥炭土容易出现缺铜症。因此，对这些容易出现缺素症的土壤进行针对性的施肥，会取得显著增产效果。

表2-1 土壤微量元素的丰缺指标

（单位：毫克/千克）

元素	有效指标	低	适量	丰富	备注
硼（B）	有效硼	0.25~0.5	0.5~1.0	1.0~2.0	
锰（Mn）	有效锰	50~100	100~200	200~300	
锌（Zn）	有效锌	0.5~1.0	1.0~2.0	2.0~4.0	中性和石灰性土壤
		1.0~1.5	1.5~3.0	3.0~5.0	酸性土壤

（续）

元素	有效指标	低	适量	丰富	备注
铜（Cu）	有效铜	0.1~0.2	0.2~1.0	1.0~1.8	
钼（Mo）	有效钼	0.1~0.15	0.15~0.2	0.2~0.3	

（2）因菜选肥 各种蔬菜对不同的中、微量元素有不同的反应，敏感程度也不同，需要量也有差异（表2-2），因此应将中、微量元素肥料施在需要量较多、对缺素比较敏感的蔬菜上，发挥其增产效果。

表2-2 各种蔬菜种类对中、微量元素的敏感差异

中、微量元素	蔬菜种类
钙	番茄、辣椒、甘蓝、白菜、莴苣、马铃薯等
镁	黄瓜、茄子、辣椒、甜菜、马铃薯等
硫	大葱、萝卜、油菜、菜豆、甘蓝等
硅	番茄、黄瓜、甜菜、油菜等
铁	马铃薯、甘蓝、蚕豆、花生、花椰菜等
锰	甜菜、马铃薯、洋葱、菠菜等
锌	豆类蔬菜、番茄、洋葱、甜菜、马铃薯等
铜	豆类蔬菜、莴苣、洋葱、菠菜、花椰菜、胡萝卜、番茄、黄瓜、萝卜、马铃薯等
硼	白菜、油菜、甜菜、花椰菜、甘蓝、萝卜、莴苣、芹菜、番茄、洋葱、辣椒、胡萝卜等
钼	豆类蔬菜、十字花科蔬菜、甜菜、菠菜、番茄等

（3）限量施用 施用铁、锰、铜、锌、硼等微量元素肥料可以防止缺素症发生，促进蔬菜优质高产，但蔬菜对微量元素需求量较少，忌用量过多造成毒害；用量过小也会达不到预期效果。因此，蔬菜的微量元素肥料施用时有一定的安全用量范围，并且因施用方法不同也有所区别（表2-3）。

表 2-3　不同微量元素肥料的施用方法及安全用量

肥料种类	基肥用量/(千克/亩)	喷施浓度（%）	浸种浓度（%）
硫酸亚铁	1.00~3.75	0.20~1.00	0.20~1.00
硫酸锰	1.00~2.25	0.05~0.15	0.05~0.10
硫酸锌	0.25~2.50	0.10~0.50	0.02~0.05
硫酸铜	1.50~2.00	0.01~0.02	0.01~0.05
硼砂或硼酸	0.75~1.25	0.30~0.50	0.02~0.05
钼酸铵	0.03~0.20	0.02~0.05	0.05~0.10

(4) 精巧配施　蔬菜对中量元素钙、镁、硫的需求量大，但施用量极少。研究表明，有些蔬菜对钙、镁的需求量达到甚至超过了对氮的需求，更是远远超过对磷的需求。例如，番茄对钙的需求量是磷的 4.5 倍，对镁的需求量与磷相当；茄子对钙的需求量是磷的 4 倍以上，对镁的需求量是磷的 1.7 倍；黄瓜对钙的需求量是磷的 5 倍左右，对镁的需求量与磷相差不大。基于钙镁磷肥、过磷酸钙、硫酸钾等大量元素肥料中含有中量元素成分，因此对中量元素的施用，应针对不同蔬菜的需求精巧搭配肥料，不必专门施用中量元素肥料。如种植黄瓜，其对钾、钙的需求量大，考虑底施粪肥的特点，可在基肥中补充硫酸钾 30~50 千克/亩、钙镁磷肥或过磷酸钙 100 千克/亩，以达到平衡施肥的目的，不必专门再施钙、镁、硫肥。

2. 常见中量元素肥料的合理施用

(1) 钙肥　一般连续种植蔬菜 5 年以上的设施菜田 pH 低于 6，容易出现缺钙症状。施用钙肥对防治番茄脐腐病效果显著，但施于土中，钙容易被固定，作物难以吸收，同时施钙后土壤 pH 会升高，影响对硼、锰等元素的吸收。一般可喷施 1%过磷酸钙浸出液，隔 15 天喷施 1 次，连续喷 3~4 次，效果较好；也可用 0.5%氯化钙溶液，在番茄开花后 15 天喷施，每隔 10 天左右喷施 1 次；或者喷施稀释 300~500 倍的含钙中量元素水溶肥料 3~4 次。

(2) 镁肥　在蔬菜生产上，钙镁磷肥等宜作为基肥施用；硫酸镁等宜作为追肥施用，采用叶面喷施的方法时，浓度为 1%~2%。碱性土壤上宜施硫酸镁，用作基肥或追肥，一般以镁计每亩用量为 1~2 千克，硫酸镁的喷施浓度为 0.5%~1.5%、硝酸镁为 0.5%~1.0%。也可喷施稀释

300~500倍的含镁中量元素水溶肥料3~4次。

(3)硫肥 石膏作为肥料施入土壤，不仅能为蔬菜提供硫，还能提供钙。一般用作基肥时每亩施用15~25千克。施用时，撒施于土壤表面后深翻，并结合灌溉洗去盐分。石膏肥效长，除当年见效外，可以维持2~3年。

(4)硅肥 黄瓜施用硅肥可增产1倍左右。在黄瓜开花坐果期，每亩施用硅酸钙10千克，可兑成1∶100的水溶液浇在根系附近条施或穴施，但不要直接接触根系。溶解性差的硅肥应用作基肥，每亩施用量为100千克，与有机肥料混合施用。也可叶面喷施稀释300~500倍的含硅中量元素水溶肥料3~4次。

3. 常见微量元素肥料的合理施用

(1)铁肥 常用的铁肥为七水硫酸亚铁。给蔬菜施用铁肥最好采用叶面喷施的方法，喷施0.2%~1.0%硫酸亚铁溶液，每亩施用50~75千克肥液。由于铁在叶片上不易流动，不能使全叶片复绿，只有喷到肥料溶液之处呈斑点状复绿，因此需要多次喷施。也可叶面喷施稀释300~500倍的含铁微量元素水溶肥料3~4次。

(2)锰肥 常用的锰肥是四水硫酸锰。硫酸锰用作基肥时，最好与酸性肥料或有机肥料混合条施，每亩施用量为1.0~2.0千克。硫酸锰拌种、浸种效果也很好，拌种时每千克种子用硫酸锰2~8克，用少量的水溶解后喷洒到种子上，并充分搅拌；浸种时用0.1%硫酸锰溶液，种子与溶液的比例为1∶1。叶面喷施也是一种经济有效的方法，一般喷施用浓度为0.05%~0.15%，每亩用液量为30~50千克，喷至叶片背面滴水为止。也可叶面喷施稀释300~500倍的含锰微量元素水溶肥料。

(3)锌肥 常用的锌肥是七水硫酸锌，可用作基肥、追肥，用于叶面喷施、浸种等。一般用作基肥时每亩用量为1.0~2.5千克，用作追肥时每亩用量为1.0千克；叶面喷施浓度为0.1%~0.2%，每亩用液量为30~50千克；浸种浓度为0.02%~0.05%，以浸匀为准。也可叶面喷施稀释300~500倍的含锌微量元素水溶肥料。

(4)铜肥 常用的铜肥为五水硫酸铜，可用作基肥，用于叶面喷施、浸种等。一般用作基肥时每亩用量为1.5~2.0千克，多采用带状集中施肥；叶面喷施浓度为0.1%~0.2%，为避免危害，最好加入0.15%~0.25%的熟石灰，兼有杀菌效果，每亩用液量为30~50千克；浸种浓度为0.01%~0.05%，以浸匀为准。也可叶面喷施稀释300~500倍的含铜微量

元素水溶肥料。

(5) 硼肥 常用的硼肥为硼砂、硼酸，可用作基肥，用于叶面喷施等。一般用作基肥时每亩用量为0.50~0.75千克，多采用条施或穴施；叶面喷施浓度为0.1%~0.2%，每亩用液量为50~100千克。也可叶面喷施稀释300~500倍的含硼微量元素水溶肥料。

(6) 钼肥 常用钼肥是钼酸铵，一般用于喷施或用作种肥。叶面喷施浓度为0.05%~0.1%，每亩用液量为50~100千克，一般在初花期、盛花期各喷1次。拌种时，每千克种子用钼酸铵2克，先将钼酸铵配制成3%~5%的溶液，用喷雾器喷湿种子，边喷边拌；也可浸种，浸种浓度为0.05%~0.20%，以浸匀为准。也可叶面喷施稀释500~1000倍的含钼微量元素水溶肥料。

四、复合（混）肥料的合理施用

目前，我国的化肥复合化率已经超过40%，但与世界化肥平均复合化率（50%）、发达国家化肥复合化率（80%）相比，仍存在较大差距。复合（混）肥料的发展趋势体现为：高浓度化、高复合化、高专用化、高可控释化和高精准化。根据制造工艺和加工方法不同，复合（混）肥料可分为化成复合肥料（如磷酸二铵、硝酸磷肥、磷酸二氢钾等）、掺混肥料（如配方肥等）、复混肥料、有机无机复混肥料、功能性复混肥料（如缓控释肥料、液体复混肥料）。

1. 复合（混）肥料合理施用的原则

复合（混）肥料具有两个突出特点：一是每种复合（混）肥料养分配比不同；二是不同复合（混）肥料的养分含量不同。因此，应针对性地科学施用复合（混）肥料，如施用不当，不但起不到应有效果，还会引起蔬菜减产、肥料浪费、环境污染。

(1) 针对施肥对象，选用适宜肥料品种 施用复合（混）肥料时，要针对作物需肥特性、土壤特性、肥料特性、轮作制度等进行选择。

1）针对作物需肥特性选用适宜肥料品种。一般来说蔬菜施肥以改善品质为主要目地，因此应根据这一需求，确定不同种类蔬菜需要的复合（混）肥料品种。以茎叶为主的蔬菜多喜氮，尽量选择高氮复合（混）肥料；番茄等喜钾蔬菜，应选择高钾复合（混）肥料；马铃薯、甘薯等蔬菜对氯敏感，不能选用氯基复合（混）肥料；设施蔬菜不宜施用以氯化钾和氯化铵为原料的双氯复合（混）肥料。

2）针对土壤特性选用适宜肥料品种。含有水溶性磷的复混合（混）料适宜各类土壤施用，而含有枸溶性磷的复合（混）肥料适宜在中性和酸性土壤施用；高含氯复合（混）肥料不宜在水浇地、盐碱地上施用，在干旱和半干旱地区的水浇地上应限量施用。

3）针对肥料特性选用适宜肥料品种。铵态氮类复合（混）肥料适宜在旱田、水田施用；硝态氮类复合（混）肥料宜在旱地施用，不宜在水田施用；酰胺态氮类复合（混）肥料适宜在旱田、水田施用。

4）针对轮作制度选用适宜肥料品种。不同蔬菜所需肥料养分的特点不同，如叶菜类蔬菜需要氮肥较多，瓜类、茄果类蔬菜需要磷肥较多，马铃薯、山药等根茎类蔬菜需要钾肥较多，将这些蔬菜合理轮作，选择适宜的肥料品种，可以充分利用土壤中各种养分，减少施肥量，降低污染。

（2）针对复合（混）肥料养分含量不同，合理配合单质肥料施用 复合（混）肥料的成分比较固定，因而不仅难以满足不同土壤和不同作物的需要，甚至不能满足同一作物不同生长发育期对营养的需要，而且也难以满足不同养分在施肥技术上的不同要求。因此，在施用复合（混）肥料的同时，应根据复合（混）肥料的养分含量、当地土壤养分情况及作物需肥特性，配合施用单质化肥，以保证养分的供应。

（3）针对不同的肥料特性，采取不同施肥方式 复合（混）肥料的品种较多，肥料特性也有所不同。在施用时，因根据不同的肥料特性，采取相应的施肥方式，才能发挥肥效。

例如，二元复合（混）肥料包括磷酸铵、硝酸磷肥、硫磷铵、硝磷铵、尿素磷酸铵、硝酸钾、磷酸二氢钾等，其中磷酸铵属于速效肥料，适宜用作种肥和基肥；硝酸钾适于用作喜钾忌氯作物的追肥和基肥，对马铃薯、烟草、甜菜有较好肥效，也适宜用于叶面喷施，但不适宜水田施用；由于磷酸二氢钾价格昂贵，一般用于叶面喷施或浸种。

三元复合（混）肥料多半是掺混肥料，各地土壤、气候条件差异很大，作物品种很多，对三元复合（混）肥料的氮、磷、钾比例的要求有所不同。例如，叶菜类需氮多、需磷少，应选用高氮低磷复合（混）肥料；瓜果类蔬菜在结果期对钾需求增加、对磷需求减少，可选用高钾低磷复合（混）肥料；如果蔬菜在苗期对磷的需求量高，可选用含磷量高的复合（混）肥料作为基肥。

（4）因地制宜，采用合理施肥技术 一是施肥时期要合理。颗粒状复合（混）肥料比单质肥料养分分解慢，应作为基肥早施，一年生蔬菜

可结合耕耙施用，多年生蔬菜多集中在冬、春季施用。若将复合（混）肥料用作追肥，也要在早期施用。二是施肥位置要合适。应将复合（混）肥料施于蔬菜根系分布的土层。除少数生长期短的蔬菜外，多数蔬菜中晚期根系分布在30~50厘米深的土层，因此对集中用作基肥的复合（混）肥料可分层施肥，提高肥效。三是采用适宜的施肥方法。将作为基肥的复合（混）肥料在翻耕前均匀撒施于田面，随即翻耕入土，做到随撒随翻耕，耙细盖严。作为种肥的复合（混）肥料可采取条施、点施、穴施等方法，尽量施于种子下方2~8厘米。

2. 常见复合（混）肥料的合理施用

（1）磷酸铵系列　磷酸铵系列包括磷酸一铵、磷酸二铵、磷酸铵和聚磷酸铵，是氮、磷二元复合肥料。磷酸一铵含氮10%~14%、五氧化二磷42%~44%；磷酸二铵含氮18%、五氧化二磷46%；磷酸铵含氮12%~18%、五氧化二磷47%~53%。磷酸铵系列可用作基肥、种肥，也可以叶面喷施。用作基肥时一般每亩用量为15~25千克，通常在整地前结合耕地将肥料施入土壤；也可在播种后开沟施入。用作种肥时，通常将种子和肥料分别播入土壤，每亩用量为2.5~5千克。

磷酸铵系列基本适合用于所有土壤和蔬菜。磷酸铵不能和碱性肥料混合施用。当季如果施用足够的磷酸铵，后期一般不需再施磷肥，应以补充氮肥为主。施用磷酸铵的蔬菜应补充施用氮、钾肥，同时该肥应优先用在需磷较多的蔬菜和缺磷土壤。磷酸铵用作种肥时要避免与种子直接接触。

（2）磷酸二氢钾　磷酸二氢钾含五氧化二磷52%、氧化钾35%，可用作基肥、追肥和种肥。因其价格贵，多用于叶面喷施和浸种，喷施浓度为0.1%~0.3%，在作物生殖生长期开始时使用；浸种浓度为0.2%。目前推广的蔬菜磷酸二氢钾超常量施用技术为：黄瓜、番茄、菜豆、茄子等蔬菜育苗期用1%磷酸二氢钾（或磷酸二氢钾铵）溶液喷施2次。移植时可用1%磷酸二氢钾（或磷酸二氢钾铵）溶液浸根或灌根，定苗至花前期喷施2次，每次每亩用磷酸二氢钾（或磷酸二氢钾铵）200克兑水30千克，坐果后每7天喷施1次，每次每亩用400克兑水50千克。

磷酸二氢钾主要用于叶面喷施、拌种和浸种，适合施用于各种作物。磷酸二氢钾和一些氮肥、微量元素肥料及农药等合理配合、混施，可节省劳力，提高肥效和药效。

（3）磷铵系列复合肥料　在磷酸铵生产基础上，为了平衡氮、磷比例，加入单一氮肥品种，便形成磷铵系列复合肥料，主要有尿素磷酸盐、硫磷铵、硝磷铵等。尿素磷酸盐含氮17.7%、五氧化二磷44.5%；尿素磷酸二铵按养分含量分，有37-17-0、29-29-0、25-25-0等品种；硫磷铵含氮16%、五氧化二磷20%；硝磷铵按养分含量分，有25-25-0、28-14-0等品种。磷铵系列复合肥料可以用作基肥、追肥和种肥，适用于多种蔬菜和土壤。

（4）磷酸铵-硫酸铵-硫酸钾复混肥系列 该系列主要是铵磷钾肥，是用磷酸一铵或磷酸二铵、硫酸铵、硫酸钾按不同比例混合生产的三元复混肥料；按养分含量分，有12-24-12（S）、10-20-15（S）、10-30-10（S）等多种；主要用作基肥，也可作为早期追肥，每亩用量为30~40千克。

（5）尿素-磷酸铵-硫酸钾复混肥系列 该系列是用尿素、磷酸铵、硫酸钾为主要原料生产的三元复混肥料，属于无氯型氮磷钾三元复混肥料，其总养分含量大于54%，水溶性磷含量大于80%。该系列可用作忌氯蔬菜的专用肥料，主要作为基肥和追肥施用，用作基肥时一般每亩用量为40~50千克，用作追肥时一般每亩用量为10~15千克。

（6）有机无机复混肥料 有机无机复混肥料是以无机原料为基础，采用烘干鸡粪、经过处理的生活垃圾、污水处理厂的污泥及泥炭、蘑菇渣、氨基酸、腐殖酸等有机物质作为填充物，然后经造粒、干燥后包装而成的复混肥料。

有机无机复混肥料的施用：一是用作基肥。旱地宜全耕层深施或条施；水田宜先将肥料均匀撒于湿润的土壤表面，翻耕入土后灌水，耕细耙平。二是用作为种肥。可条施或穴施，将肥料施于种子下方3~5厘米处，防止烧苗；如用于拌种，可将肥料与1~2倍的细土拌匀，再与种子搅拌，随拌随播。

第二节 有机肥料的科学施用

有机肥料具有养分全面，肥效稳而持久；富含有机质，改良土壤环境；增强蔬菜的抗逆、抗病性能等特点。因此，对于蔬菜生产来说，有机肥料的施用具有重要地位。有机肥料主要包括人畜粪便、堆肥、厩肥、饼肥、沼气肥、秸秆肥等。

一、合理施用有机肥料的原则

有机肥料具有"双刃性"，合理利用就是宝贵的农业生产资源，不合

理利用则会成为潜在的污染源。因此，为确保蔬菜质量安全和环境安全，必须从合理施用有机肥料的源头抓起。

1. 严禁施用未腐熟的有机肥料

一些菜农将未腐熟的鸡粪、猪圈粪、牛圈粪直接施用于设施蔬菜，引起氨气大量挥发，对棚室蔬菜造成氨害或烧根；还容易引起土壤酸化、盐渍化；引起潜在的病虫草害发生和疾病传播等问题。对菜田施用有机肥料，在施用前必须进行腐熟度的鉴别，严禁盲目施用未腐熟的有机肥料。

2. 严禁施用有潜在污染的有机肥料

有机肥料的来源复杂，并不是所有来源的有机肥料都能用于蔬菜生产。一些以城市污泥、生活垃圾、工业废水废渣等原料生产的有机肥料，一般重金属、有机污染物等含量较高，只能用于树木、草坪、花卉等，不宜用于蔬菜施肥。有些养殖场中由于使用含有抗生素、重金属等的饲料、药品等，其粪便中抗生素、重金属等的含量大大超标，应用在蔬菜上应提前检测。选用的商品有机肥料，必须是通过国家有关部门登记认证及生产许可的，质量指标达到国家相关标准的要求。

3. 严禁菜田过量施用有机肥料

菜田有机肥料的最大施用量，以满足蔬菜养分需要为准，并非越多越好。大量试验表明，适量施用有机肥料能有效控制蔬菜硝酸盐含量；过量施用有机肥料易引起蔬菜硝酸盐含量超标。一般蔬菜每亩施用优质有机肥料应控制在3000~5000千克，不宜超过6000千克。以鸡粪为主的有机肥料用作基肥时，对番茄、豆类等少肥型蔬菜的用量一般不宜超过500千克/亩，对黄瓜、辣椒、茄子等多肥型蔬菜的用量一般不宜超过1000千克/亩。

温馨提示

设施菜田施用未腐熟鸡粪的危害

无论鸡粪干湿，未经发酵都容易引发作物毁灭性的灾难，特别是对设施栽培蔬菜可造成巨大的经济损失。蔬菜等作物使用鸡粪极易造成四大灾害。

（1）烧根、烧苗、熏棵、死株　施用鸡粪不当会引发烧根、烧苗、熏棵、死株，严重的成片或全棚死亡，贻误农时，损失工费和种苗投入。尤其是冬、春季大棚内施用鸡粪安全隐患最大。

（2）盐渍化棚内土壤，果实不正常　连年施用鸡粪，土壤中存留大量的盐分，平均每立方米鸡粪含盐分30~40千克，而每亩地含10千克盐分就会严重制约土壤通透性和活性，固化磷、钾、钙、镁、锌、铁、硼、锰等重要元素，出现植株生长异常、花蕾稀落、果实不正常等减产现象，显著制约作物产量和质量的提高，还会造成肥料利用率直线下降，投入成本增加50%~100%。

（3）诱发各种根际病害和病毒病害　由于鸡粪造成了植株体内碳氮比失衡，加重了土壤盐渍化，致使茎基部和根部组织遭受化学创伤和严重破坏，给大量的土传性病原体提供了入口和侵染机会，在一定的湿度和温度条件下就会暴发病害，造成植株萎蔫、黄枯、萎缩不长、无花无果，甚至死亡。茎基腐病、根腐病、青枯病等成为使用鸡粪最明显的后遗症。

（4）滋生根结线虫　鸡粪是根结线虫的“宿营地”和“温床”，自身携带根结线虫卵的数量为每1000克100个，鸡粪中的线虫卵极易孵化，一夜之间可增加数万，根结线虫病的发生率在施有鸡粪的地块提高了5倍以上。线虫对化学药剂极为敏感，施药后线虫会迅速转移到地下0.5~1.5米处躲避，所以很难根治。

因此，菜田施用鸡粪必须充分发酵、腐熟。最佳的办法是：将鸡粪堆在一起，糊上一层泥，再盖上一层塑料薄膜，发酵1个月以上，作为基肥施用。

4. 有机肥料要与化肥合理搭配施用

不同种类蔬菜的需肥特性和需肥规律不同，对各种养分的需求比例存在较大差异。有机肥料与化肥配合施用，养分互相补充，肥效缓急相济，有利于养分平衡供应，取得良好的肥效。另外，碳氮比较高的有机肥料与化肥配合施用，可解决土壤微生物与蔬菜争氮的问题；有机肥料与磷肥配合施用，可以减少磷的固定，提高磷肥利用率。因此，有机肥料与化肥配合施用，既可以培肥地力，改良土壤，提高蔬菜产量，又有利于改善蔬菜营养品质、感观品质和储藏品质，还可以显著降低环境污染。

5. 不同肥效的有机肥料应合理搭配施用

不同原料的有机肥料肥效不同。如羊粪的养分含量高，分解速度较

快，肥效较快，为使肥效平稳，需要与猪粪或牛粪混合施用；人粪尿是速效性有机肥料，可适当配施磷钾肥和秸秆堆肥。长效性有机肥料养分释放缓慢，应结合耕地作为基肥施用；速效性有机肥料可在蔬菜不同生长发育期用作追肥，开沟条施或穴施，施后及时覆土。

二、常见有机肥料的合理施用

1. 人畜粪便

人畜粪便主要包括人粪尿、家畜粪、禽粪等。

（1）人粪尿　人粪尿中有机物占鲜重的5%～10%，氮含量为0.5%～0.8%，其中70%～80%的氮呈尿素态，易被蔬菜吸收利用，肥效快；磷含量为0.2%～0.4%，钾含量为0.2%～0.3%。人粪尿经过充分腐熟后用作基肥，适用于各种蔬菜，人粪尿与作物秸秆或杂草混合，经过高温发酵沤制后用作基肥效果更好。人粪尿用于白菜、甘蓝、菠菜、韭菜等蔬菜效果明显。应注意瓜果类蔬菜不宜施用太多的人粪尿；设施菜田一次性施用人粪尿不宜过多；没有腐熟的人粪尿禁止在蔬菜上施用。

（2）家畜粪　家畜粪包括猪、马、牛、羊等家畜的粪便，经过充分腐熟后可用作基肥。

猪粪的有机物含量为15%左右，氮含量为0.5%～0.6%，磷含量为0.45%～0.6%，钾含量为0.35%～0.5%。猪粪性质温和，是优质的有机肥料。

马粪的有机物含量为21%左右，氮含量为0.4%～0.55%，磷含量为0.2%～0.3%，钾含量为0.35%～0.45%。马粪中含有大量的高温纤维分解菌，属于热性肥料。骡粪、驴粪的性质与马粪相同。

牛粪的有机物含量为14.5%左右，氮含量为0.34%左右，磷含量为0.16%左右，钾含量为0.4%左右。

羊粪的有机物含量为32%左右，氮含量为0.83%左右，磷含量为0.23%左右，钾含量为0.67%左右。

（3）禽粪　禽粪包括鸡粪、鸭粪、鹅粪、鸽粪、鹌鹑粪等，其有机物和氮、磷、钾含量都较高，还含有1%～2%的氧化钙。禽粪属于热性肥料，必须经过充分腐熟后才能施用，在蔬菜上多作为基肥施用。

鸡粪的有机物含量为25.5%左右，氮含量为1.63%左右，磷含量为1.54%左右，钾含量为0.85%左右。

鸭粪的有机物含量为26.2%左右，氮含量为1.1%左右，磷含量为1.4%左右，钾含量为0.62%左右。

鹅粪的有机物含量为23.4%左右，氮含量为0.55%左右，磷含量为0.50%左右，钾含量为0.95%左右。

鸽粪的有机物含量为30.8%左右，氮含量为1.76%左右，磷含量为1.78%左右，钾含量为1.0%左右。

2. 饼肥

饼肥包括棉籽饼、大豆饼、芝麻饼、蓖麻饼、菜籽饼等，是优质的有机肥料。饼肥养分齐全且含量较高，肥效快，适用于各类土壤和蔬菜。为了使饼肥尽快发挥肥效，用作基肥时应将饼肥碾碎，在定植前2~3周施入菜田后翻耕整地。用作追肥时，一般与堆肥、厩肥一同堆积或捣碎后浸入尿液中，经过3~4周充分发酵后制成肥液用作追肥。饼肥对茄果类蔬菜效果明显。

棉籽饼的氮含量为3.44%左右，磷含量为1.63%左右，钾含量为0.97%左右。

大豆饼的氮含量为7.0%左右，磷含量为1.32%左右，钾含量为2.13%左右。

芝麻饼的氮含量为5%~6.8%，磷含量为2%~3%，钾含量为1.3%~1.9%。

蓖麻饼的氮含量为5%左右，磷含量为2%左右，钾含量为1.9%左右。

菜籽饼的氮含量为4.6%左右，磷含量为2.48%左右，钾含量为1.4%左右。

花生饼的氮含量为6.32%左右，磷含量为1.17%左右，钾含量为1.34%左右。

葵花籽饼的氮含量为5.4%左右，磷含量为2.7%左右，钾含量为1.5%左右。

3. 厩肥

厩肥包括猪厩肥、牛厩肥、马厩肥、羊厩肥等，是最适宜设施蔬菜的有机肥料品种，既可以用作基肥，也可以用作追肥，还可以用作苗床土和营养土的配料。

猪厩肥的含水量为72.4%左右，有机物含量为25%左右，氮含量为0.45%左右，磷含量为0.19%左右，钾含量为0.6%左右，氧化钙含量为

0.08%左右，氧化镁含量为0.08%。

牛厩肥的含水量为77.5%左右，有机物含量为20.3%左右，氮含量为0.34%左右，磷含量为0.16%左右，钾含量为0.4%左右，氧化钙含量为0.31%左右，氧化镁含量为0.11%。

马厩肥的含水量为71.3%左右，有机物含量为25.4%左右，氮含量为0.58%左右，磷含量为0.28%左右，钾含量为0.53%左右，氧化钙含量为0.21%左右，氧化镁含量为0.14%左右。

羊厩肥的含水量为64.6%左右，有机物含量为31.8%左右，氮含量为0.83%左右，磷含量为0.23%左右，钾含量为0.67%左右，氧化钙含量为0.33%左右，氧化镁含量为0.28%左右。

4. 堆肥

堆肥包括普通堆肥和高温堆肥。堆肥中含钾量较多，在缺钾菜田及喜钾的蔬菜上作为基肥施用，不仅能提高产量，还能改善品质。

普通堆肥的有机物含量为15%~25%，氮含量为0.4%~0.5%，磷含量为0.18%~0.26%，钾含量为0.45%~0.70%。

高温堆肥的有机物含量为24%~48%，氮含量为1.1%~2.0%，磷含量为0.30%~0.826%，钾含量为0.47%~2.53%。

5. 沼气肥

沼气肥包括沼渣、沼液及沼渣沼液混合物，除含氮、磷、钾外，其有机质含量高于堆肥，沼渣富含腐殖质、纤维素、木质素等，具有较好的改土作用；沼渣一般作为基肥施用；沼液可直接用作蔬菜的追肥，随水冲施或沟施均可，也可叶面喷施。

沼渣的氮含量为1.25%，磷含量为1.9%，钾含量为1.33%。沼液的氮含量为0.39%，磷含量为0.37%，钾含量为2.06%。

第三节　微生物肥料的科学施用

目前，我国有微生物肥料生产企业1000余家，形成1200万吨的产能规模，产值达到200亿元。

一、微生物肥料的种类

目前，在蔬菜生产上应用的微生物肥料主要有微生物菌剂、复合微生物肥料、生物有机肥三大类产品。

1. 微生物菌剂

目前农业农村部登记的微生物菌剂产品可分为10类，包括固氮菌菌剂、硅酸盐微生物菌剂、磷细菌菌剂、光合细菌菌剂、有机物料腐熟剂、功能性微生物菌剂、微生物产气剂、农药残留降解菌剂、水体净化菌剂、生物修复菌剂等。蔬菜生产上常用的主要有以下几种。

（1）有机物料腐熟剂 有机物料腐熟剂能加速各种有机物料（包括农作物秸秆、畜禽粪便、生活垃圾、城市污泥等）分解、腐熟。其产品剂型有液体、粉剂、颗粒等。液体要求有效活菌数不少于1.0亿个/毫升，固体（粉剂和颗粒）要求有效活菌数不少于0.5亿个/克。目前工艺成熟、质量稳定、生产上广泛采用的有机物料腐熟剂主要有：CM菌、EM菌、VT菌、酵素菌、秸秆腐熟剂等。

CM菌是一类高效有益微生物菌群，主要由光合细菌、酵母菌、醋酸杆菌、放线菌、芽孢杆菌等组成，具有快速繁殖、发酵、除臭、杀虫、杀菌和干燥等功能。

EM菌主要由光合细菌、放线菌、酵母菌、乳酸菌等多种微生物组成，具有快速繁殖、发酵、除臭、杀虫、杀菌和干燥等功能。

VT菌主要由乳酸菌、酵母菌、放线菌和丝状真菌等微生物组成，主要用于有机废弃物堆肥。

酵素菌是由能够产生多种酶的好氧细菌、酵母菌和霉菌组成的有益微生物群体。它能够在短时间内将有机物分解，尤其能降解木屑等物质中的毒素；能够促进堆肥中放线菌的大量繁殖，从而改善土壤生态，创造蔬菜生长发育所需的良好环境。

秸秆腐熟剂主要由相关细菌、真菌复合而成，能分解作物秸秆中的木质素、纤维素、半纤维素等，秸秆腐熟过程中同时繁殖出大量有益微生物并产生大量代谢物，能改良土壤的理化性状，刺激蔬菜生长，并对土传病害有一定防治作用。

（2）功能性微生物菌剂 目前市场上应用较多的微生物菌剂主要是功能性微生物菌剂。GB 20287—2006《农用微生物菌剂》规定了农用微生物菌剂产品的技术指标。其中，液体要求有效活菌数不少于2.0亿个/毫升，粉剂要求有效活菌数不少于2.0亿个/克，颗粒要求有效活菌数不少于1.0亿个/克。目前市场上常见的功能性微生物菌剂产品类型及其主要功效见表2-4。

表 2-4　功能性微生物菌剂产品类型及其主要功效

菌剂类型	主要功效
枯草芽孢杆菌	抑制土壤中病原菌的繁殖和对植物根部的侵袭，减少作物土传病害，预防多种害虫暴发；提高种子出芽率和保苗率，预防种子自身的遗传病害，提高作物成活率，促进根系生长；改善土壤团粒结构，改良土壤，提高土壤蓄水、蓄能能力和地温，缓解重茬障碍；抑制环境中有害菌的滋生繁殖，降低和预防各种菌类病害的发生；促使土壤中的有机质分解成腐殖质，极大地提高土壤肥效；促进作物生长、成熟，降低成本、增加产量；促进光合作用，提高肥料利用率；平衡土壤 pH，帮助有益微生物调节作物根系生态环境，形成优势菌落，防止土传病虫害，克服连作障碍；提供抑制病原菌繁殖的生长环境，提高作物抗病能力，使土壤中的病原菌、昆虫卵被自然地除掉，尤其能防治根瘤病、寄生虫病、土壤线虫病等
地衣芽孢杆菌	在抗病和杀灭有害菌方面功效显著；能改良土壤，施入土壤后迅速繁殖增生，抑制有害菌的生长，与共生的有益菌能长期共存，可使土壤微生态保持平衡；能促进作物生根、快速生长，在代谢过程中能产生大量的植物内源酶，可明显提高作物对氮、磷、钾及中、微量元素等的吸收比例和吸收效率；调节作物生命活动，促进增产增收，可促进作物根系生长，须根增多。菌种代谢产生的植物内源酶和植物生长调节剂经由根系进入作物体内，促进叶片光合作用，调节营养元素向果实流动，膨果增产效果明显，与施用化肥相比，在等价投入的情况下可增产 15%～30%；分解有机质，防止重茬；作为根际环境保护屏障，在土壤及作物体内能迅速繁殖成为优势菌群，控制根际营养和资源，使造成重茬、根腐、立枯、流胶、灰霉病等的病原菌丧失生存空间和条件；增强土壤缓冲能力，保水保湿，增强作物抗旱、抗寒、抗涝等抗逆性
巨大芽孢杆菌	抑制土壤中病原菌的繁殖和对作物根部的侵袭，减少作物土传病害，预防多种害虫暴发；具有较强的固氮、解磷、解钾作用，减少化肥用量，可减少 80%的氮肥使用量；改善土壤团粒结构，改良土壤，提高土壤蓄水、蓄能能力，有效增高地温，缓解重茬障碍；促进作物生长，使作物提前开花、多开花、增加结果率，增产效果可达 10%～30%；提高作物品质，如提高蛋白质、糖分、维生素等含量

（续）

菌剂类型	主要功效
解淀粉芽孢杆菌	抗病抑菌，广谱高效，对番茄叶霉病，灰霉病、黄瓜枯萎病、炭疽病、甜瓜枯萎病、辣椒晚疫病、小麦水稻纹枯病、玉米小斑病、大豆根腐病等土传病害具有显著防治效果；抗逆防衰，促进生长，能诱导作物快速分泌内源生长素，促进作物快速生根，提高根系发育能力，促进植株健壮生长；改良土壤，能改善作物根际微生态，活化土壤中难溶的磷、钾等潜在养分，疏松板结土壤，遏制土壤退化，提高土壤肥力；降低农残，优质增产，可降解土壤及果实中的残留农药，提高果蔬维生素和糖的含量，改善农产品品质，提高作物产量，并使其易于储藏运输，提高并延长肥效，减少化肥的用量
淡紫紫孢菌	淡紫紫孢菌属于内寄生性真菌，是一些作物寄生线虫的重要天敌，能够寄生于线虫卵，也能侵染幼虫和雌虫，可明显减轻多种作物根结线虫、胞囊线虫、茎线虫、金色线虫、异皮线虫等作物线虫病的危害，对南方根结线虫和白胞囊线虫的卵寄生率高达60%~70%，对多种线虫都有防治效果；也能分泌毒素对线虫起毒杀作用；促进作物生长，该菌能产生丰富的衍生物，其中一种是类似吲哚乙酸的产物，它最显著的生理功效是在低浓度时促进作物根系与营养器官的生长，同时对种子的萌发与生长也有促进作用；产生多种酶，如几丁质酶能促进线虫卵的孵化，提高拟青霉菌对线虫的寄生率，同时还产生细胞裂解酶、葡聚糖酶与丝蛋白酶，促进作物细胞分裂
哈茨木霉	防治田间和温室内蔬菜、果树、花卉等作物的白粉病、灰霉病、霜霉病、叶霉病、叶斑病等叶部真菌性病害；在作物根围生长并形成“保护罩”，以防止根部病原真菌的侵染并保证植株能够健康地成长；改善根系的微环境，增强作物的长势和抗病能力，提高作物的产量和收益
多黏类芽孢杆菌	有效防治作物细菌性和真菌性土传病害；对作物具有明显的促生长、增产作用
侧孢短芽孢杆菌	促进作物根系生长，增强根系吸收养分的能力，从而提高作物产量；控制作物体内外病原菌的繁殖，减轻病虫害，降低农药残留；改良疏松土壤，解决土壤板结问题，从而活化土壤，提高肥料利用率；增强作物新陈代谢，促进光合作用；强化叶片保护膜，抵抗病原菌；降低蔬菜的硝酸盐含量；固化土壤中的若干重金属，降低作物体内重金属含量。

（续）

菌剂类型	主要功效
胶质芽孢杆菌	具有溶磷、释钾和固氮功能；菌体自身代谢产生有机酸、氨基酸、多糖、激素等有利于作物吸收和利用的物质；增加营养元素的供应量，刺激作物生长，抑制有害微生物的活动，有较强的增产效果；有效抑制各种土传病害的发生，减少农药使用
胶冻样类芽孢杆菌	具有解磷、解钾的功能，能增加土壤速效磷含量 90.5%～110.8%、增加速效钾含量 20%～35%；具有活化土壤中中量元素硅、钙、镁的作用；具有增加高铁、锰、铜、锌、钼、硼等微量元素供应的功效；提高或延长肥效，减少化肥用量，每亩施用 1 千克微生物菌剂增产效果与每亩施用 15～20 千克过磷酸钙、每亩施用 7.5～10 千克硫酸钾增产效果相当；有效提高作物抗逆性，预防或减轻病害，如小麦白粉病、棉花立枯病、黄枯萎病等；增产效果明显
长枝木霉	抑制病原菌的侵染，使植株健康生长；改善根系的微环境，增强作物的长势和抗病能力，提高作物的产量、收益和农产品的品质；对多种线虫都有防治效能
酿酒酵母	作为秸秆腐熟剂的一种有效成分
绿色木霉	能够拮抗多种病原真菌，尤其对土传病原真菌具有显著的拮抗作用；绿色木霉菌能够寄生的作物病原菌即拮抗对象包括丝核菌属、小核菌属、核盘菌属、长蠕孢属、镰刀菌属、毛盘孢属、轮枝孢属、黑星菌属、内座壳属、腐霉属、疫霉属、间座壳属和黑星孢属
乳酸菌	改良土壤性质，提高土壤肥力。加速土壤有机物的分解；抑制有害微生物的生存与繁殖，减轻并逐步消除土传病虫害和连作障碍；增强作物的代谢功能，促进光合作用，促进种子发芽、根系生长、早开花、多结实，能使作物成熟期提前 10 天以上
复合木霉菌	对多种重要作物病原真菌有拮抗作用；在寄生的同时可产生各种抗生素和溶解酶，降低病原的抗药性，加强抑菌强度；复合木霉菌的几丁质酶基因可在细菌、真菌和作物中表达，可以防止作物真菌病害、促进作物生长、促进植株根部生长；适合与有机肥料混拌增殖后使用，也可以在育苗期开始使用，效果更为显著；有效防治作物的根腐病、立枯病、猝倒病、枯萎病、灰霉病、腐霉病、炭疽病、菌核病等土传病害

（续）

菌剂类型	主要功效
放线菌	放线菌的分支状菌丝体能够产生各种胞外水解酶，降解土壤中的各种不溶性有机物质，获得细胞代谢所需的各种营养，对有机物的矿化有着重要作用，改良土壤；促进作物自身的生长，并增强土壤肥力；与致病菌争夺营养和空间
米曲霉	使秸秆中所含的有机质及磷、钾等转化成为作物生长所需的形式，并产生大量有益微生物，刺激作物生产，提高土壤有机质含量，改善土壤结构；补充土壤中有益微生物数量，进一步促进土壤中的物质和能量转化，以及腐殖质的形成和分解，提高肥料利用率；产生有益代谢物，抑制和杀死有害菌
黑曲霉	在发酵生长过程中产生大量的草酸、柠檬酸等多种有机酸和植酸酶等多种酶，从而使有机磷和无机磷得以溶解并被作物吸收利用；添加黑曲霉的生物有机肥，可以部分替代磷肥；能明显抑制土传病菌的传播，提高作物抗病、抗逆性能
沼泽红假单胞菌	作为作物的调理素和菌肥；将土壤中的氢分离出来，并以作物根部的分泌物、土壤中的有机物、有害气体（硫化氢等）及二氧化碳、氮等为基质，合成糖类、氨基酸类、维生素类、氮素化合物和生理性物质，供给作物营养并促进作物生长；代谢产物不仅可以被作物直接吸收，还可以作为其他微生物繁殖的养分，增加土壤中的有益菌；帮助作物进行光合作用，吸收大气和土壤中氮、磷、钾等元素，减少农药、化肥的使用和残留，提高农产品品质，提高经济效益
苏云金芽孢杆菌	苏云金芽孢杆菌是一种包括许多变种的产晶体芽孢杆菌，可用作微生物源的低毒杀虫剂，以胃毒作用为主；可产生两大类毒素，即内毒素（伴胞晶体）和外毒素，使害虫停止取食，最后害虫因饥饿而死亡；具有专一、高效和对人畜安全等优点

2. 复合微生物肥料

复合微生物肥料的菌种主要有：胶质芽孢杆菌、枯草芽孢杆菌、光合细菌、产生二氧化碳的微生物菌群、固氮菌等。其产品要求有效活菌数：液体剂型不低于0.5亿个/毫升；固体剂型（粉剂、颗粒）不低于0.2亿个/克。

复合微生物肥料中除了菌种外，还必须添加有机营养物质、无机营养

物质、辅料等。有机营养物质一般采用发酵腐熟后的有机肥料；无机营养物质主要是单质化肥，如尿素、硫酸铵、过磷酸钙、钙镁磷肥、硫酸钾、氯化钾等；辅料可以选用粗糠、木屑、泥炭、膨润土等。

液体剂型要求总养分（$N+P_2O_5+K_2O$）含量为6.0%~20.0%，固体剂型要求总养分（$N+P_2O_5+K_2O$）含量为8.0%~25.0%、有机质含量不低于20%。

3. 生物有机肥

生物有机肥适用的主要功能菌主要有：芽孢杆菌、假单胞菌、链霉菌、固氮菌、磷细菌、光合细菌等。生物有机肥多为固体剂型（粉剂、颗粒），有效活菌数不低于0.2亿个/克，有机质含量不低于40%。

生物有机肥中除了菌种外，还需要添加有机营养成分、无机营养成分。有机营养成分可选用富含腐殖酸的泥炭，经过腐熟发酵的各种畜禽类粪便，菜饼、酒糟、秸秆等农副产品及废弃物，以及褐煤、污泥等。无机营养成分可以添加一定比例的氮、磷、钾及中、微量元素。

生物有机肥可以提高土壤养分的有效性，产生植物激素类、维生素类、核酸类、水杨酸类等促生物质，培肥土壤，提高作物根系活力，增强土壤酶活性，促进作物增产，增强作物抗逆性，改善蔬菜品质，因此在蔬菜生产上得到广泛应用。

二、微生物肥料的合理施用

微生物肥料施用总的原则是：要有利于目的微生物生长、繁殖及其功能发挥；有利于目的微生物与作物亲和；有利于目的微生物与土壤环境相适应。

1. 微生物复合菌剂

微生物复合菌剂主要有液体和固体（包括粉剂、颗粒）等剂型。

（1）液体剂型　可以拌种、浸种、蘸根、灌根、冲施、叶面喷施等。

1）拌种。每亩可用菌剂200~300毫升配制成1∶20倍液，将种子与稀释后的菌液混拌均匀，或用稀释后的菌液喷湿种子，待种子阴干后播种。

2）浸种。每亩可用菌剂500毫升配制成1∶20倍液，将种子浸入稀释后的菌液4~12小时，捞出后，待种子露白后播种。

3）蘸根。每亩可用菌剂1升配制成1∶10倍液，将蔬菜根系浸入稀释后的菌液10~20分钟，然后移栽定植。

4）灌根。每亩可用菌剂 3 升配制成 1∶10 倍液，将稀释后的菌液浇灌于蔬菜根系。

5）冲施。每亩可用菌剂 5 升，结合灌溉系统随水冲施。

6）叶面喷施。每亩可用菌剂 200~300 毫升稀释 300~600 倍，于蔬菜生长前期喷施。

（2）固体剂型 可以底施、拌种、蘸根、追施等。

1）底施。在蔬菜播种或定植整地前，每亩撒施菌剂 5~20 千克，然后翻耕菜田，以备播种或定植。

2）拌种。将种子与菌剂充分混匀，使种子表面吸附菌剂，阴干后播种。

3）蘸根。每亩可用菌剂 1 千克配制成 1∶10 倍液，将蔬菜根系浸入稀释后的菌液 10~20 分钟，然后移栽定植。

4）追施。在蔬菜生长中期，每亩用菌剂 5~10 千克，在植株旁边沟施或穴施。

2. 有机物料腐熟剂

小麦、水稻、玉米等秸秆收获后，及时粉碎并铺于田中，按每亩 3~5 千克的用量将有机物料腐熟剂兑水稀释 50 倍，均匀喷洒在秸秆上，然后翻耕还田。有机物料腐熟剂应用时，土壤要保持湿润，应尽量保证足够的含水量。

3. 复合微生物肥料

复合微生物肥料要选择取得农业农村部登记的产品，选购时要注意产品是否经过严格的检测，并附有产品合格证；还要注意产品的有效期，最好选用当年生产的产品。复合微生物肥料主要适合用于蔬菜等作物。

1）用作基肥。每亩用复合微生物肥料 10~20 千克，与有机肥料或细土混匀后沟施、穴施、撒施均可，沟施或穴施后立即覆土；结合整地时可撒施，应尽快将肥料翻于土中。

2）蘸根或灌根。每亩用肥料 2~5 千克兑水稀释 5~20 倍，移栽时蘸根或干栽后适当增加稀释倍数灌于根部。

3）拌苗床土。每平方米苗床土用肥料 200~300 克，与土混匀后播种。

4）冲施。根据不同蔬菜每亩用 5~10 千克复合微生物肥料与化肥混合，用适量水稀释后灌溉时随水冲施。

4. 生物有机肥

根据蔬菜的不同选择不同的生物有机肥施用方法，常用的施肥方法有：

1）种施法。播种时，将生物有机肥与少量化肥混匀，随播种机施入土壤。一般每亩施 20~50 千克。

2）撒施法。结合深耕或在播种时将生物有机肥均匀地施在根系集中分布的区域和经常保持湿润状态的土层中，做到土肥相融。一般每亩施 200~500 千克。

3）穴施法。移栽蔬菜如番茄等时，将肥料施入播种穴，然后播种或移栽。一般每亩施 30~60 千克。

4）蘸根法。对移栽蔬菜，按 1 份生物有机肥加 5 份水配成肥料悬浊液，浸蘸苗根，然后定植。

5）盖种肥法。开沟播种后，将生物有机肥均匀地覆盖在种子上面。一般每亩施 100~150 千克。

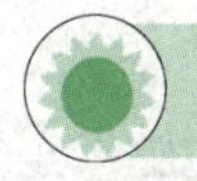

第四节　新型肥料的科学施用

新型肥料有别于传统的、常规的肥料，表现在功能拓展或功效提高、肥料形态更新、新型材料的应用、肥料运用方式的转变或更新等方面，能够直接或间接地为作物提供必需的营养成分；调节土壤酸碱度、改良土壤结构、改善土壤理化性状、生物化学性质；调节或改善作物的生长机制；改善肥料品质和性质，或能提高肥料的利用率。

一、腐殖酸类肥料

由于腐殖酸具有络合、螯合、离子交换、分散、黏结等多功能性质，配入氮、磷、钾等养分可以达到养分平衡、配比科学的效果，可用作蔬菜的基肥和追肥，能有效抑制蔬菜硝酸盐污染，对农药具有缓释增效作用，能够提高养分利用率，增强蔬菜抗逆性，刺激蔬菜生长，改善土壤性状，尤其适于绿色食品蔬菜生产施用。

1. 腐殖酸类肥料的主要种类

腐殖酸类肥料可分为腐殖酸类液体肥料和腐殖酸类固体肥料。腐殖酸类液体肥料属于水溶肥料，见后。腐殖酸类固体肥料主要有腐殖酸铵、硝基腐殖酸铵、腐殖酸钠、腐殖酸钾、黄腐酸、腐殖酸复合肥料等。

（1）腐殖酸铵 腐殖酸铵简称腐铵，腐殖酸含量不低于25%，全氮含量不低于3%，水分含量不超过35%。外观为黑色有光泽的颗粒或黑色粉末，溶于水，呈微碱性，无毒，在空气中稳定。

（2）硝基腐殖酸铵 硝基腐殖酸铵是腐殖酸与稀硝酸共同加热、氧化分解形成的。腐殖酸含量不低于45%，全氮含量不低于3.5%，水分含量不超过10%。外观为黑色有光泽的颗粒或黑色粉末，溶于水，呈微碱性，无毒，在空气中较稳定。

（3）腐殖酸钠、腐殖酸钾 腐殖酸钠要求：腐殖酸含量不低于40%（或50%、70%），pH为8~11，水分含量不超过25%（或20%、10%）。腐殖酸钾要求：腐殖酸含量为8%~9%，氧化钾含量不低于45%，pH为9~10，水分含量不超过15%。二者均呈棕褐色，易溶于水，水溶液呈强碱性。

（4）黄腐酸 黄腐酸又称富里酸、富啡酸、抗旱剂一号、旱地龙等，溶于水、酸、碱，水溶液呈酸性，无毒，性质稳定，呈黑色或棕黑色。其产品含黄腐酸70%以上。

2. 腐殖酸类固体肥料的合理施用

腐殖酸类固体肥料，可以用作基肥、种肥、追肥或用于根外追肥；可撒施、穴施、条施或压球造粒施用。

（1）基肥 可以采用撒施、穴施、条施等办法，不过集中施用比撒施效果好，深施比浅施、表施效果好，蔬菜一般每亩可施腐殖酸铵、硝基腐殖酸铵300~500千克，或腐殖酸高效缓释复混肥料、腐殖酸涂层缓释肥100~200千克或腐殖酸型过磷酸钙50~100千克。

（2）种肥 可穴施于种子下面12厘米附近，每亩可用腐殖酸高效缓释复混肥料5~10千克，或腐殖酸涂层缓释肥5~10千克，或腐殖酸型过磷酸钙10千克。

腐殖酸钠、腐殖酸钾可以用于种子处理，浸种浓度为0.005%~0.05%、浸根浓度为0.01%~0.05%。黄腐酸可用于拌种，用量为种子量的0.5%，也可用于蘸根（100克黄腐酸加水20千克，再加黏土调成糊状）。

（3）追肥 应该早施，在距离作物根系6~9厘米处穴施或条施，追施后结合中耕覆土。可将硝基腐殖酸铵作为增效剂与化肥混合施用，效果较好，每亩施用量为30~50千克。也可用腐殖酸高效缓释复混肥料50~100千克或腐殖酸涂层缓释肥50~100千克追施。

（4）叶面追肥 腐殖酸钠、腐殖酸钾的叶面喷施浓度为0.01%~

0.05%，黄腐酸用于蔬菜可以稀释800~1000倍后进行叶面喷施。

二、缓控释肥料

缓控释肥料是具有延缓养分释放性能的一类肥料的总称，通常是指通过某种技术手段将肥料养分速效性与缓效性相结合，其养分的释放模式（释放时间和释放率）是以实现或更接近作物的养分需求规律为目的，具有较高养分利用率的肥料，在概念上可进一步分为缓释肥料和控释肥料。

1. 缓控释肥料的主要类型

缓控释肥料主要有聚合物包膜肥料、硫包衣肥料、包裹型肥料等。聚合物包膜肥料是指肥料颗粒表面包裹了高分子膜层的肥料。硫包衣肥料是指在传统肥料颗粒外表面包裹一层或多层阻滞肥料养分扩散的膜，来减缓或控制肥料养分的溶出速率，硫包衣尿素是最早进行产业化应用的硫包衣肥料。包裹型肥料是一种或多种植物营养物质包裹另一种植物营养物质而形成的植物营养复合体，为与聚合物包膜肥料区别，包裹型肥料特指以无机材料为包裹层的缓释肥料产品，包裹层的物料所占比例达50%以上。

2. 缓控释肥料的合理施用

与传统化肥相比，缓控释肥料兼具省工、安全、高效、环保等多种优点，特别适于在当前青壮年劳力少、化肥减量增效、注重生态环境的地区施用。

（1）肥料种类的选择　缓控释肥料根据不同控释时间和不同养分含量有多个种类，不同控释时间主要对应于作物生长发育期长短，不同养分含量主要对应于不同作物的需肥量。因此，施肥过程中一定要有针对性地选择施用。

（2）施用时期　缓控释肥料一定要用作基肥或前期追肥，即在作物播种或移栽前、作物幼苗生长期施用。

（3）施用量　建议单位面积缓控释肥料的用量按照往年作物肥料施用量的80%进行施用。需要注意的是农民朋友应根据不同目标产量和土壤条件相应的进行适当增减，同时还要注意氮、磷、钾适当配合和后期是否有脱肥现象发生。

（4）施用方法　施用缓控释肥料要做到种肥隔离，沟（条）施覆土。种子与肥料间隔距离：对蔬菜一般在7~10厘米。施入深度：对蔬菜一般在10厘米。

三、尿素改性肥料

目前，我国尿素从颗粒度上看，占95%以上的是0.8~2.5毫米的小颗粒尿素，有强度低、易结块和破碎粉化等弊病；同时，小颗粒尿素无法进一步加工成掺混肥料、包裹肥料、缓释或长效肥料等以提高肥料利用率。而生产大颗粒尿素，势必要大幅度增加造粒塔的高度和塔径，也不现实。因此，需要对尿素进行改性，形成多种尿素改性肥料，以提高肥料利用率。

1. 脲醛类肥料

脲醛类肥料是由尿素和醛类在一定条件下反应制得的有机微溶性缓释性氮肥。

（1）脲醛类肥料的种类 脲醛类肥料目前主要有脲甲醛、异丁叉二脲、丁烯叉二脲、脲醛缓释复合肥等，其中最具代表性的产品是脲甲醛。脲甲醛有固体粉状、片状或粒状等剂型，也可以是液体形态。对脲甲醛的各指标的要求为：总氮（TN）含量不低于36.0%，尿素氮（UN）含量不超过5.0%，冷水不溶性氮（CWIN）含量不低于14.0%，热水不溶性氮（HWIN）含量不超过16.0%，缓释有机氮含量不低于8.0%，活性系数含量不低于40.0%，水分含量不超过3.0%（粉剂水分含量不超过5.0%）。

脲醛缓释复合肥是以脲醛树脂为核心原料的新型复合肥料。该肥在不同温度下分解速度不同，满足作物不同生长期的养分需求，养分利用率高达50%以上，肥效是同含量普通复合肥的1.6倍以上；该肥无外包膜、无残留，养分释放完全，能减轻养分流失和对土壤水源的污染。

（2）脲醛类肥料的选择和施用 脲醛类肥料只适合作为基肥施用。

2. 稳定性肥料

稳定性肥料是指在生产过程中加入了脲酶抑制剂和（或）硝化抑制剂，施入土壤后能通过脲酶抑制剂抑制尿素的水解，和（或）通过硝化抑制剂抑制铵态氮的硝化，使肥效期得到延长的一类含氮（酰胺态氮/铵态氮）肥料，包括含氮的二元或三元肥料和单质氮肥。

（1）稳定性肥料的主要类型 稳定性肥料包括含硝化抑制剂和脲酶抑制剂的缓释产品，如添加双氰胺、3,4-二甲基吡唑磷酸盐、正丁基硫代磷酰三胺、对苯二酚（氢醌）等抑制剂的稳定性肥料。

目前，脲酶抑制剂的主要类型有：一是磷胺类，如环己基磷酸三酰胺、硫代磷酰三胺、磷酰三胺、N-丁基硫代磷酰三胺、N-正丁基硫代磷酰

胺等。二是酚醌类，如对苯醌、醌氢醌、蒽醌、菲醌、1,4-对苯二酚、邻苯二酚、间苯二酚、苯酚、甲酚、苯三酚、茶多酚等，其主要官能团为酚羟基和醌基。三是杂环类，如六酰氨基环三磷腈、硫代吡啶类、硫代吡唑-N-氧化物、N-卤-2-咪唑艾杜烯、N，N-二卤-2-咪唑艾杜烯等，主要特征是均含有—N＝及—O—基团。

硝化抑制剂的原料有：含硫氨基酸（甲硫氨酸等）、其他含硫化合物（二甲基二硫醚、二硫化碳、烷基硫醇、乙硫醇、硫代乙酰胺、硫代硫酸、硫代氨基甲酸盐等）、硫脲、烯丙基硫脲、烯丙基硫醚、双氰胺、吡唑及其衍生物等。

（2）稳定性肥料的施用　可以用作基肥和追肥，施肥深度为7~10厘米，种、肥相距7~10厘米。用作基肥时，将总施肥量（折纯氮）的50%施用稳定性肥料，另外50%施用普通尿素。

温馨提示

由于稳定性肥料速效性差，持久性好，施用时需要较普通肥料提前3~5天；稳定性肥料的肥效可达到60~90天，常见蔬菜、大田作物一季施用1次就可以，注意配合施用有机肥料，效果理想；如果是作物生长前期以长势为主，需要补充普通氮肥。各地的土壤墒情、气候、土壤性质不同，需要根据作物生长状况进行肥料补充。

3. 增值尿素

增值尿素是指在基本不改变尿素生产工艺的基础上，增加简单设备，向尿素中直接添加生物活性增效剂所生产的尿素增值产品。增效剂主要是指利用海藻酸、腐殖酸和氨基酸等天然物质，经改性获得的可以提高尿素利用率的物质。

（1）增值尿素的产品要求　增值尿素产品具有产能高、成本低、效果好的特点。增值尿素产品应符合以下原则：含氮（N）量不低于46%，符合尿素产品含氮量的国家标准；可建立添加增效剂的增值尿素质量标准，具有常规的可检测性；增效剂微量高效，添加量在0.05%~0.5%；工艺简单，成本低；增效剂为天然物质及其提取物或合成物，对环境、作物和人体无害。

（2）增值尿素的主要类型　目前，市场上的增值尿素产品主要有以下几种：

1）木质素包膜尿素。木质素是一种含有许多负电基团的多环高分子有机物，对土壤中的高价金属离子有较强的亲和力。木质素比表面积大，质轻，作为载体与氮、磷、钾及微量元素混合，养分利用率可达80%以上，肥效可持续20周之久；无毒，能被微生物降解成腐殖酸，可以改善土壤理化性状，提高土壤通透性，防止土壤板结；在改善肥料的水溶性、降低土壤中脲酶的活性，以及减少有效成分被土壤组分固持、提高磷的活性等方面有明显效果。

2）腐殖酸尿素。腐殖酸与尿素通过科学工艺进行有效复合，可以使尿素具有缓释性，并通过改变尿素在土壤中的转化过程和减少氮的损失，改善养分的供应，从而使氮肥利用率提高45%以上。如锌腐酸尿素，添加锌腐酸增效剂的量为每吨尿素10~50千克，颜色为棕色至黑色，腐殖酸含量不低于0.15%，腐殖酸沉淀率不超过40%，含氮量不低于46%。

3）海藻酸尿素。海藻酸尿素是在尿素常规生产工艺过程中，添加海藻酸增效剂（含有海藻酸、吲哚乙酸、赤霉素、萘乙酸等）生产的增值尿素，可促进作物根系生长，提高作物根系活力，增强作物吸收养分的能力；可抑制土壤中脲酶的活性，降低尿素的氨挥发损失；发酵海藻增效剂中的物质与尿素发生反应，通过氢键等作用力延缓尿素在土壤中的释放和转化过程；海藻酸尿素还可以起到抗旱、抗盐碱、耐寒、杀菌和提高农产品品质等作用。海藻酸尿素中添加海藻酸增效剂的量为每吨尿素10~30千克，颜色为浅黄色至浅棕色，海藻酸含量不低于0.03%，含氮量不低于46%，尿素残留差异率不低于10%，氨挥发抑制率不低于10%。

4）禾谷素尿素。禾谷素尿素是在尿素常规生产工艺过程中，添加禾谷素增效剂（以天然谷氨酸为主要原料经聚合反应而生成的）生产的增值尿素，其中谷氨酸是作物体内多种氨基酸合成的前体，在作物生长过程中起着至关重要的作用；谷氨酸在作物体内形成谷氨酰胺，可以储存氮并能消除因氨浓度过高产生的毒害作用。因此，禾谷素尿素可促进作物生长，改善氮在作物体内的储存形态，降低氨对作物的危害，提高养分利用率，可补充土壤的微量元素。禾谷素尿素中添加禾谷素增效剂的量为每吨尿素10~30千克，颜色为白色至浅黄色，含氮量不低于46%，谷氨酸含量不低于0.08%，氨挥发抑制率不低于10%。

5）纳米尿素。纳米尿素是在尿素常规生产工艺过程中，添加纳米碳生产的增值尿素。纳米碳进入土壤后能溶于水，使土壤电导率（EC值）增加30%，可直接形成碳酸氢根离子（HCO_3^-），以质流的形式进入根系，进而随着水分的快速吸收，携带大量的氮、磷、钾等养分进入

作物体内合成叶绿体和线粒体，并快速转化为淀粉粒，因此纳米碳起到生物泵的作用，增加作物根系吸收养分和水分的潜能。每吨纳米尿素成本只增加 200~300 元，在高产条件下可节肥 30%左右，每亩综合成本下降 20%~25%。

6）多肽尿素。多肽尿素是在尿素溶液中加入金属蛋白酶，经蒸发器浓缩造粒而成的增值尿素。酶是生物成长发育不可缺少的催化剂，因为生物体进行新陈代谢的所有化学反应，几乎都是在酶的作用下完成的。多肽是涉及生物体内各种细胞功能的生物活性物质，肽键是氨基酸在蛋白质分子中的主要连接方式，肽键和金属离子化合而成的金属蛋白酶具有很强的生物活性，酶鲜明地体现了生物的识别、催化、调节等功能，可激化化肥，促进化肥分子活跃。金属蛋白酶可以被作物直接吸收，因此可节省作物在转化微量元素时所需要的“体能”，大大促进作物生长发育。经试验，施用多肽尿素，作物一般可提前 5~15 天成熟（玉米提前 5 天左右，棉花提前 7~10 天，西红柿提前 10~15 天），且可以提高化肥利用率和作物品质等。

7）微量元素增值尿素。微量元素增值尿素是在熔融的尿素中添加 2%硼砂和 1%硫酸铜的大颗粒尿素。试验表明，含有硼、铜的尿素可以减少尿素中氮的损失，既能使尿素增效，又能使作物得到硼、铜等微量元素，提高产量。硼、铜等微量元素能使尿素增效的机理是：硼砂和硫酸铜有抑制脲酶的作用及抑制硝化和反硝化细菌的作用，从而提高尿素中氮的利用率。

（3）增值尿素的高效安全施用　理论上，增值尿素可以和普通尿素一样，应用在所有适合施用尿素的作物上，但是不同的增值尿素其施用时期、施用量、施用方法等是不一样的，施用时需注意以下事项。

1）施用时期。木质素包膜尿素只能作为基肥一次性施用。其他增值尿素可以和普通尿素一样，既可以用作基肥，也可以用作追肥。

2）施用量。增值尿素可以提高氮肥利用率达 10%~20%，因此施用量可比普通尿素减少 10%~20%。

3）施用方法。增值尿素不能像普通尿素那样表面撒施，应当采取沟施、穴施等方法，并应适当配合有机肥料、普通尿素、磷钾肥及中、微量元素肥料施用。增值尿素不适合作为叶面肥施用，也不适合作为冲施肥或在滴灌或喷灌水肥一体化中施用。

第五节　水溶性肥料的科学施用

水溶性肥料是我国目前大量推广应用的一类新型肥料，多用于叶面喷施或随灌溉施。水溶性肥料可分为营养型水溶性肥料和功能型水溶性肥料，还有一些其他类型的水溶性肥料。

一、水溶性肥料的主要类型

1. 营养型水溶性肥料

营养型水溶性肥料包括微量元素水溶肥料、大量元素水溶肥料、中量元素水溶肥料等。

（1）微量元素水溶肥料　微量元素水溶肥料是由微量元素铜、铁、锰、锌、硼、钼按照所需比例制成的或单一微量元素制成的液体或固体水溶肥料。产品标准为 NY 1428—2010《微量元素水溶肥料》。其产品的外观要求为：均匀的液体或均匀、松散的固体。微量元素水溶肥料产品中的微量元素含量不低于 10.0%或 100 克/升。

微量元素肥料的微量元素含量指铜、铁、锰、锌、硼、钼元素含量之和，产品应至少包含一种微量元素，含量不低于 0.05%（0.5 克/升）的单一微量元素均应计入微量元素含量中；钼元素含量不高于1.0%（10 克/升，单质含钼微量元素产品除外）。

（2）大量元素水溶肥料　大量元素水溶肥料是以大量元素氮、磷、钾为主，按照适合作物生长所需比例，添加铜、铁、锰、锌、硼、钼等微量元素或中量元素钙、镁制成的液体或固体水溶肥料。产品标准为 NY/T 1107—2020《大量元素水溶肥料》。大量元素水溶肥料分固体和液体两种剂型。产品技术指标应符合表 2-5 的要求。

表 2-5　大量元素水溶肥料技术指标

项目	固体指标	液体指标
大量元素含量	≥50.0%	≥400 克/升
水不溶物含量	≤1.0%	≤10 克/升
水分（H_2O）含量	≤3.0%	

（续）

项目		固体指标	液体指标
缩二脲含量		≤0.9%	
氯离子含量	未标“含氯”的产品	≤3.0%	≤30 克/升
	标识“含氯（低氯）”的产品	≤15.0%	≤150 克/升
	标识“含氯（中氯）”的产品	≤30.0%	≤300 克/升

大量元素含量是指 N、P_2O_5、K_2O 含量之和，产品应至少包含两种大量元素。单一大量元素含量不低于 4.0%（40 克/升）。氯离子含量大于 30.0%或 300 克/升的产品，应在包装袋上标明“含氯（高氯）”，标识“含氯（高氯）”的产品，氯离子可不做检验和判定。

（3）中量元素水溶肥料　中量元素水溶肥料是以中量元素钙、镁为主，按照适合作物生长所需比例，或添加铜、铁、锰、锌、硼、钼等微量元素制成的液体或固体水溶肥料。其产品标准为 NY 2266—2012《中量元素水溶肥料》。中量元素水溶肥料产品的中量元素含量不低于 10.0%或 100 克/升。

中量元素水溶肥料的中量元素含量指钙含量或镁含量或钙镁含量之和，含量不低于 1.0%（10 克/升）的钙或镁均应计入中量元素含量中；硫元素含量不计入中量元素含量，仅在标识中标注。

2. 功能型水溶性肥料

功能型水溶性肥料包括含氨基酸水溶肥料、含腐殖酸水溶肥料、有机水溶肥料等。

（1）含氨基酸水溶肥料　含氨基酸水溶肥料是以游离氨基酸为主体，按适合作物生长所需比例，添加适量中量元素钙、镁或微量元素铜、铁、锰、锌、硼、钼而制成的液体或固体水溶肥料。其产品分中量元素型和微量元素型两种类型，产品标准为 NY 1429—2010《含氨基酸水溶肥料》。

1）含氨基酸水溶肥料（中量元素型）。该型又分固体和液体两种剂型。其产品中游离氨基酸的含量不低于 10.0%或 100 克/升，中量元素含量不低于3.0%或30克/升。

2）含氨基酸水溶肥料（微量元素型）。该型又分固体和液体两种剂型。其产品中游离氨基酸的含量不低于10.0%或100克/升，微量元素含量不低于20%或2克/升。

小贴士

含氨基酸水溶肥料的中量元素含量指钙、镁元素含量之和，其产品应至少包含一种中量元素，含量不低于0.1%（1克/升）的单一中量元素均应计入中量元素含量中。微量元素含量指铜、铁、锰、锌、硼、钼元素含量之和，其产品应至少包含一种微量元素，含量不低于0.05%（0.5克/升）的单一微量元素均应计入微量元素含量中；钼元素含量不高于0.5%（5克/升）。

（2）含腐殖酸水溶肥料 含腐殖酸水溶肥料是以适合作物生长所需比例的矿物源腐殖酸，添加适量的大量元素氮、磷、钾或微量元素铜、铁、锰、锌、硼、钼而制成的液体或固体水溶性肥料。其产品分大量元素型和微量元素型两种类型，产品标准为NY 1106—2010《含腐殖酸水溶肥料》。

1）含腐殖酸水溶肥料（大量元素型）。该型又分固体和液体两种剂型。其产品中的腐殖酸含量不低于3%或30克/升，大量元素含量不低于20.0%或200克/升。

2）含腐殖酸水溶肥料（微量元素型）。只有固体剂型。其产品中的腐殖酸含量不低于3.0%，微量元素含量不低于6.0%。

含腐殖酸水溶肥料的大量元素含量指氮（N）、磷（P_2O_5）、钾（K_2O）含量之和，产品应至少包含两种大量元素，单一大量元素含量不低于2.0%（20克/升）。微量元素含量指铜、铁、锰、锌、硼、钼元素含量之和，产品应至少包含一种微量元素，含量不低于0.05%的单一微量元素均应计入微量元素含量中；钼元素含量不高于0.5%。

（3）有机水溶肥料 有机水溶肥料是采用有机废弃物原料经过处理后提取有机水溶原料，再与大量元素氮、磷、钾和钙、镁、锌、硼等中、微量元素复配，研制生产的全水溶、高浓缩、多功能、全营养的增效型水

溶性肥料产品。目前，农业农村部还没有统一的登记标准，其活性有机物质一般包括腐殖酸、黄腐酸、氨基酸、海藻酸、甲壳素等。目前，农业农村部登记有100多个品种，有机质含量均在20~500克/升，水不溶物含量小于20克/升。

3. 其他类型的水溶性肥料

除上述营养型、功能型水溶性肥料外，还有一些其他类型的水溶性肥料：如糖醇螯合水溶肥料、肥药型水溶肥料、木醋液（或竹醋液）水溶肥料、稀土型水溶肥料、有益元素类水溶肥料等。

二、水溶性肥料的合理施用

水溶性肥料不但配方多样而且使用方法十分灵活，一般有以下几种。

1. 灌溉施肥或土壤浇灌

通过土壤浇水或者灌溉施肥的时候，将水溶性肥料先行混合在灌溉水中，这样可以让作物根部全面地接触到肥料，通过根的呼吸作用把营养元素运输到作物的各个组织中。

利用水溶性肥料与节水灌溉相结合施肥，即灌溉施肥或水肥一体化，水肥同施，以水带肥，让作物根系同时全面接触水肥，可以节水节肥、节约劳动力。灌溉施肥或水肥一体化技术适合用于极度缺水地区、规模化种植的农场，以及用在高品质、高附加值的作物上，是今后现代农业技术发展的重要措施之一。

水溶性肥料随同滴灌、喷灌施用，是目前生产中最为常见的方法。施用时应注意以下事项。

（1）掐头去尾　先滴清水，等管道充满水后加入肥料，以避免前段无肥；施肥结束后立刻滴清水20~30分钟，将管道中残留的肥料溶液全部排出（可用电导率仪监测肥料溶液是否彻底排出）；如果不洗管，可能会在滴头处生出青苔、藻类等低等植物或微生物，堵塞滴头，损坏设备。

（2）采用膜下滴灌，防止地表盐分积累　大棚或温室长期用滴灌施肥，会造成地表盐分累积，影响作物根系生长。可采用膜下滴灌抑制盐分向表层迁移。

（3）做到均匀　注意施肥的均匀性，滴灌施肥时原则上施肥的速度越慢越好。特别是对在土壤中移动性差的元素（如磷），延长施肥时间，可以极大地提高难移动养分的利用率。在旱季进行滴灌施肥，建议施肥时间为2~3小时；在土壤不缺水的情况下，在保证均匀度的前提下，施肥速度越快越好。

（4）避免过量灌溉 在进行以施肥为主要目的的灌溉时，达到根层深度湿润即可。不同的作物根层深度差异很大，可以用铲子随时挖开土壤，了解根层的具体深度。过量灌溉不仅浪费水，还会使养分渗析到根层以下，作物不能吸收，浪费肥料，特别是尿素、硝态氮肥（如硝酸钾、硝酸铵钙、硝基磷肥及含有硝态氮的水溶性肥料）极易随水流失。

（5）配合施用 水溶性肥料为速效肥料，只能用作追肥。特别是在常规的农业生产中，水溶性肥料是不能替代其他常规肥料的。因此，在农业生产中绝不能采取用以水溶性肥料替代其他肥料的做法，而应该做到基肥与追肥相结合、有机肥料与无机肥料相结合，水溶性肥料与常规肥料相结合，以便降低成本，发挥各种肥料的优势。

（6）安全施用，防止烧伤叶片和根系 水溶性肥料施用不当，特别是采取随同喷灌和微喷一同施用的方法时，极易出现烧叶、烧根的现象。根本原因就是肥料浓度过高。因此，在调配肥料时，要严格按照说明书的要求进行。但是，由于不同地区的水源盐分不同，同样的浓度在个别地区也会发生烧伤叶片和根系的现象。生产中最保险的办法就是通过进行肥料浓度试验，找到本地区适宜的肥料浓度。

2. 叶面施肥

把水溶性肥料先行稀释溶解于水中进行叶面喷施，或与非碱性农药一起溶于水中进行叶面喷施，让肥料通过叶面气孔进入植株内部，对于一些幼嫩的作物或者根系吸收不太好的作物来说是一个最佳纠正缺素症的选择，极大地提高了肥料吸收利用效率，简化了营养元素在作物内部的运输过程。叶面喷施应注意以下几点。

（1）喷施浓度 喷施浓度的确定以既不伤害作物叶面，又可节省肥料，提高功效为目标。一般可参考肥料包装上的推荐浓度。一般每亩喷施40~50千克肥料溶液。

（2）喷施时期 喷施时期多数在苗期、花蕾期和生长盛期。肥料溶液湿润叶面的时间要求能维持0.5~1小时，傍晚无风时进行喷施较为适宜。

（3）喷施部位 应重点喷洒上部、中部叶片，尤其要多喷洒叶片反面。

（4）增添助剂 为提高肥料溶液在叶片上的黏附力，延长肥料溶液湿润叶片的时间，可在肥料溶液中加入助剂（如中性洗衣粉、肥皂粉

等)，提高肥料利用率。

(5) 混合喷施　为提高喷施效果，可将多种水溶性肥料混合或将肥料与农药混合喷施，但应注意营养元素之间、肥料与农药之间是否有害。

3. 无土栽培

在沙漠地区或极度缺水的地方，人们往往用滴灌和无土栽培技术来节约灌溉水并提高劳动生产效率。这时作物所需要的营养可以通过水溶性肥料来获得，即节约了用水，又节省了劳动力。

4. 浸种蘸根

常用于浸种蘸根的水溶性肥料主要是微量元素水溶肥料、含氨基酸水溶肥料、含腐殖酸水溶肥料。浸种浓度：微量元素水溶肥料为0.01%~0.1%；含氨基酸水溶肥料、含腐殖酸水溶肥料为0.01%~0.05%。蔬菜等移栽作物可用含腐殖酸水溶肥料进行浸根、蘸根等，浸根浓度为0.05%~0.1%；蘸根浓度为0.1%~0.2%。

第三章

蔬菜科学施肥新技术

随着科学技术发展与进步，蔬菜测土配方施肥技术、营养诊断施肥技术、营养套餐施肥技术、水肥一体化技术、有机肥替代化肥技术等施肥新技术不断出现，这些新技术的应用是蔬菜栽培生产中的重要环节，也是保证蔬菜高产、稳产、优质的最有效农艺措施。

第一节　蔬菜测土配方施肥技术

蔬菜测土配方施肥技术是综合运用现代农业科技成果，以肥料效应田间试验和土壤测试为基础，根据蔬菜需肥特点、土壤供肥性能和肥料效应，在合理施用有机肥料的基础上，科学地提出氮、磷、钾及中、微量元素等肥料的施用品种、数量、施肥时期和施用方法的一套施肥技术体系。

一、蔬菜测土配方施肥技术的基本原则

推广测土配方施肥技术在遵循养分归还学说、最小养分律、报酬递减率、因子综合作用律、必需营养元素同等重要律和不可代替律、作物营养关键期等基本原理的基础上，还需要掌握以下基本原则。

1. 氮、磷、钾相配合

氮、磷、钾相配合是测土配方施肥技术的重要内容。随着蔬菜产量的不断提高，在土壤高强度消耗养分的情况下，必须强调氮、磷、钾相互配合，才能获得高产、稳产。

2. 有机与无机相结合

实施测土配方施肥技术必须以有机肥料施用为基础。增施有机肥料可以增加土壤有机质含量，改善土壤理化性状，提高土壤保水保肥能力，增强土壤微生物的活性，促进化肥利用率的提高。因此，必须坚持多种形式

的有机肥料投入，培肥地力，实现农业可持续发展。

3. 大、中、微量元素配合

各种营养元素相配合也是测土配方施肥技术的重要内容。随着蔬菜产量的不断提高，在耕地高度集约化利用的情况下，必须进一步强调氮、磷、钾相配合，并补充必要的中、微量元素，才能获得高产、稳产。

4. 用地与养地相结合，投入与产出相平衡

要使作物—土壤—肥料形成物质和能量的良性循环，必须坚持用养结合，投入产出相平衡，维持或提高土壤肥力，增强农业可持续发展能力。

二、蔬菜测土配方施肥的技术要点

蔬菜测土配方施肥技术包括“测土、配方、配肥、供应、施肥指导”5个核心环节和“野外调查、田间试验、土壤测试、配方设计、校正试验、配方加工、示范推广、宣传培训、数据库建设、效果评价、技术创新”11项重点内容。

1. 蔬菜测土配方施肥技术的核心环节

（1）测土　在广泛的资料收集整理、深入的野外调查和典型的农户调查，掌握菜田的立地条件、土壤理化性状与施肥管理水平的基础上，采集土壤样品。对采集的土样进行有机质、全氮、水解氮、有效磷、缓效钾、速效钾及中、微量元素等养分的化验，为制定配方和肥料效应田间试验提供基础数据。

（2）配方　以开展肥料效应田间试验，摸清土壤养分校正系数、土壤供肥量、作物需肥特点和肥料利用率等基本参数，建立不同施肥分区主要蔬菜的氮、磷、钾的肥料效应模式和施肥指标体系为基础，再由专家分区域、分作物并根据土壤养分测试数据、蔬菜需肥特点、土壤供肥特点和肥料效应，在合理配施有机肥料的基础上，提出氮、磷、钾及中、微量元素等施肥配方。

（3）配肥　依据施肥配方，以各种单质或复合（混）肥料为原料，配制配方肥料。目前，在推广上有两种模式：一是农民根据测土配方施肥建议卡自行购买各种肥料配合施用；二是由配肥企业按配方加工配方肥料，农民直接购买施用。

（4）供应　测土配方施肥技术中最具活力的供肥模式是通过肥料招投标，以市场化运作、工厂化生产和网络化经营的方式将优质配方肥料供应到户、到田。

（5）施肥指导　编制、发放测土配方施肥建议卡到户或供应配方肥料到点，并建立测土配方施肥示范区，通过树立样板田的形式来展示测土配方施肥技术效果，引导农民应用测土配方施肥技术。

2. 蔬菜测土配方施肥技术的重点内容

蔬菜测土配方施肥技术的实施是一个系统工程，整个实施过程需要农业教育部门、科研机构、技术推广部门与广大农户或农业合作社、农业企业等相结合，配方肥料的研制、销售、应用相结合，现代先进技术与传统实践经验相结合，从土样采集、养分分析、施肥配方制定、按配方施肥、田间试验示范监测到修订配方，形成一个完整的测土配方施肥技术体系。

（1）野外调查　资料收集整理与野外定点采样调查相结合，典型农户调查与随机抽样调查相结合，通过广泛深入的野外调查和取样地块农户调查，掌握耕地地理位置、自然环境、土壤状况、生产条件、农户施肥情况及耕作制度等基本信息，以便有的放矢地开展测土配方施肥技术工作。

（2）田间试验　田间试验是获得各种蔬菜最佳施肥量、施肥时期、施肥方法的根本途径，也是筛选、验证土壤养分测试技术及建立施肥指标体系的基本环节。通过田间试验，掌握各个施肥单元不同蔬菜的优化施肥量。基肥和追肥的分配比例、施肥时期和施肥方法；摸清土壤养分校正系数、土壤供肥量、蔬菜需肥参数和肥料利用率等基本参数；构建蔬菜施肥模型，作为施肥分区和施肥配方设计的依据。

（3）土壤测试　土壤测试是设计施肥配方的重要依据之一，随着我国种植业结构不断调整，高产蔬菜品种不断涌现，施肥结构和数量发生了很大的变化，土壤养分库也发生了明显改变。通过开展土壤中氮、磷、钾及中、微量元素的养分测试，可以了解土壤供肥能力。

（4）配方设计　施肥配方设计是测土配方施肥工作的核心。通过总结田间试验、土壤养分数据等，划分不同施肥分区；同时，根据气候、地貌、土壤、耕作制度等的相似性和差异性，结合专家经验，提出不同作物的施肥配方。

（5）校正试验　为保证施肥配方的准确性，最大限度地减少配方肥料批量生产和大面积应用的风险，在每个施肥分区单元设置配方施肥、农户习惯施肥、空白施肥 3 个处理，以当地主要蔬菜及其主栽蔬菜品种为研究对象，对比配方施肥的增产效果，校验施肥参数，验证并完善肥料施用配方，改进测土配方施肥技术参数。

（6）配方加工　将配方落实到田间是提高和普及测土配方施肥技术

最关键的环节。目前，不同地区有不同的模式，其中最主要的也是最具市场前景的运作模式就是市场化运作、工厂化加工、网络化经营。这种模式适应我国农村农民技术水平低、土地经营规模小、技物分离的现状。

（7）示范推广　为促进测土配方施肥技术能够落实到田间地点，既要解决测土配方施肥技术市场化运作的难题，又要让广大农民亲眼看到实际效果，这是限制测土配方施肥技术推广的瓶颈。建立测土配方施肥示范区，为农民创建窗口，树立样板，全面展示测土配方施肥技术效果。将测土配方施肥技术物化成产品，打破技术推广“最后一公里”的坚冰。

（8）宣传培训　宣传培训是提高农民科学施肥意识、普及技术的重要手段。农民是测土配方施肥技术的最终使用者，迫切需要掌握科学施肥方法和模式；同时还要加强对各级技术人员、肥料生产企业、肥料经销商的系统培训，逐步建立技术人员和肥料经销商持证上岗制度。

（9）数据库建设　运用计算机技术、地理信息系统和全球卫星定位系统，按照规范化测土配方施肥数据，以野外调查、农户施肥状况调查、田间试验和分析化验数据为基础，时时整理历年肥料效应田间试验和土壤监测数据资料，建立不同层次、不同区域的测土配方施肥数据库。

（10）效果评价　农民是测土配方施肥技术的最终执行者和落实者，也是最终受益者。检验测土配方施肥的实际效果，及时获得农民的反馈信息，以不断完善管理体系、技术体系和服务体系。为科学地评价测土配方施肥的实际效果，还必须对一定区域进行动态调查。

（11）技术创新　技术创新是保证测土配方施肥工作长效性的科技支撑，应重点开展田间试验方法、土壤养分测试技术、肥料配制方法、数据处理方法等方面的创新研究工作，不断提升测土配方施肥技术水平。

三、样品的采集、制备与测试

土壤样品的采集是土壤测试的一个重要环节。采集的土壤样品应具有代表性，并根据不同分析项目采用相应的采样和处理方法。

1. 菜园土壤样品的采集与制备

（1）菜园土壤样品的采集　菜园每个采样单元的面积平均为10~20亩，温室大棚蔬菜每20~30个棚室或10~15亩采1个样。采样集中在每个采样单元相对中心位置的典型地块（同一农户的地块），采样地块面积为1~10亩。有条件的地区，可以以农户地块为土壤采样单元。采用GPS定位技术，记录采样地块中心点的经纬度，精确到0.1度。

在蔬菜采收后或播种施肥前采集土壤样品，一般在秋后。进行氮肥追肥时，应在追肥前或蔬菜生长的关键时期采集。同一采样单元，对无机氮及植株氮营养快速检测数据应每季或每年采集1次；对土壤有效磷、速效钾等的数据一般2~3年采集1次；中、微量元素的数据一般3~5年采集1次。肥料效应田间试验数据每年采集1次。

菜园的采样深度为0~30厘米。采样时必须多点混合，每个采样点由15~20个分点混合而成。每个混合土样以取土1千克左右为宜（用于田间试验和耕地地力评价的取2千克以上，长期保存备用），可用四分法将多余的土壤弃去。

（2）菜园土壤样品的制备

1）新鲜样品。某些土壤成分，如二价铁、硝态氮、铵态氮等在风干过程中会发生显著变化，必须用新鲜样品进行分析。为了能真实地反映土壤在田间自然状态下的某些理化性状，新鲜样品要及时送回室内进行分析，用粗玻璃棒或塑料棒将样品混匀后迅速称样测定。

新鲜样品一般不宜储存，如需暂时储存，可将新鲜样品装入塑料袋，扎紧袋口后放在冰箱冷藏室内或进行速冻保存。

2）风干样品。从野外采回的土壤样品要及时放在样品盘上，摊成薄薄的一层，置于干净整洁的室内通风处自然风干，严禁暴晒，并注意防止酸、碱等气体及灰尘的污染。在风干过程中要经常翻动土样并将大土块捏碎以加速干燥，同时剔除土壤以外的侵入体。

风干后的土样按照不同的分析要求研磨过筛，充分混匀后，装入样品瓶中备用。在瓶内外各放1张标签，标明编号、采样地点、土壤名称、采样深度、样品粒径、采样日期、采样人姓名及制样时间、制样人姓名等项目。制备好的样品要妥善储存，分析数据核实无误后，试样一般还要保存3个月至1年，以备查询。少数有价值而需要长期保存的样品，必须保存于广口瓶中，用蜡封好瓶口。

① 一般化学分析试样的制备。将风干后的样品平铺在制样板上，用木棍或塑料棍碾压，并将植物残体、石块等侵入体和新生体剔除干净，细小且已断的植物须根，可采用静电吸附的方法清除。压碎的土样要全部通过2毫米孔径筛。有条件时，可采用土壤样品粉碎机粉碎土样。过2毫米

孔径筛的土样可供 pH、盐分、交换性能及有效养分项目的测定。将通过 2 毫米孔径筛的土样用四分法取出平分并继续碾磨，使之全部通过 0.25 毫米孔径筛，用于有机质、全氮、碳酸钙等项目的测定。

② 微量元素分析试样的制备。用于微量元素分析的土样，其处理方法同一般化学分析试样，但在采样、风干、研磨、过筛、运输、储存等环节都要特别注意，不要接触金属器具，以防被污染。例如，采样、制样时使用木、竹或塑料工具，过筛时使用尼龙网筛等。通过 2 毫米孔径尼龙网筛的样品可用于测定土壤有效态微量元素项目。

2. 蔬菜植株样品的采集与处理

（1）蔬菜植株样品的采集　蔬菜品种繁多，采样时可大致分成叶菜、根菜、瓜果三类，按需要确定采样对象。菜田采样可按对角线或“S”形法布点，采样点不应少于 10 个，采样量根据样本个体大小确定，一般每个采样点的采样量不少于 1 千克。

1）叶菜类蔬菜样品。从多个样点采集的叶菜类蔬菜样品，按四分法进行缩分，个体大的样本如大白菜等，可采用纵向对称切成 4 份或 8 份，取其 2 份的方法进行缩分，最后分取 3 份，每份约 1 千克，分别装入塑料袋，粘贴标签，扎紧袋口。如需用鲜样进行测定，采样时最好连根带土一起挖出，用湿布或塑料袋装好，防止萎蔫。采集根部样品时，在抖落泥土或洗净泥土过程中应尽量保持根系的完整。

2）瓜果类蔬菜样品。瓜果类蔬菜采样一定要均匀，取 10 株左右植株，各器官按比例采取，最后混合均匀。应收集老叶的生物量，同时对采收时的茎秆、叶片等都要收集称重。设施菜田应该统一在每行中间取植物样，以保证样品的代表性。采收期如果多次计产，则在采收中期采集果实样品进行养分测定；对于经常打掉老叶的设施瓜果类蔬菜，需要记录老叶的干物质重量，多次采收计产的蔬菜需要计算经济产量及最后采收时的茎叶重量，即打掉老叶的重量；所有的茎叶果实分别计重，并进行氮、磷、钾养分的测定。

3）标签内容。包括采样序号、采样地点、样品名称、采样人姓名、采集时间和样品处理号等。

4）采样点调查内容。包括蔬菜品种、土壤名称（或当地俗称）、成土母质、地形地势、耕作制度、前茬作物及产量、化肥农药施用情况、灌溉水源、采样点地理位置简图和坐标。

（2）蔬菜植株样品的处理　将完整的植株样品先洗干净，根据不同蔬菜的生物学特性差异，采用能反映特征的植株部位，用不污染待测元素的工具剪碎样品，充分混匀，用四分法缩分至所需的数量，制成鲜样或置于85℃烘箱中杀酶10分钟后，在65~70℃恒温条件下烘干，然后粉碎备用。从田间采集的新鲜蔬菜样品若不能马上进行分析测定，应装入塑料袋内扎紧袋口，放在冰箱冷藏室中或进行速冻保存。

3. 土壤与植株测试

土壤与植株测试是测土配方施肥技术的重要环节，起着关键性作用，也是制定养分配方的重要依据。农民自行采集的样品，可咨询专家，到当地土肥站进行测试。

（1）土壤测试 目前土壤测试方法有3类：M3为主的土壤测试项目、ASI方法为主的土壤测试项目和目前采用的常规方法，在应用时可根据测土配方施肥的要求和条件，选择相应的土壤测试方法。对于一个具体的土壤或区域来讲，一般需要测定某几项或多项指标（表3-1）。

表3-1 蔬菜测土配方施肥和耕地地力评价土壤样品测试项目汇总表

测试项目		蔬菜测土配方施肥	耕地地力评价
1	土壤pH	必测	必测
2	石灰需要量	pH<6的样品必测	
3	土壤水溶性盐分	必测	
4	土壤有机质	必测	必测
5	土壤全氮		必测
6	土壤水解性氮/铵态氮/硝态氮	至少测试1项	
7	土壤有效磷	必测	必测
8	土壤缓效钾		必测
9	土壤速效钾	必测	必测
10	土壤交换性钙、镁	选测	
11	土壤有效硫		
12	土壤有效铁、锰、铜、锌、硼	选测	
13	土壤有效钼	选测	

（2）植株测试 蔬菜植株样品测试项目见表3-2。

表3-2 蔬菜测土配方施肥植株样品测试项目汇总表

测试项目		蔬菜测土配方施肥
1	全氮、全磷、全钾	必测
2	水分	必测
3	粗灰分	选测
4	全钙、全镁	选测
5	全硫	选测
6	全硼、全钼	选测
7	全量铜、锌、铁、锰	选测
8	硝态氮田间快速诊断	选测
9	蔬菜叶片营养诊断	必测
10	叶片金属营养元素快速测试	选测
11	维生素C	选测
12	硝酸盐	选测

四、蔬菜肥料效应田间试验

蔬菜肥料效应田间试验设计推荐“2+X”方法，分为基础施肥和动态优化施肥试验2个部分。“2”是指各地均应进行的以常规施肥和优化施肥2个处理为基础的对比施肥试验研究，其中常规施肥是当地大多数农户在蔬菜生产中习惯采用的施肥技术，优化施肥则为当地近期获得的蔬菜高产高效或优质适产施肥技术；“X”是指针对不同地区、不同种类的蔬菜可能存在一些对生产和养分高效有较大影响的未知因子而不断进行的修正，以优化施肥处理的动态研究试验，未知因子包括不同种类蔬菜的养分吸收规律、施肥量、施肥时期、养分配比及中、微量元素等。为了进一步阐明各个因子的作用特点，可有针对性地进一步安排试验，目的是为确定施肥方法及数量、验证土壤和蔬菜养分测试指标等提供依据，“X”的研究成果也将为进一步修正和完善优化施肥技术提供参考，最终形成新的测土配方施肥（集成优化施肥）技术，有利于在田间大面积应用和示范推广。

1. 基础施肥试验设计

基础施肥试验取“2+X”中的“2”为试验处理数：进行常规施肥试验时，蔬菜的施肥种类、数量、时期、方法和栽培管理措施均按照当地大多数农户的生产习惯进行；优化施肥，即蔬菜的高产高效或优质适产施肥技术，可以是科技部门的研究成果，也可将科技种菜能手采用并经土壤肥料专家认可的优化施肥技术方案作为试验处理。基础施肥试验是生产应用性试验，可将小区面积适当增大，不设置重复。

2. “X”动态优化施肥试验设计

“X”表示根据试验地区的土壤条件、蔬菜种类及品种、适产优质等内容，确定急需优化的技术内容方案，旨在不断完善并优化处理。“X”动态优化施肥试验可与基础施肥试验在同一试验条件下进行，也可单独布置试验。“X”动态优化施肥试验需要设置3~4次重复，必须进行长期定位试验研究，至少有3年以上的试验结果。

“X”主要针对氮肥优化管理，包括5个方面的试验设计，分别为：X_1，氮肥总量控制试验；X_2，氮肥分期调控试验；X_3，有机肥料当量试验；X_4，肥水优化管理试验；X_5，蔬菜生长和营养规律研究试验。“X”处理中涉及有机肥料和磷、钾肥的用量及施肥时期等应接近于优化管理。除有机肥料当量试验外，其他试验中，有机肥料应根据各地实际情况选择施用或者不施（各个处理保持一致），如果施用，则应该选用当地有代表性的有机肥料种类；磷、钾肥应根据土壤磷、钾测试值和目标产量确定施用量，根据蔬菜养分规律确定施肥时期。各地根据实际情况，选择设置相应的“X”试验；如果认为磷或钾肥为限制因子，可根据需要将磷、钾肥单独设置几个处理。

（1）氮肥总量控制试验（X_1） 为了不断优化蔬菜氮肥的适宜用量，设置氮肥总量控制试验，包括4个处理：①不施化学氮肥；②70%的优化施氮量；③优化施氮量；④130%的优化施氮量。其中，优化施氮量根据蔬菜目标产量、养分吸收特点和土壤养分状况确定，磷、钾肥施用及其他管理措施一致。蔬菜氮肥总量控制试验方案见表3-3。

（2）氮肥分期调控试验（X_2） 蔬菜在施肥上需要考虑肥料分次施用，遵循“少量多次”的原则。为了优化氮肥分配，达到以更少的施肥次数获得更好的效益（养分利用效率、产量等）的目的，在优化施肥量

的基础上，设置3个处理：①农民习惯施肥；②考虑基追比（3∶7）分次优化施肥，根据蔬菜营养规律分次施用；③氮肥全部用于追肥，按蔬菜营养规律分次施用。

表 3-3　蔬菜氮肥总量控制试验方案

试验编号	试验内容	处理	氮（N）	磷（P）	钾（K）
1	不施化学氮肥	$N_0P_2K_2$	0	2	2
2	70%的优化施氮量	$N_1P_2K_2$	1	2	2
3	优化施氮量	$N_2P_2K_2$	2	2	2
4	130%的优化施氮量	$N_3P_2K_2$	3	2	2

注：0—不施该种养分；1—适合当地生产条件下的推荐值的70%；2—适合当地生产条件下的推荐值；3—过量施肥水平，为2水平氮肥适宜推荐量的1.3倍。

各地应根据蔬菜种类，蔬菜对氮的营养需求规律和氮营养的关键需求时期，以及灌溉管理措施来确定优化追肥次数。一般情况下的推荐追肥次数见表3-4，如果生长发育期发生很大变化，根据实际情况增加或减少追肥次数。每次推荐氮肥（N）量控制在2~7千克/亩。

表 3-4　不同蔬菜及栽培灌溉模式下的推荐追肥次数

蔬菜种类	栽培方式		追肥次数（次）	
			畦灌	滴灌
叶菜类	露地		2~4	5~8
	设施		3~4	6~9
瓜果类蔬菜	露地		5~6	8~10
	设施	一年两茬	5~8	8~12
		一年一茬	10~12	15~18

（3）有机肥料当量试验（X_3）　目前在蔬菜生产中，特别是设施蔬菜生产中，有机肥料的施用很普遍。按照有机肥料的养分供应特点、养分有效性与化肥进行当量研究。试验设置6个处理（表3-5），分别为有机氮和化学氮的不同配比，所有处理的磷、钾肥投入一致，其中有机肥料选用当地有代表性并完全腐熟的种类。

表 3-5　有机肥料当量试验方案

试验编号	处理	有机肥料提供氮（M）占总氮投入量比例	化肥提供氮（N）占总氮投入量比例	肥料施用方式
1	空白	—	—	—
2	M_1N_0	1	0	有机肥料基施
3	M_1N_2	1/3	2/3	有机肥料基施、化肥追施
4	M_1N_1	1/2	1/2	有机肥料基施、化肥追施
5	M_2N_1	2/3	1/3	有机肥料基施、化肥追施
6	M_0N_1	0	1	化肥追施

注：其中有机肥料提供的氮量以总氮计算。

（4）肥水优化管理试验（X_4）　蔬菜在施肥上需要考虑与灌溉结合。为不断优化蔬菜肥水总量控制和分期调控模式，明确优化灌溉前提下的肥水调控技术的应用效果，提出适用于当地的肥水优化管理技术模式，设置肥水优化管理试验。试验设置 3 个处理：①农民传统肥水管理（常规灌溉模式如沟灌或漫灌，按农民传统习惯进行灌溉施肥管理）；②优化肥水模式（在常规灌溉模式如沟灌或漫灌下，依据蔬菜水分需求规律调控节水灌溉量）；③新技术应用（滴灌模式，依据蔬菜水分需求规律调控灌溉量）。其中处理 2 和处理 3 的施肥量按照不同灌溉模式的优化推荐用量，对氮肥的施用采用总量控制、分期调控的方法确定，对磷、钾肥的施用采用恒量监控或丰缺指标法确定。

（5）蔬菜生长和营养规律研究试验（X_5）　根据蔬菜生长和营养规律特点，采用氮肥量级试验方案，包括 4 个处理（表 3-6），其中有机肥料根据各地情况选择施用或者不施，但是 4 个处理应保持一致。有机肥料和磷、钾肥的用量应接近推荐的合理用量。在蔬菜生长期间，分阶段采样并进行植株养分测定。

表 3-6　蔬菜氮肥量级试验方案

试验编号	处理	有机肥料（M）	氮（N）	磷（P）	钾（K）
1	$MN_0P_2K_2/N_0P_2K_2$	+/−	0	2	2
2	$MN_1P_2K_2/N_1P_2K_2$	+/−	1	2	2

（续）

试验编号	处理	有机肥料（M）	氮（N）	磷（P）	钾（K）
3	$MN_2P_2K_2/N_2P_2K_2$	+/-	2	2	2
4	$MN_3P_2K_2/N_3P_2K_2$	+/-	3	2	2

注：表中 M 表示有机肥料；-表示不施有机肥料；+表示施用有机肥料。其中，有机肥料的种类应该在当地有代表性，其施用量与菜田种植历史（新老程度）有关（表 3-7）。有机肥料需要测定全量氮、磷、钾的养分含量。0—指不施该种养分；1—适合当地生产条件下的推荐值的一半；2—适合当地生产条件下的推荐值；3—过量施肥水平，为 2 水平氮肥适宜推荐量的 1.5 倍。

表 3-7　不同菜田推荐的有机肥料用量

<table>
<tr><td colspan="2">菜田种类</td><td>新菜田；过沙、过黏、盐渍化严重的菜田</td><td colspan="2">2~3 年的新菜田</td><td>大于 5 年的老菜田</td></tr>
<tr><td colspan="2">有机肥料选择</td><td>高 C/N 粗杂有机肥料</td><td>粪肥、堆肥</td><td>堆肥</td><td>粪肥+秸秆</td></tr>
<tr><td rowspan="2">推荐量/（千克/亩）</td><td>设施</td><td>4500~6000</td><td>4000~5500</td><td>2500~3000</td><td>2500+1500</td></tr>
<tr><td>露地</td><td>3000~4000</td><td>2500~3000</td><td>1500~2000</td><td>1000+1500</td></tr>
</table>

五、蔬菜施肥配方的确定

根据当前我国测土配方施肥技术工作的经验，施肥配方设计的核心是肥料用量的确定。

1. 基于田块的施肥配方设计

基于田块的蔬菜施肥配方设计应首先确定氮、磷、钾养分的用量，然后确定相应的肥料组合，通过提供配方肥料或发放配肥通知单，指导农民使用。蔬菜肥料用量的确定方法主要是养分平衡法。

（1）基本原理与计算方法　根据蔬菜目标产量需肥量与土壤供肥量之差估算要达到目标产量的施肥量，通过施肥提供土壤供应不足的那部分养分。施肥量的计算公式为

$$施肥量=\frac{目标产量所需养分总量-土壤供肥量}{肥料中有效养分含量\times肥料利用率}$$

养分平衡法涉及目标产量、蔬菜需肥量、土壤供肥量、肥料利用率和

肥料中有效养分含量五大参数。目标产量确定后因土壤供肥量的确定方法不同，形成了地力差减法和土壤有效养分校正系数法两种施肥量的计算方法。

1）地力差减法是根据蔬菜目标产量与基础产量之差来计算施肥量的方法。其计算公式为

$$施肥量=\frac{(目标产量-基础产量)\times单位经济产量养分吸收量}{肥料中有效养分含量\times肥料利用率}$$

基础产量即蔬菜肥效试验方案中无肥区的产量。

2）土壤有效养分校正系数法是通过测定土壤有效养分含量来计算施肥量的方法。其计算公式为

$$施肥量=\frac{(蔬菜单位产量养分吸收量-目标测试值)\times土壤有效养分校正系数}{肥料中有效养分含量\times肥料利用率}$$

（2）有关参数的确定

1）目标产量。目标产量可采用平均单产法来确定，即以施肥区前3年平均单产和年递增率为基础来确定，其计算公式为

$$目标产量=(1+递增率)\times前3年平均单产$$

一般蔬菜的递增率为10%~15%。

2）蔬菜需肥量。通过对正常成熟的蔬菜全株养分的化学分析，测定各种蔬菜百千克经济产量所需养分量，即可获得蔬菜需肥量。

$$蔬菜目标产量需肥量(千克)=\frac{目标产量(千克)}{100}\times百千克经济产量所需养分量(千克)$$

如果没有试验条件，常见蔬菜形成百千克经济产量所需养分量也可参考表3-8。

表3-8　常见蔬菜形成百千克经济产量所需养分量

蔬菜名称	采收物	氮、磷、钾需要量/百千克		
		氮（N）	磷（P_2O_5）	钾（K_2O）
大白菜	叶球	1.8~2.2	0.4~0.9	2.8~3.7
小油菜	全株	2.8	0.3	2.1
结球甘蓝	叶球	3.1~4.8	0.5~1.2	3.5~5.4
花椰菜	花球	10.8~13.4	2.1~3.9	9.2~12.0

（续）

蔬菜名称	采收物	氮、磷、钾需要量/百千克		
		氮（N）	磷（P_2O_5）	钾（K_2O）
芹菜	全株	1.8~2.6	0.9~1.4	3.7~4.0
菠菜	全株	2.1~3.5	0.6~1.8	3.0~5.3
莴苣	全株	2.1	0.7	3.2
番茄	果实	2.8~4.5	0.5~1.0	3.9~5.0
茄子	果实	3.0~4.3	0.7~1.0	3.1~4.6
辣椒	果实	3.5~5.4	0.8~1.3	5.5~7.2
黄瓜	果实	2.7~4.1	0.8~1.1	3.5~5.5
冬瓜	果实	1.3~2.8	0.5~1.2	1.5~3.0
南瓜	果实	3.7~4.8	1.6~2.2	5.8~7.3
蔓生菜豆	豆荚	3.4~8.1	1.0~2.3	6.0~6.8
豇豆	豆荚	4.1~5.0	2.5~2.7	3.8~6.9
胡萝卜	肉质根	2.4~4.3	0.7~1.7	5.7~11.7
萝卜	肉质根	2.1~3.1	0.8~1.9	3.8~5.1
大蒜	鳞茎	4.5~5.1	1.1~1.3	1.8~4.7
韭菜	全株	3.7~6.0	0.8~2.4	3.1~7.8
大葱	全株	1.8~3.0	0.6~1.2	1.1~4.0
洋葱	鳞茎	2.0~2.7	0.5~1.2	2.3~4.1
生姜	块茎	4.5~5.5	0.9~1.3	5.0~6.2
马铃薯	块茎	4.7	1.2	6.7

温馨提示

本书中的常见蔬菜形成百千克经济产量所需养分量是根据文献资料和编者在实践中积累的经验整理而成，实际应用时要结合当地实际情况选用。

3）土壤供肥量。土壤供肥量可以通过测定基础产量、土壤有效养分校正系数两种方法估算。

通过基础产量估算：将不施肥区蔬菜所吸收的养分量作为土壤供肥量。

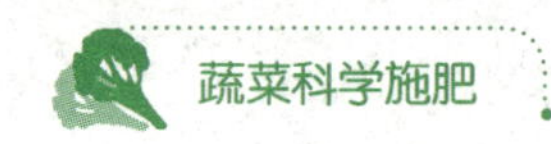

$$土壤供肥量(千克)=\frac{不施肥区蔬菜产量(千克)}{100}\times 百千克经济产量所需养分量(千克)$$

通过土壤有效养分校正系数估算：将土壤有效养分测定值乘以一个校正系数，以表达土壤的“真实”供肥量，该系数称为土壤有效养分校正系数。

$$土壤有效养分校正系数(\%)=\frac{缺素区蔬菜地上部分吸收该元素的量(千克/亩)}{该元素土壤测定值(毫克/千克)\times 0.15}$$

如果没有试验条件，不同肥力菜田的土壤有效养分校正系数也可参考表3-9。

表3-9　不同肥力菜田的土壤有效养分校正系数参考值

蔬菜种类	土壤养分	土壤有效养分校正系数		
		低肥力菜田	中肥力菜田	高肥力菜田
早熟甘蓝	碱解氮	0.72	0.58	0.45
	速效磷	0.50	0.22	0.16
	速效钾	0.72	0.54	0.38
中熟甘蓝	碱解氮	0.85	0.72	0.64
	速效磷	0.75	0.34	0.23
	速效钾	0.93	0.84	0.52
大白菜	碱解氮	0.81	0.64	0.44
	速效磷	0.67	0.44	0.27
	速效钾	0.77	0.45	0.21
番茄	碱解氮	0.77	0.74	0.36
	速效磷	0.52	0.51	0.26
	速效钾	0.86	0.55	0.47
黄瓜	碱解氮	0.44	0.35	0.30
	速效磷	0.68	0.23	0.18
	速效钾	0.41	0.32	0.14
萝卜	碱解氮	0.69	0.58	—
	速效磷	0.63	0.37	0.20
	速效钾	0.68	0.45	0.33

温馨提示

本书中的土壤有效养分校正系数是根据文献资料和编者在实践中积累的经验整理而成，实际应用时要结合当地实际情况选用。

4）肥料利用率。如果没有试验条件，常见肥料的当年利用率也可参考表3-10。

表3-10　常见肥料的当年利用率

肥料	当年利用率（%）	肥料	当年利用率（%）
堆肥	25~30	尿素	60
一般圈粪	20~30	过磷酸钙	25
硫酸铵	70	钙镁磷肥	25
硝酸铵	65	硫酸钾	50
氯化铵	60	氯化钾	50
碳酸氢铵	55	草木灰	30~40

5）肥料中有效养分含量。供施肥料包括无机肥料和有机肥料。无机肥料、商品有机肥料的养分含量参照其标明量；不明养分含量的有机肥料，其养分含量可参照当地不同类型有机肥料的养分平均含量。

2. 县域施肥分区与施肥配方设计

县域测土配方施肥以土壤类型（土种）、土地利用方式和行政区划（村）的结合作为施肥指导单元，在具体工作中可应用土壤图、土地利用现状图和行政区划图叠加生成施肥指导单元。应用最适合当地实际情况的肥料用量推荐方式，计算每一个施肥指导单元所需要的氮、磷、钾及微量元素肥料的用量，根据氮、磷、钾的比例，结合当地肥料生产、销售、使用的实际情况为不同蔬菜设计施肥配方，形成县域施肥分区图。

（1）施肥指导单元目标产量的确定及单元施肥配方设计　施肥指导单元目标产量的确定可采用平均单产法或其他适合当地的计算方法。根据每一个施肥指导单元中氮、磷、钾及微量元素肥料的需要量设计施肥配方，设计时可只考虑氮、磷、钾的比例（优先考虑磷、钾的比例），暂不考虑微量元素肥料。

（2）区域施肥配方设计 区域施肥配方一般以县为单位设计。施肥指导单元的施肥配方要做到科学性和实用性的统一，应该突出个性化。区域施肥配方在考虑科学性、实用性的基础上，还要兼顾企业生产供应的可行性，数量不宜太多。

区域施肥配方设计以施肥指导单元的施肥配方为基础，应用相应的数学方法（如聚类分析）将大量的配方综合形成有限的几种配方。

设计配方时不仅要考虑农艺需要，还要综合考虑肥料生产厂家、销售商及农民用肥习惯等多种因素，确保设计的施肥配方不仅科学合理，而且切实可行。

（3）制作县域施肥分区图 区域施肥配方设计完成后，按照最大限度节省肥料的原则为每一个施肥指导单元推荐施肥配方，具有相同施肥配方的施肥指导单元即为同一个施肥分区。将施肥指导单元图根据施肥配方进行渲染后即形成县域施肥分区图。

（4）施肥配方校验 在施肥配方区域内针对特定蔬菜，进行施肥配方验证试验。

（5）测土配方施肥建议发布 充分应用信息手段，如报纸、电视、互联网、触摸屏、掌上计算机、智能手机等发布施肥建议。

六、常见蔬菜测土配方施肥的推荐用量

1. 大白菜

刘庆花等人（2009年）针对大白菜主产区施肥现状，提出在保证有机肥料施用的基础上，氮肥推荐用量采用总量控制和分期调控技术确定，磷、钾肥推荐用量采取恒量监控技术确定，中、微量元素肥料推荐用量采用因缺补缺的矫正施肥策略确定。在播种大白菜之前，根据土壤肥沃程度每亩施有机肥料1000~3000千克。

（1）氮肥推荐用量 氮肥推荐用量根据土壤硝态氮含量结合目标产量确定。

1）基肥推荐用量。在大白菜定植前测定采样深度为0~30厘米的土壤硝态氮含量，并结合测定值与大白菜的目标产量来确定氮肥基肥推荐用量（表3-11）。如果有机肥料施用量较大，可相应减少2千克/亩的氮肥推荐用量。如果无法测定土壤硝态氮含量，可结合土壤肥力的高低来确定氮肥基肥推荐用量。

表 3-11　大白菜氮肥（N）基肥推荐用量

土壤硝态氮含量/（毫克/千克）	肥力等级	不同目标产量的氮肥基肥推荐用量/（千克/亩）				
		<5000 千克/亩	5000～<6500 千克/亩	6500～<8000 千克/亩	8000～<10000 千克/亩	≥10000 千克/亩
<30	极低	6	6	6	6	6
30～<60	低	4～6	4～6	4～6	4～6	4～6
60～<90	中	2～4	2～4	2～4	2～4	2～4
90～<120	高	0～2	0～2	0～2	0～2	0～2
≥120	极高	0	0	0	0	0

2）追肥推荐用量。在大白菜莲座期测定采样深度为 0～60 厘米的土壤硝态氮含量，并结合测定值与大白菜的目标产量来确定氮肥追肥推荐用量（表 3-12）。如果无法测定土壤硝态氮含量，可结合土壤肥力的高低来确定氮肥追肥推荐用量。所推荐氮肥应该分 2～3 次施用，每次追肥不超过 6.7 千克/亩。

表 3-12　大白菜氮肥（N）追肥推荐用量

土壤硝态氮含量/（毫克/千克）	肥力等级	不同目标产量的氮肥追肥推荐用量/（千克/亩）				
		<5000 千克/亩	5000～<6500 千克/亩	6500～<8000 千克/亩	8000～<10000 千克/亩	≥10000 千克/亩
<30	极低	14	16	18	20	20
30～<60	低	12～14	14～16	16～18	18～20	18～20
60～<90	中	10～12	12～14	14～16	16～18	16～18
90～<120	高	8～10	10～12	12～14	14～16	14～16
≥120	极高	8	10	12	14	14

（2）磷肥推荐用量　确定磷肥推荐用量时主要考虑土壤速效磷的供应水平及目标产量（表 3-13）。磷肥一般作为基肥施用，在大白菜定植前开沟条施。在施用禽粪类有机肥料时可减少 10%～20%的磷肥推荐用量；另外，如果磷肥采用穴施或者条施，也可减少 10%～20%的磷肥推荐用量。

表 3-13　大白菜磷肥（P_2O_5）推荐用量

土壤速效磷含量/（毫克/千克）	肥力等级	不同目标产量的磷肥推荐用量/（千克/亩）				
		<5000千克/亩	5000~<6500千克/亩	6500~<8000千克/亩	8000~<10000千克/亩	≥10000千克/亩
<20	极低	6.7	8	10	10.7	11.3
20~<40	低	5	6	7.3	8	8.7
40~<60	中	3.3	4	5	5.7	6
60~<90	高	1.7	2	2.3	2.7	3.3
≥90	极高	0	0	0	1.3	1.3

（3）钾肥推荐用量　确定钾肥推荐用量时主要考虑土壤有效钾的供应水平及目标产量（表 3-14）。钾肥的分配原则：30%作为基肥施用，其余的按比例在莲座期和结球初期分 2 次施用。如果有机肥料施用量较大，可相应减少 10%~20%的钾肥推荐用量。

表 3-14　大白菜钾肥（K_2O）推荐用量

土壤有效钾含量/（毫克/千克）	肥力等级	不同目标产量的钾肥推荐用量/（千克/亩）				
		<5000千克/亩	5000~<6500千克/亩	6500~<8000千克/亩	8000~<10000千克/亩	≥10000千克/亩
<80	极低	21.3	24	26.7	29.3	32
80~<120	低	20	20	24	26.7	30
120~<160	中	18.7	18.7	20	24	26.7
160~<200	高	16	16	18.7	20	20
≥200	极高	16	16	16	18.7	20

（4）中、微量元素肥料推荐用量　在大白菜生产中除了要重视氮、磷、钾肥的施用外，还应适当补充中、微量元素肥料（表 3-15）。

表 3-15　大白菜中、微量元素丰缺指标及对应肥料推荐用量

元素	提取方法	临界指标/（毫克/千克）	推荐用量
钙	EDTA 络合滴定	56	石灰性土壤在开始进入结球期时喷施 0.3%~0.5%氯化钙溶液；酸性土壤施石灰 8.3 千克/亩
锌	DTPA 浸提	0.5	土壤施硫酸锌 0.5 千克/亩
硼	沸水	0.5	基施硼砂 0.5~1 千克/亩

2. 结球甘蓝

根据测定的土壤碱解氮、速效磷、速效钾等有效养分含量确定结球甘蓝菜田的土壤肥力分级（表 3-16），然后根据不同肥力等级确定肥料推荐用量（表 3-17）。有机肥料、磷肥全部作为基肥施用，氮肥和钾肥作为基肥和追肥施用。

表 3-16　结球甘蓝土壤肥力分级

肥力等级	土壤碱解氮含量/（毫克/千克）	土壤速效磷含量/（毫克/千克）	土壤速效钾含量/（毫克/千克）
低	<100	<50	<120
中	100～<140	50～<100	120～<160
高	≥140	≥100	≥160

表 3-17　结球甘蓝肥料推荐用量　　（单位：千克/亩）

肥力等级	推荐用量		
	氮（N）	磷（P_2O_5）	钾（K_2O）
低	17～20	7～8	10～13
中	15～18	6～7	8～11
高	13～16	5～6	7～9

3. 花椰菜

陈清（2009 年）针对花椰菜主产区施肥现状，提出在保证有机肥料施用的基础上，氮肥推荐用量采用总量控制和分期调控技术确定，磷、钾肥推荐用量采取恒量监控技术确定。

（1）有机肥料推荐用量　一般根据土壤肥力的高低来确定有机肥料的施用量（表 3-18）。所有的有机肥料在定植前基施。

表 3-18　花椰菜有机肥料推荐用量　　（单位：千克/亩）

肥料种类	不同土壤肥力等级的有机肥料推荐用量		
	低	中	高
农家肥	2500～3000	1500～2000	1000～1500
商品有机肥料	1000～1500	800～1000	500～800

（2）氮肥推荐用量　氮肥推荐用量根据土壤硝态氮含量结合目标产量确定。

1）基肥推荐用量。在花椰菜定植前测定采样深度为0~30厘米的土壤硝态氮含量，并结合测定值与花椰菜的目标产量来确定氮肥基肥推荐用量（表3-19）。如果有机肥料施用量较大或氮肥在基施过程中采用穴施或条施，可相应减少2~2.5千克/亩的氮肥推荐用量。如果无法测定土壤硝态氮含量，可结合土壤肥力的高低来确定氮肥基肥推荐用量。

表3-19 花椰菜氮肥（N）基肥推荐用量

土壤硝态氮含量/(毫克/千克)	肥力等级	不同目标产量的氮肥基肥推荐用量/(千克/亩)				
		<1300千克/亩	1300~<1600千克/亩	1600~<2000千克/亩	2000~<2300千克/亩	≥2300千克/亩
<30	极低	7.3	9.3	9.3	9.3	9.3
30~<60	低	5.3~7.3	7.3~9.3	7.3~9.3	7.3~9.3	7.3~9.3
60~<90	中	3.3~5.3	5.3~7.3	5.3~7.3	5.3~7.3	5.3~7.3
90~<120	高	2.0~3.3	3.3~5.3	3.3~5.3	3.3~5.3	3.3~5.3
≥120	极高	0	3.3	3.3	3.3	3.3

2）追肥推荐用量。在花椰菜莲座期测定采样深度为0~60厘米的土壤硝态氮含量，并结合测定值与花椰菜的目标产量来确定氮肥追肥推荐用量（表3-20）。如果无法测定土壤硝态氮含量，可结合土壤肥力的高低来确定氮肥追肥推荐用量。所推荐氮肥应该分2次施用，每次追肥不超过6.7千克/亩。

表3-20 花椰菜氮肥（N）追肥推荐用量

土壤硝态氮含量/(毫克/千克)	肥力等级	不同目标产量的氮肥追肥推荐用量/(千克/亩)				
		<1300千克/亩	1300~<1600千克/亩	1600~<2000千克/亩	2000~<2300千克/亩	≥2300千克/亩
<30	极低	14	14	14	16	16
30~<60	低	12~14	12~14	12~14	14~16	14~16
60~<90	中	10~12	10~12	10~12	12~14	12~14
90~<120	高	8.7~10	8.7~10	8.7~10	10~14	10~14
≥120	极高	6.7	6.7	6.7	10	10

（3）磷肥推荐用量 磷肥推荐用量主要依据土壤速效磷的供应水平及目标产量确定（表3-21）。磷肥一般作为基肥施用，在花椰菜定植前开沟条施。在施用禽粪类有机肥料时可减少10%~20%的磷肥推荐用量；另

外，如果磷肥采用穴施或者条施，也可减少10%~20%的磷肥推荐用量。

表 3-21　花椰菜磷肥（P_2O_5）推荐用量

土壤速效磷含量/（毫克/千克）	肥力等级	不同目标产量的磷肥推荐用量/（千克/亩）				
		<1300千克/亩	1300~<1600千克/亩	1600~<2000千克/亩	2000~<2300千克/亩	≥2300千克/亩
<20	极低	4.7	4.7	5.3	6	6.7
20~<40	低	4	4	4	5.3	6
40~<60	中	3.3	3.3	4	4.7	5.3
60~<90	高	1.7	2	2.3	2.7	3.3
≥90	极高	0	0	0	1.3	1.3

（4）钾肥推荐用量　钾肥推荐用量主要依据土壤有效钾的供应水平及目标产量确定（表3-22）。钾肥的分配原则：30%作为基肥施用，其余的按比例在莲座期和花球形成前期分2次施用。如果有机肥料施用量较大或者采用条施，可相应减少10%~20%的钾肥推荐用量。

表 3-22　花椰菜钾肥（K_2O）推荐用量

土壤有效钾含量/（毫克/千克）	肥力等级	不同目标产量的钾肥推荐用量/（千克/亩）				
		<1300千克/亩	1300~<1600千克/亩	1600~<2000千克/亩	2000~<2300千克/亩	≥2300千克/亩
<80	极低	12.7	16.0	19.3	22.7	25.3
80~<120	低	10.0	13.3	16.7	20.0	22.7
120~<160	中	6.7	10.0	13.3	16.7	20.0
160~<200	高	5.3	6.7	10.0	12.0	14.0
≥200	极高	4.0	5.3	7.3	9.3	11.3

4. 芹菜

续勇波等人（2009年）针对西南地区西芹主产区施肥现状，提出在保证有机肥料施用的基础上，氮肥推荐用量采用总量控制和分期调控技术确定，磷、钾肥推荐用量采取恒量监控技术确定，微量元素肥料推荐用量采用因缺补缺的矫正施肥策略确定。

（1）有机肥料推荐用量　在播种前，根据土壤的肥沃程度施用有机肥料。有机肥料推荐用量可参考表3-23。

表 3-23　芹菜有机肥料推荐用量　　（单位：千克/亩）

肥料种类	不同土壤肥力等级的有机肥料推荐用量		
	低	中	高
猪粪	2000	1500	1000
牛粪	2500	2000	1500
鸡粪	1000	650	500

（2）氮肥推荐用量　氮肥推荐用量根据土壤硝态氮含量结合目标产量确定。

1）基肥推荐用量。在芹菜定植前测定采样深度为0~30厘米的土壤硝态氮含量，并结合测定值与芹菜的目标产量来确定氮肥基肥推荐用量（表3-24）。如果有机肥料施用量较大，可相应减少2千克/亩的氮肥推荐用量。如果无法测定土壤硝态氮含量，可结合土壤肥力的高低来确定氮肥基肥推荐用量。

表 3-24　芹菜氮肥（N）基肥推荐用量

土壤硝态氮含量/（毫克/千克）	肥力等级	不同目标产量的氮肥推荐用量/（千克/亩）		
		4000 千克/亩	6000 千克/亩	8000 千克/亩
<30	极低	5	7	8
30~<60	低	2~5	5~7	6~8
60~<90	中	0~2	3~5	4~6
90~<120	高	0	1.5~3	2~4
≥120	极高	0	1.5	2

2）追肥推荐用量。在叶丛生长发育期初期测定采样深度为0~30厘米的土壤硝态氮含量，并结合测定值与芹菜的目标产量来确定氮肥追肥推荐用量（表3-25）。

表 3-25　芹菜氮肥（N）追肥推荐用量

土壤硝态氮含量/（毫克/千克）	肥力等级	不同目标产量的氮肥追肥推荐用量/（千克/亩）		
		4000 千克/亩	6000 千克/亩	8000 千克/亩
<30	极低	10	13.5	17
30~<60	低	8~10	11.5~13.5	15~17

（续）

土壤硝态氮含量/（毫克/千克）	肥力等级	不同目标产量的氮肥追肥推荐用量/（千克/亩）		
		4000千克/亩	6000千克/亩	8000千克/亩
60~<90	中	6~8	9.5~11.5	13~15
90~<120	高	4~6	7.5~9.5	11~13
≥120	极高	4	9.5	11

（3）磷肥推荐用量　磷肥推荐用量主要依据土壤速效磷的供应水平及目标产量确定（表3-26）。磷肥一般作为基肥施用，在芹菜定植前开沟条施。在施用禽粪类有机肥料时可减少10%~20%的磷肥推荐用量；另外，如果磷肥采用穴施或者条施，也可减少10%~20%的磷肥推荐用量。

表3-26　芹菜磷肥（P_2O_5）推荐用量

土壤速效磷含量/（毫克/千克）	肥力等级	不同目标产量的磷肥推荐用量/（千克/亩）		
		4000千克/亩	6000千克/亩	8000千克/亩
<20	极低	8	11	13.5
20~<40	低	6	8	10
40~<60	中	4	5.5	7
60~<90	高	2	3	3.5
≥90	极高	0	0	0

（4）钾肥推荐用量　钾肥推荐用量主要依据土壤交换性钾的供应水平及目标产量确定（表3-27）。钾肥的分配原则：30%作为基肥施用，其余的在叶丛生长发育期初期兑水浇施。

表3-27　芹菜钾肥（K_2O）推荐用量

肥力等级	土壤交换性钾含量/（毫克/千克）	钾肥推荐用量/（千克/亩）
极低	<50	53
低	50~<90	53
中	90~<120	40
高	120~<150	27
极高	≥150	13.5

（5）微量元素肥料推荐用量 在芹菜生产中除了重视氮、磷、钾肥的施用外，还应适当补充微量元素肥料（表3-28）。

表3-28 芹菜微量元素临界指标及对应的肥料推荐用量

元素	提取方法	临界指标/（毫克/千克）	推荐用量
锌	DTPA 浸提	0.5	土壤施硫酸锌1~2千克/亩
硼	沸水	0.5	基施硼砂0.5~0.75千克/亩

5. 番茄

中国农业大学高杰云等人（2014年）在陈清研究的基础上，根据设施番茄具有多次采收和多次追肥的特点，考虑到冬春茬、秋冬茬和越冬长茬的养分吸收规律和对养分供应的要求完全不同，建议施肥推荐用量需要采用“总量控制，分期调控”的策略确定。

（1）目标产量及养分需要量 在北方地区典型设施土壤栽培条件下，不同栽培方式及茬口设施番茄的目标产量及养分需要量见表3-29。

表3-29 不同栽培方式及茬口设施番茄目标产量及养分需要量

（单位：千克/亩）

栽培方式	茬口	目标产量	养分需要量		
			氮（N）	磷（P）	钾（K）
日光温室	冬春茬（2月下旬~6月下旬）	6000~8000	15~21	2.6~3.5	20~27
日光温室	秋冬茬（8月下旬~第2年1月下旬）	5000~6000	13~15	2.2~2.6	17~20
塑料大棚	越冬长茬（9月中旬~第2年6月中旬）	10000~15000	25~40	4.4~6.6	33~50
塑料大棚	春茬（3月中旬~7月下旬）	8000~10000	21~26	3.5~4.4	27~33
塑料大棚	秋茬（8月中旬~11月中旬）	3000~4000	8~10	1.3~1.7	10~13
塑料大棚	长茬（3月中旬~11月中旬）	8000~12000	20~30	3.5~5.3	27~39

（2）有机肥料推荐用量 由于不同种类有机肥料的氮、磷、钾含量不同，一般以2000~5000千克/亩作为有机肥料推荐用量时，相应有机肥料的施用量及磷、钾施入养分量见表3-30，后期化肥追施时应考虑这个因素。

表 3-30　不同种类有机肥料推荐用量及所施入的磷、钾养分量

有机肥料种类	推荐用量/（千克/亩）	施入养分量/（千克/亩）	
		磷（P_2O_5）	钾（K_2O）
猪粪（鲜基）	3000	13.7	8.6
牛粪（鲜基）	4000	7.6	9.7
羊粪（鲜基）	2000	6.5	8.4
鸡粪（鲜基）	2000	12.2	11.2

（3）氮肥推荐用量　在考虑有机肥料养分供应的情况下，氮肥推荐用量可参考表 3-31。

表 3-31　不同栽培方式下设施番茄氮肥（N）推荐用量

（单位：千克/亩）

栽培方式	茬口	目标产量	氮肥目标供应量	氮肥推荐总量	追施氮肥推荐量
日光温室	冬春茬	6000~8000	35~40	25~30	16~21
	秋冬茬	5000~6000	30~35	20~25	11~16
	越冬长茬	10000~15000	50~70	40~60	31~51
塑料大棚	春茬	8000~10000	40~45	30~38	21~29
	秋茬	3000~4000	23~27	13~17	6~8
	长茬	8000~12000	40~55	30~45	21~36

（4）磷、钾肥推荐用量　设施番茄土壤磷、钾的肥力分级及磷、钾肥推荐用量可参考表 3-32，但实际生产中磷、钾肥的施用量远远高于表 3-32 的推荐值。

表 3-32　设施番茄土壤磷、钾肥力分级及磷、钾肥推荐用量

栽培方式		土壤速效磷含量/（毫克/千克）				土壤交换性钾含量/（毫克/千克）			
		<30	30~<90	90~<150	≥150	<100	100~<150	150~<200	≥200
		磷肥（P_2O_5）推荐用量/（千克/亩）				钾肥（K_2O）推荐用量/（千克/亩）			
日光温室	冬春茬	3~4	2~3	0~2	0	28~40	18~24	4~8	0
	秋冬茬	2~3	1~2	0	0	22~28	12~16	2~4	0
	越冬长茬	8~12	3~6	0~2	0	51~80	30~51	10~21	0

（续）

栽培方式		土壤速效磷含量/（毫克/千克）				土壤交换性钾含量/（毫克/千克）			
		<30	30~<90	90~<150	≥150	<100	100~<150	150~<200	≥200
		磷肥（P_2O_5）推荐用量/（千克/亩）				钾肥（K_2O）推荐用量/（千克/亩）			
塑料大棚	春茬	5~7	4~5	0~2	0	39~51	21~31	17~23	0
	秋茬	2~3	1~2	0	0	10~15	4~7	0	0
	长茬	5~8	4~5	0~2	0	40~62	24~38	18~25	0

6. 茄子

练小梅（2014年）在广东省乐昌市进行茄子“3414”肥料效应试验，获得茄子土壤有效养分丰缺等级指标和肥料推荐用量见表3-33、表3-34。

表3-33　茄子土壤有效养分丰缺等级指标

丰缺等级	相对产量（%）	有效氮含量/（毫克/千克）	速效磷含量/（毫克/千克）	速效钾含量/（毫克/千克）
极低	<50	<32	<12	<19
低	50~<75	32~<79	12~<20	19~<41
中	75~<95	79~<161	20~<30	41~<77
高	≥95	≥161	≥30	≥77

表3-34　茄子肥料推荐用量

丰缺等级	相对产量（%）	氮肥（N）/（千克/亩）	磷肥（P_2O_5）/（千克/亩）	钾肥（K_2O）/（千克/亩）
极低	<50	≥16.2	>8.5	>18.4
低	50~<75	12.2~<16.2	7.6~<8.5	12.5~<18.4
中	75~<95	9.9~<12.2	6.8~<7.6	7.9~<12.5
高	≥95	<9.9	<6.8	<7.9

7. 辣椒

廖育林等人（2009年）针对湖南省辣椒主产区施肥现状，提出在保证有机肥料施用的基础上，氮肥推荐用量采用总量控制和分期调控技术确定，磷、钾肥推荐用量采取恒量监控技术确定。

（1）有机肥料推荐用量　依据土壤肥力和有机肥料种类来确定（表 3-35），有机肥料一般基施。

表 3-35　辣椒有机肥料推荐用量　（单位：千克/亩）

肥料种类	不同土壤肥力等级的有机肥料推荐用量		
	低	中	高
农家肥	2000~3000	1500~2000	1000~1500
商品有机肥料	660~800	530~660	400~530

（2）氮肥推荐用量　辣椒的辛辣味与氮肥用量有关，施氮量多会降低辣味，在初花期应控制氮肥用量。

1）氮肥基肥推荐用量。一般根据采样深度为 0~20 厘米的土壤硝态氮含量，结合辣椒目标产量确定氮肥基肥推荐用量，可参考表 3-36。

表 3-36　辣椒氮肥（N）基肥推荐用量

土壤硝态氮含量/（毫克/千克）	不同目标产量的氮肥基肥推荐用量/（千克/亩）		
	2000 千克/亩	3000 千克/亩	4000 千克/亩
<30	5. 3	6. 3	6. 3
30~<60	3. 3~5. 3	4. 3~6. 3	4. 3~6. 3
60~<90	1. 3~3. 3	2. 3~4. 3	2. 3~4. 3
90~<120	0	0~2. 3	0~2. 3
≥120	0	0	0

2）氮肥追肥推荐用量。辣椒在初花期以后，当第一果实直径达到 2~3 厘米时，追施氮肥 1 次，每次施用量不超过 4 千克/亩。以后每采收 1 次就追施氮肥 1 次。辣椒氮肥追肥推荐用量可参考表 3-37。

表 3-37　辣椒氮肥（N）追肥推荐用量

土壤硝态氮含量/（毫克/千克）	不同目标产量的氮肥追肥推荐用量/（千克/亩）		
	2000 千克/亩	3000 千克/亩	4000 千克/亩
<30	10	11. 3	13. 3
30~<60	8~10	9. 3~11. 3	11. 3~13. 3
60~<90	6~8	7. 3~9. 3	9. 3~11. 3
90~<120	4~6	5. 3~7. 3	7. 3~9. 3
≥120	4	5. 3	7. 3

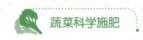

（3）磷肥推荐用量 磷肥推荐用量主要依据土壤有效磷含量和目标产量确定，长江中下游地区可参考表 3-38。磷肥一般基施，采用条施方式的可减少 20%的磷肥施用量。

表 3-38 辣椒磷肥（P_2O_5）推荐用量

土壤有效磷含量/（毫克/千克）	不同目标产量的磷肥推荐用量/（千克/亩）		
	2000 千克/亩	3000 千克/亩	4000 千克/亩
<7	6.7	8	12
7～<20	4.7	6	9.3
20～<40	2.7	4	6.7
40～<70	0.7	2	4
≥70	0	1.3	1.3

（4）钾肥推荐用量 钾肥推荐用量主要依据土壤交换性钾含量和目标产量确定，长江中下游地区可参考表 3-39。一般把钾肥的 50%～60%用作基肥，40%～50%用作追肥。

表 3-39 辣椒钾肥（K_2O）推荐用量

土壤交换性钾含量/（毫克/千克）	不同目标产量的钾肥推荐用量/（千克/亩）		
	2000 千克/亩	3000 千克/亩	4000 千克/亩
<50	8	10	12
50～<100	6.7	9	10.7
100～<150	5.3	8	9.3
150～<200	4	7	8
≥200	2.7	6	6.7

8. 黄瓜

陈清（2009 年）针对设施黄瓜主产区施肥现状，提出在保证有机肥料施用的基础上，氮肥推荐用量采用总量控制和分期调控技术确定，磷、钾肥推荐用量采取恒量监控技术确定。

（1）有机肥料推荐用量 一般根据设施黄瓜目标产量水平及有机肥料种类来确定（表 3-40）。

表 3-40　设施黄瓜有机肥料推荐用量

有机肥料种类	不同目标产量的有机肥料推荐用量/(千克/亩)					
	<2660千克/亩	2660~<5330千克/亩	5330~<8000千克/亩	8000~<10660千克/亩	10660~<13330千克/亩	13330~<15000千克/亩
畜禽粪等（鲜基）	1200~1330	1330~1460	1460~1660	1660~1860	1860~2000	2000~2130
畜禽粪等（干基）	660~800	800~1200	1200~1330	1330~1460	1460~1660	1660~1860

（2）氮肥推荐用量　设施黄瓜氮肥推荐用量根据栽培前土壤硝态氮含量结合目标产量确定（表 3-41）。在基肥施足有机肥料的基础上（不低于 20 千克/亩）可不基施氮肥，按生长发育期进行追施，每次追肥量为 4~5 千克/亩，结瓜期每 7~10 天结合灌水追肥 1 次，不同土壤质地条件和栽培茬口可根据土壤质地和气候条件适当调整（表 3-42）。

表 3-41　设施黄瓜氮肥（N）推荐用量

土壤硝态氮含量/（毫克/千克）	肥力等级	不同目标产量的氮肥推荐用量/(千克/亩)					
		<2660千克/亩	2660~<5330千克/亩	5330~<8000千克/亩	8000~<10660千克/亩	10660~<13330千克/亩	≥13330千克/亩
<60	极低	10~13.3	13.3~16.7	23.3~26.7	30~33.3	36.7~40	46.7~50
60~<100	低	6.7~10	10~13.3	20~23.3	23.3~26.7	33.3~36.7	43.3~46.7
100~<140	中	3.3~6.7	6.7~10	16.7~20	20~23.3	30~33.3	40~43.3
140~<180	高	0~3.3	3.3~6.7	13.3~16.7	16.7~20	23.3~26.7	36.7~40
≥180	极高	0	3.3	10	13.3	20	30

表 3-42　不同土壤质地条件下设施黄瓜生长发育期的氮肥（N）追肥推荐次数

土壤质地	不同生长发育期的氮肥追肥推荐次数/次			
	1~2 个月	2~3 个月	3~6 个月	10 个月
黏土、黏壤土	1~2	1~2	2~4	6~8
壤土	1~2	2~4	6~10	10~12
沙壤土	2	3~5	8~12	12~14
沙土	2~4	8~12	12~20	14~16

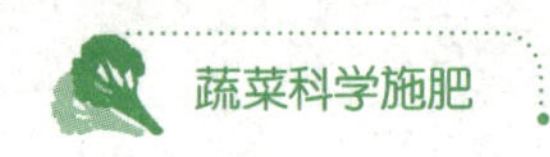

（3）磷肥推荐用量 设施黄瓜磷肥推荐用量主要依据土壤有效磷供应水平及目标产量确定（表 3-43）。在基施有机肥料的基础上，按磷肥推荐用量底施，或按总量的 2/3 底施，其余的在气温较低时期进行追肥。当有机肥料施用量超过 2000 千克/亩且土壤有效磷含量处于高和极高水平时，基肥中磷肥的用量可减少一半；如果采用条施，磷肥推荐用量可相应减少 1/5～1/4。

表 3-43 设施黄瓜磷肥（P_2O_5）推荐用量

土壤有效磷/（毫克/千克）	肥力等级	不同目标产量的磷肥推荐用量/（千克/亩）					
		<2660 千克/亩	2660～<5330 千克/亩	5330～<8000 千克/亩	8000～<10660 千克/亩	10660～<13330 千克/亩	≥13330 千克/亩
<30	极低	8～10	8～10.7	13.3～16	16.7～21.3		
30～<60	低	6～8	6.7～8	10～13.3	13.3～16.7		
60～<100	中	4～6	4～6.7	6.7～10	10～16.7	13.3～16.7	16.7～20
100～<130	高	2～4	2.7～4	4～6	6.7～10	10～16.7	13.3～16.7
≥130	极高	0	0	0	4～6.7	6.7～10	10～16.7

（4）钾肥推荐用量 确定设施黄瓜钾肥推荐用量主要考虑土壤交换性钾的供应水平及目标产量（表 3-44）。钾肥分配原则：20%～30%用作基肥，其余的在初花期和结瓜期分次追施。当有机肥料施用量大于 2000 千克/亩，或土壤交换性钾含量高时，则不再施用钾肥；如果有机肥料施用量小于 2000 千克/亩，或土壤交换性钾含量低时，则将钾肥推荐用量的 20%～30%用作基肥，其余的在养分需求关键期分次追施。

表 3-44 设施黄瓜钾肥（K_2O）推荐用量

土壤交换性钾含量/（毫克/千克）	肥力等级	不同目标产量的钾肥推荐用量/（千克/亩）					
		<2660 千克/亩	2660～<5330 千克/亩	5330～<8000 千克/亩	8000～<10660 千克/亩	10660～<13330 千克/亩	≥13330 千克/亩
<120	极低	8～14	13.3～18	29～44	36.7～46.7		
120～<160	低	3～8	8～13.3	20～29	34～36.7	43.3～53.3	
160～<200	中	0	3～8	14～20	26～30	34～43.3	40～46.7
200～<240	高	0	0	8～14	17.3～23.3	32～34	28～40
≥240	极高	0	0	3.3	5.3	6.7	10

(5) 中、微量元素肥料推荐用量　设施黄瓜的中、微量元素肥料推荐用量采用因缺补缺的矫正施肥策略确定。对于设施黄瓜而言特别要注意钙、镁、硼的施用（表3-45）。

表3-45　设施黄瓜中、微量元素临界指标及肥料推荐用量

元素	提取方法	临界指标/(毫克/千克)	推荐用量/(千克/亩)
钙	醋酸铵	800	石灰12~15千克/亩
镁	醋酸铵	120	碱性土壤施硫酸镁6.7~15千克/亩；酸性土壤施硫酸镁7~11千克/亩
硼	沸水	0.5	基施硼砂0.5~0.75千克/亩

9. 菜豆

利用养分平衡法确定菜豆土壤养分丰缺等级指标（表3-46），然后根据养分丰缺等级指标状况和目标产量，提出菜豆肥料推荐用量（表3-47）。

表3-46　菜豆土壤养分丰缺等级指标

养分等级	丰缺等级	碱解氮含量/(毫克/千克)	有效磷含量/(毫克/千克)	有效钾含量/(毫克/千克)	养分校正系数
1	极高	≥200	≥120	≥200	0.8
2	高	150~<200	90~<120	120~<200	0.9
3	中	100~<150	60~<90	80~<120	1.0
4	低	50~<100	30~<60	40~<80	1.1
5	极低	<50	<30	<40	1.2

表3-47　菜豆肥料推荐用量　　　（单位：千克/亩）

丰缺等级	产量水平	有机肥料施用量	化肥推荐用量		
			氮肥（N）	磷肥（P_2O_5）	钾肥（K_2O）
低	1500	3000	5	3	6
		2000	6	4	8
	2000	3000	6	4	5
		2000	7	5	11
	3000	3000	12	7	16
		2000	13	8	21

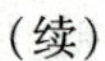

（续）

丰缺等级	产量水平	有机肥料施用量	化肥推荐用量		
			氮肥（N）	磷肥（P_2O_5）	钾肥（K_2O）
中	1500	3000	5	3	5
		2000	6	4	5
	2000	3000	7	4	6
		2000	7	4	10
	3000	3000	11	7	13
		2000	12	7	19
高	1500	3000	3	2	2
		2000	5	3	6
	2000	3000	5	3	3
		2000	6	4	9
	3000	3000	9	6	11
		2000	10	6	17
极高	1500	3000	3	2	0
		2000	4	2	5
	2000	3000	4	3	3
		2000	5	3	7
	3000	3000	8	5	9
		2000	9	6	15

10. 萝卜

孙志梅等人（2009 年）针对萝卜主产区施肥现状，提出在保证有机肥料施用的基础上，氮肥推荐用量采用总量控制和分期调控技术确定，磷、钾肥推荐用量采取恒量监控技术确定，中、微量元素肥料推荐用量采用因缺补缺的矫正施肥策略确定。

（1）有机肥料推荐用量 增施有机肥料对萝卜肉质根的膨大很有助力，因此可根据有机肥料种类和土壤肥力高低，参考表 3-48 进行选择。

表 3-48　萝卜有机肥料推荐用量　　（单位：千克/亩）

肥料种类	不同土壤肥力等级的有机肥料推荐用量		
	低	中	高
农家肥	2330~3330	1660~2330	1000~1660
商品有机肥料	800~1000	660~800	400~660

（2）氮肥推荐用量　确定氮肥推荐用量主要考虑基肥和追肥的比例。

1）氮肥基肥推荐用量。因萝卜苗期需氮量较低，加之施用部分有机肥料，故基施氮肥用量可参照表 3-49 进行。

表 3-49　萝卜氮肥（N）基肥推荐用量

土壤硝态氮含量/（毫克/千克）	不同目标产量的氮肥基施推荐用量/（千克/亩）				
	1660 千克/亩	2330 千克/亩	3000 千克/亩	3660 千克/亩	5000 千克/亩
<30	3.3	4.0	4.7	4.7	4.7
30~<60	1.3~3.3	2.0~4.0	2.7~4.7	2.7~4.7	2.7~4.7
60~<90	0	0~2.0	1.3~2.7	1.3~2.7	1.3~2.7
90~<120	0	0	0	0	0
≥120	0	0	0	0	0

2）氮肥追肥推荐用量。追肥用量主要取决于土壤硝态氮的水平及目标产量（表 3-50）。施用次数可分 2~3 次进行，第 1 次可将推荐用量的 60%在肉质根膨大前期追施，其余的在肉质根膨大期追施。追肥时应注意侧施，追肥深度为 0~30 厘米。

表 3-50　萝卜氮肥（N）追肥推荐用量

土壤硝态氮含量/（毫克/千克）	不同目标产量氮肥追肥推荐用量/（千克/亩）				
	1660 千克/亩	2330 千克/亩	3000 千克/亩	3660 千克/亩	5000 千克/亩
<30	8	9.3	10.7	12	15.3
30~<60	6~8	7.3~9.3	8.7~10.7	10~12	13.3~15.3
60~<90	4~6	5.3~7.3	6.7~8.7	8~10	11.3~13.3
90~<120	2~4	3.3~5.3	4.7~6.7	6~8	9.3~11.3
≥120	0	3.3	4.7	6	9.3

（3）磷肥推荐用量　磷肥推荐用量必须依据土壤速效磷的供应及目

标产量水平确定（表 3-51）。磷肥一般作为基肥施用，如果采用穴施或条施，可适当减少 10%～20%的用量。

表 3-51 萝卜磷肥（P_2O_5）推荐用量

土壤速效磷含量/（毫克/千克）	不同目标产量的磷肥推荐用量/（千克/亩）				
	1660 千克/亩	2330 千克/亩	3000 千克/亩	3660 千克/亩	5000 千克/亩
<10	4.7	6.0	8.0	9.6	13.3
10～<20	3.5	4.5	6.0	7.2	10.0
20～<40	2.3	3.0	4.0	4.8	6.7
40～<50	1.2	1.5	2.0	2.4	3.3
≥50	0	0	0	0	0

（4）钾肥推荐用量 确定钾肥推荐用量必须考虑土壤交换性钾的供应及目标产量水平（表 3-52）。钾肥分配原则：70%～80%用作基肥，其余的在肉质根膨大期追施。

表 3-52 萝卜钾肥（P_2O_5）推荐用量

土壤交换性磷含量/（毫克/千克）	不同目标产量的钾肥推荐用量/（千克/亩）				
	1660 千克/亩	2330 千克/亩	3000 千克/亩	3660 千克/亩	5000 千克/亩
<80	14.0	19.3	24.7	30.0	30.0
80～<150	10.7	14.7	18.7	22.7	23.3
150～<200	7.0	9.7	12.3	15.0	18.3
200～<250	3.7	5.0	6.3	7.7	10.0
≥250	0	0	0	0	0

（5）中、微量元素肥料推荐用量 萝卜对钙吸收较多，基肥中可配合施用钙镁磷肥，或者用 0.3%氯化钙溶液叶面喷施 2～3 次。萝卜对硼的需要量比较高，不同土壤硼含量水平下的硼肥推荐用量可参考表 3-53。

表 3-53 土壤硼肥力等级及对应的萝卜硼肥推荐用量

肥力等级	土壤硼含量/（毫克/千克）	硼肥推荐用量/（克/亩）
低	<0.5	150
中	0.5～1.0	75
高	>1.0	0

11. 马铃薯

北方马铃薯氮肥推荐用量，需根据对土壤供氮状况和作物需氮量的实时动态监测和精确调控来确定；磷、钾肥推荐用量通过土壤测试和养分平衡监控来确定；中、微量元素肥料推荐用量采用因缺补缺的矫正施肥策略确定。

（1）氮肥推荐用量　基于目标产量和土壤全氮含量的马铃薯氮肥推荐用量见表3-54。

表3-54　北方马铃薯氮肥（N）推荐用量

土壤全氮含量/（克/千克）	不同目标产量的氮肥推荐用量/（千克/亩）		
	1500千克/亩	2000千克/亩	2500千克/亩
0.5~0.85	8	12	18
0.85~1.5	4	8	12
1.5~2.0	0	4	6

（2）磷肥推荐用量　基于目标产量和土壤速效磷含量的马铃薯磷肥推荐用量见表3-55。

表3-55　土壤磷肥力等级及北方马铃薯磷肥（P_2O_5）推荐用量

产量水平/（千克/亩）	肥力等级	土壤有效磷含量/（毫克/千克）	磷肥推荐用量/（千克/亩）
1500	低	<20	4.5
	中	20~<30	3.0
	高	≥30	2.5
2000	低	<20	6.0
	中	20~<30	4.0
	高	≥30	3.2
2500	低	<20	7.5
	中	20~<30	5.0
	高	≥30	4.0

（3）钾肥推荐用量　基于目标产量和土壤交换性钾含量的马铃薯钾肥推荐用量见表3-56。

表 3-56　土壤钾肥力等级及北方马铃薯钾肥（K_2O）推荐用量

产量水平/(千克/亩)	肥力等级	土壤交换性钾含量/(毫克/千克)	磷肥推荐用量/(千克/亩)
1500	低	<100	13
	中	100~<150	10
	高	≥150	7
2000	低	<100	18
	中	100~<150	14
	高	≥150	9
2500	低	<100	22
	中	100~<150	17
	高	≥150	11

（4）中、微量元素肥料推荐用量　马铃薯主要对硼、锌等微量元素比较敏感，可参考表 3-57 进行选择。

表 3-57　北方马铃薯微量元素临界指标及对应的肥料推荐用量

元素	提取方法	临界指标/(毫克/千克)	推荐用量
锌	DTPA 浸提	0.5	基施硫酸锌 1~2 千克/亩
硼	沸水	0.5	基施硼砂 0.5~0.75 千克/亩

12. 大葱

大葱从定植到采收往往需要追肥 3~4 次。在定植之前根据土壤肥沃程度，每亩施腐熟的有机肥料 2000~3000 千克；氮肥用量的 10%~20%、磷肥用量的全部、钾肥用量的 30%用作基肥。

（1）氮肥推荐用量　在大葱定植前测定采样深度为 0~30 厘米的土壤硝态氮含量，结合测定值与目标产量来确定氮肥基肥推荐用量（表 3-58）。追肥推荐用量可参考表 3-59，追肥一般分 3 次进行：立秋前后、白露前后（葱白生长初期）和秋分前后（葱白生长盛期）。

表 3-58　大葱氮肥（N）基肥推荐用量

土壤硝态氮含量/(毫克/千克)	肥力等级	不同目标产量的氮肥基肥推荐用量/(千克/亩)			
		<3000 千克/亩	3000~<3660 千克/亩	3660~<4330 千克/亩	≥4330 千克/亩
<30	极低	3.3	4	5.3	6
30~<60	低	2~3.3	2~4	3.3~5.3	4~6

（续）

土壤硝态氮含量/（毫克/千克）	肥力等级	不同目标产量的氮肥基肥推荐用量/（千克/亩）			
		<3000千克/亩	3000~<3660千克/亩	3660~<4330千克/亩	≥4330千克/亩
60~<90	中	0~2	0~2	2~3.3	2~4
90~<105	高	0	0	0~2	0~2
≥105	极高	0	0	0	0

表3-59　大葱氮肥（N）追肥推荐用量

土壤硝态氮含量/（毫克/千克）	肥力等级	不同目标产量的氮肥追肥推荐用量/（千克/亩）			
		<3000千克/亩	3000~<3660千克/亩	3660~<4330千克/亩	≥4330千克/亩
<30	极低	14	19.3	22.7	26
30~<60	低	9.3~14	13.3~19.3	16.7~22.7	20~26
60~<90	中	3.3~9.3	7.3~13.3	10.7~16.7	15~20
90~<105	高	0~3.3	4.7~7.3	6.7~10.7	8~15
≥105	极高	0	1.3	4.7	8

（2）磷肥推荐用量　在大葱定植前测定采样深度为0~30厘米的土壤有效磷含量，结合测定值与目标产量来确定磷肥推荐用量，可参考表3-60。

表3-60　大葱磷肥（P_2O_5）推荐用量

土壤有效磷含量/（毫克/千克）	肥力等级	不同目标产量的磷肥推荐用量/（千克/亩）			
		<3000千克/亩	3000~<3660千克/亩	3660~<4330千克/亩	≥4330千克/亩
<20	极低	9.3	10.7	13.3	14
20~<45	低	7.3	8	10	10.7
45~<70	中	4.7	5.3	6.7	7.3
70~<90	高	2.7	2.7	3.3	4
≥90	极高	0	0	0.7	1.3

（3）钾肥推荐用量　在大葱定植前测定采样深度为0~30厘米的土壤交换性钾含量，结合测定值与目标产量来确定钾肥推荐用量，可参考表3-61。

表 3-61　大葱钾肥（K_2O）推荐用量

土壤交换性钾含量/（毫克/千克）	肥力等级	不同目标产量的钾肥推荐用量/（千克/亩）			
		<3000 千克/亩	3000~<3660 千克/亩	3660~<4330 千克/亩	≥4330 千克/亩
<70	极低	10.7	12	13.3	14.7
70~<120	低	8	9	10	10.7
120~<140	中	5.3	6	6.7	7.3
140~<180	高	2.7	3	3.3	4
≥180	极高	0	0	0.7	1.3

（4）微量元素肥料推荐用量　大葱对锌、硼等微量元素比较敏感，可参考表 3-62 进行选择。

表 3-62　大葱微量元素临界指标及对应的肥料推荐用量

元素	提取方法	临界指标/（毫克/千克）	推荐用量
锌	DTPA 浸提	0.5	基施硫酸锌 1~2 千克/亩
硼	沸水	0.5	基施硼砂 0.5~0.75 千克/亩

13. 大蒜

大蒜从定植到采收往往需要追肥 3~4 次。在定植之前根据土壤肥沃程度，每亩施腐熟的有机肥料 2000~3000 千克；氮肥推荐用量的 10%~20%、磷肥推荐用量的全部、钾肥推荐用量的 30%用作基肥。

（1）氮肥推荐用量　在大蒜定植前测定采样深度为 0~30 厘米的土壤硝态氮含量，结合测定值与目标产量来确定氮肥基肥推荐用量（表 3-63）。追肥推荐用量可参考表 3-64，一般分 2 次施用，分别在鳞芽分化期和鳞茎膨大期。

表 3-63　大蒜氮肥（N）基肥推荐用量

土壤硝态氮含量/（毫克/千克）	肥力等级	不同目标产量的氮肥基肥推荐用量/（千克/亩）			
		<1460 千克/亩	1460~<1730 千克/亩	1730~<2000 千克/亩	≥2000 千克/亩
<30	极低	2.7	4	5.3	6.7
30~<60	低	0.7~2.7	2~4	3.3~5.3	4.7~6.7

（续）

土壤硝态氮含量/（毫克/千克）	肥力等级	不同目标产量的氮肥基肥推荐用量/（千克/亩）			
		<1460千克/亩	1460~<1730千克/亩	1730~<2000千克/亩	≥2000千克/亩
60~<90	中	0.7	2	1.3~3.3	2.7~4.7
≥90	高	0	0	1.3	2.7

表 3-64　大蒜氮肥（N）追肥推荐用量

土壤硝态氮含量/（毫克/千克）	肥力等级	不同目标产量的氮肥追肥推荐用量/（千克/亩）			
		<1460千克/亩	1460~<1730千克/亩	1730~<2000千克/亩	≥2000千克/亩
<30	极低	5.3	8.7	10.7	12
30~<60	低	1.3~3.3	4.7~8.7	6.7~10.7	8~12
60~<90	中	1.3	2.7~4.7	4.7~6.7	6~8
≥90	高	0	1.3	2.7	4

（2）磷肥推荐用量　在大蒜定植前测定采样深度为0~30厘米的土壤有效磷含量，结合测定值与目标产量来确定磷肥推荐用量，可参考表3-65。

表 3-65　大蒜磷肥（P_2O_5）推荐用量

土壤有效磷含量/（毫克/千克）	肥力等级	不同目标产量的磷肥推荐用量/（千克/亩）			
		<1460千克/亩	1460~<1730千克/亩	1730~<2000千克/亩	≥2000千克/亩
<20	极低	10.7	12	13.3	14.7
20~<45	低	8	9	10	10.7
45~<65	中	5.3	6	6.7	7.3
65~<90	高	2.7	3	3.3	4
≥90	极高	0	0	0.7	1.3

（3）钾肥推荐用量　在大蒜定植前测定采样深度为0~30厘米的土壤交换性钾含量，结合测定值与目标产量来确定钾肥推荐用量，可参考表3-66。

表 3-66 大蒜钾肥（K_2O）推荐用量

土壤交换性钾含量/（毫克/千克）	肥力等级	不同目标产量的钾肥推荐用量/（千克/亩）			
		<1460 千克/亩	1460~<1730 千克/亩	1730~<2000 千克/亩	≥2000 千克/亩
<80	极低	22	23.3	24.7	26
80~<125	低	16.7	17.3	18.7	20
125~<170	中	11	11.7	12.3	13.3
170~<200	高	8	8.7	9.3	10
≥200	极高	5.3	6	6	6.7

（4）微量元素肥料推荐用量 大蒜对锌、硼等微量元素比较敏感，大蒜微量元素临界指标及对应的肥料推荐用量可参考表 3-67。

表 3-67 大蒜微量元素临界指标及对应的肥料推荐用量

元素	提取方法	临界指标/（毫克/千克）	推荐用量
锌	DTPA 浸提	0.5	基施硫酸锌 1~2 千克/亩
硼	沸水	0.5	基施硼砂 0.5~0.75 千克/亩

温馨提示

本书中的 13 种蔬菜测土配方施肥用量是根据文献资料和编者在实践中积累的经验整理而成，实际应用时要结合当地实际情况选用。

身边案例

蔬菜吃上营养套餐 山东寿光菜农施肥享私人定制

在山东省寿光市孙家集街道岳寺韩村韩××的黄瓜大棚里，满棚的黄瓜植株绿油健壮，长势喜人。“按专家配方施肥，不但产量高，而且省钱。”老韩对测土配方“营养套餐”赞不绝口。老韩是种植黄瓜的“老把式”，以前他浇灌黄瓜是把整袋肥料往水渠中倒，生怕肥力不够而影响产量，现在施肥却变得“讲究”了，各种肥料搭配着用，用量也不像以前那样大手大脚了。老韩施肥习惯的改变，缘于寿光市近年来所开展的一项科学种田工程——测土配方施肥工程。

该工程是由农业专家对土壤进行检测，测出土壤中的养分含量，然后根据种植的蔬菜制订专用的“营养套餐”，对症下药。在这种模式下，施肥种类、肥料用量和施肥时期等一目了然，帮助农民增产增收，还避免了过度施肥导致的土壤板结问题。

寿光市从2005年开始开展测土配方施肥工程，逐年扩大示范面积，2013年测土配方施肥面积就达到了100万亩，覆盖14处镇街。为了推进测土配方施肥工程进行，寿光成立了测土配方施肥项目技术小组，由农产品质量检测中心组成专业团队，为农民提供“测土配肥”服务。

那么，老韩说的“营养套餐”的方子在哪里呢？在岳寺韩村村头的宣传栏内有一张特殊的表，表上详细记录着该村土壤的测土信息、配方施肥方案等，养分含量、施肥结构、施肥用量、施肥时期和施肥方式、咨询电话等信息一应俱全。老韩说，他们村的菜农就按照这个方子施肥，效果非常明显。为了让菜农及时方便地掌握施肥技术，寿光市在各种植示范区竖立标识牌，详细公布土壤养分情况、用肥情况、施肥方法等，并将施肥建议卡上墙，在各村“村村通”宣传栏、村委大院等村民集中活动场所张贴测土信息、配方施肥方案，将测土配方施肥技术普及到田间地头，成为老百姓身边的贴心“指导员”。科学种田令菜农得到了实实在在的收益。

老韩介绍，他以前种菜总是大肥大水，结果种地成本越来越高，土壤越来越“瘦”。现在是作物缺啥补啥，不仅节省了肥料，还有效控制了土壤板结，一年算下来，每亩均可节约生产成本50元以上，产量却能增加一成。

第二节　蔬菜营养诊断施肥技术

蔬菜虽然不会说话，但当缺乏某种营养元素会有一定的反应，这种反应是蔬菜体内营养不良的外部表现，可作为蔬菜形态诊断的依据。

一、蔬菜营养缺素症的诊断

1. 蔬菜缺素症的诊断步骤

通过对蔬菜进行形态诊断，了解蔬菜的营养状况是科学施肥的重要依据。生产上如果能对表现出缺素症状的蔬菜及时施用含所缺元素的肥料，一般症状可减轻或消失，产量损失也可大大减轻。诊断的步骤如下。

（1）看症状发生的部位 一般来说，蔬菜缺乏大量元素时，往往是下部的老叶先表现出缺素症状；缺乏微量元素时，蔬菜上部的新生叶片会最早出现缺素症状。

（2）看蔬菜变化后的特征 缺素会导致蔬菜出现一些特征性变化。例如，叶片大小、颜色及形状变化等，蔬菜缺氮、硫、铁会引起叶片发黄；缺锌会造成叶片小呈杯状，叶脉间失绿等。熟悉蔬菜缺素症状图谱更容易判断病因。

（3）确定症状后补救 当诊断出蔬菜缺乏某种元素后，就应该及时补救，正确的做法是对症施肥，可以通过根际追肥、叶面喷施等途径来补救。

2. 蔬菜缺素症的形态比较和鉴别

蔬菜缺素症的形态比较和鉴别见表 3-68。

表 3-68 蔬菜缺素症的形态比较和鉴别

鉴别内容		缺素判断		
项目 1	受影响的部位	全株	多在老叶上	多在新叶上
	可能涉及的元素	氮、硫	钾、镁、磷、钼	钙、硫、铜、铁、锰、锌
项目 2	植株高度、叶片大小	正常	轻度降低（萎缩）	严重降低（萎缩）
	可能涉及的元素	硫、铁、锰、镁	氮、磷、钾、钙、硼、铜	锌、钼
项目 3	叶片形状	正常	轻度畸形	严重畸形
	可能涉及的元素	氮、磷、钾、镁、铁	钼、铜	硼、锌
项目 4	分蘖	正常	少	很少
	可能涉及的元素	镁、钾	锌	磷、氮
项目 5	叶片结构（组织）	正常	硬化或易碎	高度易碎（非常脆）
	可能涉及的元素	氮、磷、钾、硫、铁	镁、钼	硼
项目 6	失绿	正常	叶脉间或多斑点	整个叶片失绿
	可能涉及的元素	磷	镁、钾、锰、锌	氮、硫、镁、铜
项目 7	坏死（枯斑）	无→轻度		严重
	可能涉及的元素	氮、磷、硫、镁、锌、铁、锰		钾、钙、硼

（续）

鉴别内容		缺素判断		
项目8	畸形果实[①]	无		果实残缺[②]
	可能涉及的元素	氮、磷、钾、镁、锌、铁、锰		钙、硼、铜
项目9	引起病害程度	无	影响不大	影响大
	可能涉及的元素		氮、硫、镁、锌	钾、磷、钙

① 氮、磷、钾不足可能导致果实质量变差。

② 果实残缺表现为开裂、流胶现象，以及果实内部发黑。

二、主要白菜类蔬菜营养缺素症的识别与补救

1. 大白菜缺素症的识别与补救

大白菜缺素症状及补救措施可参考表3-69。

表3-69　大白菜缺素症状及补救措施

元素	缺素症状	补救措施
氮	早期植株矮小，叶片小而薄，叶色发黄，茎部细长，生长缓慢；中后期叶球不充实，包心期延迟，叶片纤维增加，品质下降	叶面喷施0.5%~1%尿素溶液2~3次
磷	植株矮小，生长不旺盛；叶片小，呈暗绿色；茎细，根部发育细弱	叶面喷施0.2%磷酸二氢钾溶液3次
钾	初期下部叶缘出现黄白色斑点，迅速扩大成枯斑，叶缘呈干枯卷缩状；结球期出现接球困难或疏松	叶面喷施0.2%磷酸二氢钾溶液3次
钙	叶片发生缘腐病，内叶边缘呈水浸状至褐色坏死，干燥时似豆腐皮状，内部顶烧死，俗称“干烧心”，又称心腐病	从莲座期到结球期，每隔7~10天叶面喷施0.4%~0.7%硝酸钙溶液，共喷3次
镁	外叶的叶脉由浅绿色变成黄色	叶面喷施0.3%~0.5%硫酸镁溶液2~3次
铁	心叶先出现症状，脉间失绿呈浅绿色至黄白色；严重缺铁时，叶脉也会黄化	叶面喷施0.2%~0.5%硫酸亚铁溶液3~4次
锌	叶呈丛生状，到采收期不包心	叶面喷施0.2%~0.3%硫酸锌或螯合锌溶液2~3次

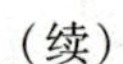

（续）

元素	缺素症状	补救措施
硼	开始结球时，心叶多皱褶，外部第5~7片幼叶的叶柄内侧生出横的裂伤，维管束呈褐色；随之外叶及球叶叶柄内侧也生裂痕，并在外叶叶柄的中肋内、外侧出现群聚的褐色污斑，球叶中肋内侧表皮下发生黑点，木栓化，植株矮；叶片严重萎缩、粗糙，结球小、坚硬	在大白菜生长期间发生缺硼症，可配制0.1%~0.2%硼砂溶液根际浇施1次，或用0.2%~0.3%硼砂溶液叶面喷施2~3次
锰	新叶的叶脉间变成浅绿色至白色	叶面喷施0.05%~0.1%硫酸锰溶液2~3次
铜	新叶的叶尖边缘变成浅绿色至黄色，生长不良	叶面喷施0.02%~0.04%硫酸铜溶液2~3次

2. 结球甘蓝缺素症的识别与补救

结球甘蓝缺素症状及补救措施可参考表3-70。

表3-70　结球甘蓝缺素症状及补救措施

元素	缺素症状	补救措施
氮	植株生长缓慢，叶片失绿，呈灰绿色、无光泽，叶形狭小、挺直，结球不紧或难以包心	叶面喷施0.5%~1.0%尿素+蔗糖溶液直至症状消失
磷	叶背、叶脉呈紫红色，叶面呈暗绿色，叶缘枯死，结球小而易裂或不能结球	叶面喷施0.2%磷酸二氢钾溶液3次
钾	叶球内叶减少，包心不紧，球小而松，严重时不能包心，叶片边缘发黄或出现黄白色斑点，植株生长明显变差	叶面喷施0.2%磷酸二氢钾溶液3次
钙	内叶边缘连同新叶一起逐渐干枯，严重时结球初期未结球的叶片叶缘皱缩、褐腐，结球期缺钙会发生心腐	从莲座期到结球期，每隔7~10天叶面喷施0.4%~0.7%硝酸钙溶液，共喷3次
镁	外叶叶片的叶脉间呈浅绿色或红紫色	叶面喷施0.3%~0.5%硫酸镁溶液2~3次
铁	幼叶的叶脉间失绿，呈浅黄色至黄白色；细小的网状叶脉仍保持绿色，严重缺铁时叶脉黄化	叶面喷施0.2%~0.5%硫酸亚铁溶液3次

（续）

元素	缺素症状	补救措施
锌	植株生长变差，叶柄及叶片呈紫色	叶面喷施 0.2%~0.3%硫酸锌或螯合锌溶液 2~3 次
硼	中心叶畸形，外叶向外卷，叶脉间变黄；茎叶发硬，叶柄外侧发生横向裂纹	叶面喷施 0.2%~0.3%硼砂溶液或稀释 1500 倍的 20%进口速乐硼 2~3 次
锰	新叶变成浅绿色至黄色	叶面喷施 0.05%~0.1%硫酸锰溶液 2~3 次
铜	叶色浅绿，植株生长差，叶片易萎蔫	叶面喷施 0.02%~0.04%硫酸铜溶液 2~3 次
钼	植株生长不良，矮小；叶片畸变，叶肉严重退化、缺失	叶面喷施 0.05%~0.1%钼酸铵溶液 1~3 次

3. 花椰菜缺素症的识别与补救

花椰菜缺素症状及补救措施可参考表 3-71。

表 3-71　花椰菜缺素症状及补救措施

元素	缺素症状	补救措施
氮	苗期叶片小而挺立，呈紫红色；成株从下部叶片开始呈浅褐色，生长发育缓慢；花球期缺氮则花球发育不良，球小且多为花梗，花蕾少	叶面喷施 0.2%~0.5%尿素溶液 3 次
磷	叶片僵小、挺立，叶脉间和叶缘呈紫红色，叶背呈紫色；花球小，色泽灰暗	叶面喷施 0.5%磷酸二氢钾溶液 3 次或 2%~4%过磷酸钙浸出液 2~3 次
钾	下部叶的叶脉间出现不规则的浅绿色或皮肤色的斑点，这些斑点相连而使叶片失绿，并逐渐往上部叶发展；花球发育不良，球体小，不紧实，色泽差，品质变劣	叶面喷施 1%~2%磷酸二氢钾溶液 2~3 次
钙	植株矮小，茎和根尖的分生组织受损，顶端叶生长发育受阻、畸形，并出现浅褐色斑点，同时叶脉变黄，从上部叶开始枯死。症状表现明显时期是花椰菜开始结球后，结球苞叶的叶尖及叶缘处出现翻卷，叶缘逐渐干枯黄化至焦枯坏死	叶面喷施 0.7%氯化钙溶液+0.7%硫酸锰溶液，或 0.2%高效钙溶液 2~3 次

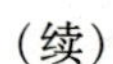

（续）

元素	缺素症状	补救措施
镁	症状表现在老叶上，下部叶的叶脉间呈浅绿色，后呈鲜黄色，严重时变白，而叶片上的主脉及侧脉不失绿，形成网状失绿，而叶片不增厚	叶面喷施0.1%~0.2%硫酸镁溶液，严重时隔5~7天再喷施1次
铁	上部叶的叶脉间变为浅绿色至黄色	叶面喷施0.2%~0.5%硫酸亚铁溶液3次
锌	植株生长差，叶或叶柄可见紫红色	叶面喷施0.1%~0.2%硫酸锌或螯合锌溶液2~3次
硼	花球周围的小叶肥厚，发育不健全或扭曲，有时叶脉内侧排列有浅褐色的粗糙粒点；主茎和小花茎上出现分散的水浸斑块，茎部出现空洞；花球外部出现褐色斑点，内部变黑，花球质地变硬，带有苦味	叶面喷施0.1%~0.2%硼砂溶液，隔1周后再喷1次，或在浇水时每亩用1~1.5千克硼砂浇施
锰	下部叶的叶脉间呈浅绿色，后变为鲜黄色	叶面喷施0.03%~0.05%硫酸锰溶液2~3次
铜	叶片萎蔫下垂，植株生长差	叶面喷施0.02%~0.05%硫酸铜溶液2~3次
钼	幼苗缺钼时，新叶的基部侧脉及叶肉大部分消失，新叶顶部仅剩一小部分叶片，且卷曲成漏斗状；严重时侧脉及叶肉全部消失，只剩主脉，呈鞭状，甚至生长点消失。成株缺钼时，初期叶片中部的主脉扭曲，整张叶向一侧倾斜；叶片狭长呈条状，新叶的侧脉及叶肉会沿主脉向下卷曲，主脉向一侧扭曲，叶片凹凸不整齐，幼叶和叶脉失绿，严重时不结球	喷施0.05%~0.1%钼酸铵溶液50千克，分别在苗期与开花期结合治病防虫各喷1~2次

三、主要绿叶类蔬菜营养缺素症的识别与补救

1. 芹菜缺素症的识别与补救

芹菜缺素症状及补救措施可参考表3-72。

表 3-72　芹菜缺素症状及补救措施

元素	缺素症状	补救措施
氮	植株生长缓慢，从外部叶开始黄白化至全株黄化；老叶变黄、干枯或脱落，新叶变小	叶面喷施 0.2%~0.5%尿素溶液 2~3 次
磷	植株生长缓慢，叶片变小但不失绿，外部叶逐渐开始变黄，但嫩叶的叶色与缺氮症相比显得更深些，叶脉发红，叶柄变细，纤维发达，下部叶后期出现红色斑点或紫色斑点，并出现坏死斑点	叶面喷施 0.3%~0.5%磷酸二氢钾溶液 3 次或 2%~4%过磷酸钙浸出液 2~3 次
钾	在外部叶的叶缘开始变黄的同时，叶脉间出现褐色小斑点，初期心叶变小，生长慢，叶色变浅；后期叶脉间失绿，出现黄白色斑块，叶尖、叶缘逐渐干枯，然后老叶出现白色或黄色斑点，斑点后期坏死	叶面喷施 1%~2%磷酸二氢钾溶液 2~3 次
钙	植株生长点的生长发育受阻，中心幼叶枯死，外叶呈深绿色	叶面喷施 0.5%氯化钙溶液或 0.2%高效钙溶液 1~2 次
镁	叶脉黄化，且从植株下部向上发展，外部叶的叶脉间渐渐地变白；进一步发展下去，除了叶脉、叶缘残留绿色外，叶脉间均黄白化；嫩叶为浅绿色	叶面喷施 0.5%硫酸镁溶液，严重时隔 5~7 天再喷 1 次
硫	植株整株呈浅绿色，嫩叶出现特别的浅绿色	结合镁、锌、铜等缺素症的补救措施喷施含硫肥料
铁	嫩叶的叶脉间变为黄白色，接着叶色变白	叶面喷施 0.2%~0.5%硫酸亚铁溶液 2~3 次
锌	叶易向上、向外侧卷曲，茎上可发现色素	叶面喷施 0.1%~0.2%硫酸锌或螯合锌溶液 2~3 次
硼	叶柄异常肥大、短缩，茎叶部有许多裂纹；心叶的生长发育受阻，畸形，生长差	叶面喷施 0.1%~0.2%硼砂溶液 1~2 次
锰	叶缘的叶脉间呈浅绿色，后变为黄色	叶面喷施 0.03%~0.05%硫酸锰溶液 2~3 次
铜	叶色浅绿，在下部叶上易出现黄褐色的斑点	叶面喷施 0.02%~0.05%硫酸铜溶液 2~3 次

2. 菠菜缺素症的识别与补救

菠菜缺素症状及补救措施可参考表 3-73。

表 3-73　菠菜缺素症状及补救措施

元素	缺素症状	补救措施
氮	叶色浅绿、基部叶片变黄，并逐渐向上发展，干燥时呈褐色；植株矮小，出现早衰现象	叶面喷施 0.3%~0.5%尿素溶液 2~3 次
磷	下部叶呈红黄色，植株生长发育差	叶面喷施 0.3%~0.5%磷酸二氢钾溶液 3 次
钾	下部叶的叶缘变黄，逐渐变为褐色，最后枯死	叶面喷施 0.3%~0.5%磷酸二氢钾溶液 2~3 次
钙	心叶的叶尖先变黄，向内侧卷曲	叶面喷施 0.5%氯化钙或 0.3%硝酸钙溶液 2~3 次
镁	下部叶沿叶脉变白，逐渐发展为叶脉间变白，嫩叶浅绿	叶面喷施 0.3%~0.5%硫酸镁溶液 2~3 次
硫	嫩叶出现特别的浅绿色	结合镁、锌、铜等缺素症的补救措施喷施含硫肥料
锌	叶脉间出现褐黄色斑点、失绿，植株生长弱	叶面喷施 0.1%~0.2%硫酸锌或螯合锌溶液 2~3 次
硼	心叶扭曲畸形，侧根生长差、呈章鱼足状，易枯死	叶面喷施 0.1%~0.2%硼砂溶液，隔 1 周后再喷 1 次
锰	叶脉残留绿色，叶脉间发黄	叶面喷施 0.03%~0.05%硫酸锰溶液 2~3 次
铜	植株整株叶色浅绿，生长不良	叶面喷施 0.02%~0.03%硫酸铜溶液 2~3 次

3. 莴苣缺素症的识别与补救

莴苣缺素症状及补救措施可参考表 3-74。

表 3-74　莴苣缺素症状及补救措施

元素	缺素症状	补救措施
氮	叶片从外叶开始变黄，植株生长缓慢	叶面喷施 0.2%~0.3%尿素溶液 2~3 次
磷	植株生长缓慢，叶色正常	叶面喷施 0.2%~0.3%磷酸二氢钾溶液 3 次

（续）

元素	缺素症状	补救措施
钾	外叶的叶脉间出现不规则的褐色斑点	叶面喷施 0.3%~0.5%磷酸二氢钾溶液 2~3 次
钙	新叶的叶脉变成褐色，生长受阻	叶面喷施 0.5%氯化钙或 0.3%硝酸钙溶液 2~3 次
镁	外叶的叶脉开始变黄，并逐渐向上部叶扩散	叶面喷施 0.2%~0.3%硫酸镁溶液 2~3 次
铁	植株整株叶片变成浅绿色	叶面喷施 0.2%~0.3%硫酸亚铁溶液 2~3 次
锌	从外叶开始枯萎，植株生长缓慢	叶面喷施 0.1%~0.2%硫酸锌或螯合锌溶液 2~3 次
硼	茎叶变硬，叶易外卷；心叶生长受阻，叶片变黄，侧根生长差	叶面喷施 0.05%~0.1%硼砂溶液，隔 1 周后再喷 1 次
锰	叶脉间呈浅绿色，易出现不规则的白色斑点	叶面喷施 0.03%~0.05%硫酸锰溶液 2~3 次

四、主要茄果类蔬菜营养缺素症的识别与补救

1. 番茄缺素症的识别与补救

番茄缺素症状及补救措施可参考表 3-75。

表 3-75 番茄缺素症状及补救措施

元素	缺素症状	补救措施
氮	植株生长缓慢，初期老叶呈黄绿色，后期全株呈浅绿色，叶片细小、直立。叶脉由黄绿色变为深紫色。茎秆变硬，果实变小	可将碳酸氢铵或尿素等混入 10~15 倍液的腐熟有机肥料中施于植株两侧后覆土浇水；也可叶面喷施 0.2%尿素溶液 2~3 次
磷	早期叶背呈紫红色，叶片上出现褐色斑点，叶片僵硬，叶尖呈黑褐色、枯死。叶脉逐渐变为紫红色。茎细长且富含纤维。结果延迟	叶面喷施 0.2%~0.3%磷酸二氢钾溶液 2~3 次
钾	初期叶缘出现针尖大小的黑褐色斑点，之后茎部也出现黑褐色斑点，叶缘卷曲。根系发育不良。幼果易脱落，或畸形果多	叶面喷施 0.2%~0.3%磷酸二氢钾溶液或 1%草木灰浸出液 2~3 次

（续）

元素	缺素症状	补救措施
钙	植株瘦弱、萎蔫，心叶边缘发黄皱缩，严重时心叶枯死，植株中部叶片出现黑褐色斑点，之后全株叶片上卷。根系不发达。果实易发生脐腐病及出现空洞果	叶面喷施0.3%~0.5%氯化钙溶液，每隔3~4天喷1次，连喷2~3次
镁	下部老叶失绿，后向上部叶扩展，形成黄花斑叶。严重的叶缘上卷，叶脉间出现坏死斑，叶片干枯，最后全株变黄	叶面喷施1%~3%硫酸镁溶液2~3次
硫	叶色浅绿，叶片向上卷曲；植株呈浅绿色或黄绿色；心叶枯死或结果少	结合镁、锌、铜等缺素症的补救措施喷施含硫肥料
锌	从中部叶开始失绿，与健康叶比较，叶脉清晰可见；叶脉间逐渐失绿，叶缘黄化，变成褐色，叶片呈螺旋状卷曲并变小，甚至丛生。新叶不黄化	用0.1%~0.2%硫酸锌溶液喷洒叶面1~2次
硼	缺硼最显著的症状是叶片失绿或变为橘红色。生长点颜色发暗，严重时生长点凋萎死亡。茎及叶柄脆弱，易使叶片脱落。根系发育不良、变为褐色。易产生畸形果，果皮上有褐色斑点	叶面喷施0.1%~0.2%硼砂溶液，每隔5~7天喷1次，连喷2~3次
锰	叶片的脉间组织失绿，距主脉较远的地方先发黄，叶脉保持绿色，以后叶片上出现花斑，最后叶片变黄。很多情况下，在黄斑出现前出现褐色小斑点。严重时，生长受抑制，不开花，不结实	叶面喷施1%硫酸锰溶液2~3次
铁	新叶除叶脉外均呈黄色，腋芽上长出脉间组织黄化的叶片	叶面喷施0.1%~0.5%硫酸亚铁溶液或100毫克/千克柠檬铁溶液，每3~4天喷1次，连喷3~5次
铜	植株节间变短，全株呈丛生枝，初期幼叶变小，老叶的脉间组织失绿；严重时，叶片呈褐色、枯萎，幼叶失绿	叶面喷施0.02%~0.03%硫酸铜溶液2~3次
钼	植株长势差，幼叶失绿，叶缘和叶脉间的叶肉呈黄色斑状，叶缘向内部卷曲，叶尖萎缩，常造成植株开花不结果	分别在苗期与开花期每亩喷施0.05%~0.1%钼酸铵水溶液50千克，连喷1~2次

2. 茄子缺素症的识别与补救

茄子缺素症状及补救措施可参考表 3-76。

表 3-76　茄子缺素症状及补救措施

元素	缺素症状	补救措施
氮	叶色变浅，老叶黄化；严重时叶片干枯脱落，花蕾停止发育并变黄，心叶变小	叶面喷施 0.3%～0.5%尿素溶液 2～3 次
磷	茎细长，纤维发达，花芽分化和结果期延长，叶片变小，颜色变深，叶脉发红	叶面喷施 0.2%～0.3%磷酸二氢钾溶液或 0.5%过磷酸钙浸出液 2～3 次
钾	初期心叶变小，生长慢，叶色变浅；后期叶脉间失绿，出现黄白色斑块，叶尖、叶缘逐渐干枯。生产上茄子的缺钾症较为少见	叶面喷施 0.2%～0.3%磷酸二氢钾溶液或 1%草木灰浸出液 2～3 次
钙	植株生长缓慢，生长点畸形，幼叶的叶缘失绿，叶片的网状叶脉变为褐色，呈铁锈状	叶面喷施 2%氯化钙溶液 2～3 次
镁	叶脉附近，特别是主叶脉附近变黄，叶片失绿，果实变小，发育不良	叶面喷施 1%～3%硫酸镁溶液 2～3 次
硫	叶色浅绿，叶片向上卷曲，植株呈浅绿色或黄绿色，心叶枯死，或结果少	结合镁、锌、铜等缺素症的补救措施喷施含硫肥料
锌	叶小呈丛生状，新叶上发生黄斑，逐渐向叶缘发展，后全叶黄化	叶面喷施 0.1%硫酸锌溶液 1～2 次
硼	茄子自顶叶开始黄化、凋萎，顶端茎及叶柄折断，内部变黑，茎上有木栓状龟裂	叶面喷施 0.05%～0.2%硼砂溶液 2～3 次
锰	新叶的脉间组织呈黄绿色，不久变为褐色，叶脉仍为绿色	叶面喷施 1%硫酸锰溶液 2～3 次
铁	幼叶和新叶呈黄白色，叶脉残留绿色。在土壤呈酸性及多肥、多湿的条件下常会发生缺铁症	叶面喷施 0.5%～1%硫酸亚铁溶液 3～5 次
铜	叶色浅，上部叶稍有下垂，出现沿主脉的脉间组织呈小斑点状失绿的叶	叶面喷施 0.02%～0.03%硫酸铜溶液 2～3 次
钼	从果实膨大期开始，叶脉间出现黄斑，叶缘向内侧卷曲	叶面喷施 0.05%～0.1%钼酸铵溶液 1～2 次

3. 辣椒缺素症的识别与补救

辣椒缺素症状及补救措施可参考表 3-77。

表 3-77 辣椒缺素症状及补救措施

元素	缺素症状	补救措施
氮	幼苗缺氮时，植株生长不良，叶呈浅黄色，植株矮小，停止生长。成株期缺氮时，全株叶片呈浅黄色（严重时病株叶片呈金黄色）	叶面喷施 0.2%~0.3%尿素溶液 2~3 次
磷	苗期缺磷时，植株矮小，叶色深绿，由下而上落叶，叶尖变黑、枯死，生长停滞，早期缺磷一般很少表现症状。成株期缺磷时，植株矮小，叶背多呈紫红色，茎细、直立、分枝少，结果和成熟延迟，并引起落蕾、落花	叶面喷施 0.2%~0.3%磷酸二氢钾溶液或 0.5%过磷酸钙浸出液 2~3 次
钾	症状多表现在开花以后。发病初期，下部叶尖开始发黄，然后沿叶缘在叶脉间形成黄色斑点，叶缘逐渐干枯，并向内扩展至全叶，叶呈灼伤状或坏死状，果实变小；叶片症状是从老叶到新叶、从叶尖向叶柄发展。如果土壤钾不足，在结果期叶片会表现缺钾症状，坐果率低，产量不高	叶面喷施 0.2%~0.3%磷酸二氢钾溶液或 1%草木灰浸出液 2~3 次
钙	辣椒对钙的吸收量比番茄低，如不足，易诱发果实脐腐病	叶面喷施 0.5%氯化钙溶液 2~3 次
镁	叶片变成灰绿色，接着叶脉间黄化，基部叶片脱落，植株矮小，果实稀疏，发育不良	叶面喷施 1%~3%硫酸镁或 1%硝酸镁溶液 2~3 次
硫	植株生长缓慢，分枝多，茎坚硬木质化，叶呈黄绿色、僵硬，结果少或不结果	结合镁、锌、铜等缺素症的补救措施喷施含硫肥料
锌	植株矮小，发生顶枯，顶部小叶丛生，叶畸形细小，叶片上有褐色条斑，叶片易枯黄或脱落	叶面喷施 0.1%硫酸锌溶液 1~2 次
硼	茎叶变脆、易折，上部叶片扭曲畸形，果实易生出毛根	叶面喷施 0.05%~0.1%硼砂溶液 2~3 次
锰	中上部叶片的叶脉间变成浅绿色	叶面喷施 1%硫酸锰溶液 2~3 次
铁	上部叶的叶脉仍呈绿色，叶脉间变成浅绿色	叶面喷施 0.5%~1%硫酸亚铁溶液 3~5 次

（续）

元素	缺素症状	补救措施
铜	顶部叶片呈罩盖状，植株生长差	叶面喷施0.02%～0.03%硫酸铜溶液2～3次
钼	叶脉间出现黄斑，叶缘向内侧卷曲	叶面喷施0.05%～0.1%钼酸铵溶液1～2次

五、主要瓜类蔬菜营养缺素症的识别与补救

1. 黄瓜缺素症的识别与补救

黄瓜缺素症状及补救措施可参考表3-78。

表3-78 黄瓜缺素症状及补救措施

元素	缺素症状	补救措施
氮	叶片小，从下位叶到上位叶逐渐变黄，叶脉凸出可见。最后全叶变黄，坐果数少，瓜果生长发育不良	叶面喷施0.5%尿素溶液2～3次
磷	苗期叶色深绿，叶片发硬，植株矮化；定植到露地后，植株停止生长，叶色深绿；果实成熟晚	叶面喷施0.2%～0.3%磷酸二氢钾溶液或0.5%过磷酸钙浸出液2～3次
钾	早期叶缘出现轻微的黄化，叶脉间黄化；生长发育中、后期，叶缘枯死，随着叶片不断生长，叶向外侧卷曲，瓜条稍短、膨大不良	叶面喷施0.2%～0.3%磷酸二氢钾溶液或1%草木灰浸出液2～3次
钙	距生长点近的上位叶叶片小，叶缘枯死，叶形呈蘑菇状或降落伞状，叶脉间黄化、叶片变小	叶面喷施0.3%氯化钙溶液2～3次
镁	先是上部叶片发病，随后向附近叶片及新叶扩展，黄瓜的生长发育期提早，果实开始膨大，且在进入盛期时，仅在叶脉间出现褐色小斑点，下位叶的叶脉间渐渐黄化，进一步发展会发生严重的叶枯病或叶脉间黄化；生长发育后期除叶缘残存绿色外，其他部位全部呈黄白色，叶缘上卷，叶片枯死	叶面喷施0.8%～1%硫酸镁溶液2～3次
硫	整个植株生长几乎没有异常，但中、上位叶的叶色变浅	结合镁、锌、铜等缺素症的补救措施喷施含硫肥料

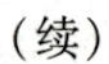

（续）

元素	缺素症状	补救措施
锌	植株从中位叶开始失绿，叶脉间逐渐失绿，叶缘黄化至变为褐色，叶缘枯死，叶片稍外翻或卷曲	叶面喷施 0.1%～0.2%硫酸锌溶液 1～2 次
硼	植株生长点附近的节间明显缩短，上位叶外卷，叶脉呈褐色，叶脉有萎缩现象，果实表皮出现木质化或有污点，叶脉间不黄化	叶面喷施 0.15%～0.25%硼砂溶液 2～3 次
锰	植株顶部及幼叶的叶脉间失绿，呈浅黄色斑纹状。初期末梢仍保持绿色，随后呈现明显的网纹状。后期除主脉外，全部叶片均呈黄白色，并在叶脉间出现下陷坏死斑。叶白化最重，并最先死亡。芽的生长严重受阻，常呈黄色。新叶细小，蔓较短	叶面喷施 1%硫酸锰溶液 2～3 次
铁	植株新叶、腋芽开始变为黄白色，尤其是上位叶及生长点附近的叶片和新叶的叶脉先黄化，逐渐失绿，但叶脉间不出现坏死斑	叶面喷施 0.1%～0.5%硫酸亚铁溶液 3～5 次
铜	植株节间短，全株呈丛生状；幼叶小，老叶叶脉间失绿；后期叶片呈浅黄绿色到褐色，并出现坏死，叶片枯黄。失绿是从老叶向幼叶发展的	叶面喷施 0.02%～0.05%硫酸铜溶液 2～3 次
钼	叶片小，叶脉间的叶肉出现不明显的黄斑，叶片白化或黄化，但叶脉仍为绿色，叶缘焦枯	叶面喷施 0.05%～0.1%钼酸铵溶液 1～2 次

2. 西葫芦缺素症的识别与补救

西葫芦缺素症状及补救措施可参考表 3-79。

表 3-79　西葫芦缺素症状及补救措施

元素	缺素症状	补救措施
氮	植株生长缓慢，呈矮化状，叶片小而薄，黄化均匀，不表现为斑点状。从下部老叶开始黄化，逐渐向上部叶发展。化瓜现象严重，畸形瓜增多	叶面喷施 0.3%～0.5%尿素溶液 2～3 次

（续）

元素	缺素症状	补救措施
磷	植株矮化，叶片小而僵硬，颜色暗绿，叶片平展并微向上挺。老叶有明显的暗红色斑块，有时斑点变为褐色，易脱落	叶面喷施 0.2%磷酸二氢钾溶液或 0.3%~0.5%过磷酸钙浸出液 2~3 次
钾	植株生长缓慢，节间变短，叶片变小、由青铜色逐渐向黄绿色转变，叶片卷曲，严重时叶片呈烧焦状干枯。主脉下陷，叶缘干枯。果实中部或顶部膨大受阻，形成细腰瓜或尖嘴瓜	叶面喷施 0.2%~0.4%磷酸二氢钾溶液或 1%草木灰浸出液 2~3 次
钙	植株上部叶片稍小，向内侧或向外侧卷曲；生长点附近的叶片、叶缘卷曲枯死，呈降落伞状；上部叶的叶脉间出现斑点状黄化，严重时脉间组织除主脉外全部失绿、变黄或坏死	叶面喷施 0.2%~0.4%硝酸钙溶液 2~3 次
镁	植株下部叶的叶脉间由绿色逐渐变为黄色，最后除叶脉、叶缘残留绿色外，叶脉间全部黄白化，并由下部老叶逐渐向幼叶发展，最后全株黄化。有时表现为在叶脉间出现较大的凹陷斑，最后斑点坏死，叶片萎缩	叶面喷施 1%~2%硫酸镁溶液 2~3 次
锌	植株从中部叶片开始失绿。与正常叶相比，缺锌植株的叶脉清晰可见。随着叶脉间逐渐失绿，叶缘黄化，变为褐色，叶缘枯死，叶片向外侧稍微卷曲。嫩叶生长异常，生长点呈丛生状	叶面喷施 0.1%~0.2%硫酸锌溶液 1~2 次
硼	幼瓜、成瓜均发生裂瓜。常见裂瓜有纵向、横向或斜向开裂 3 种，裂口深浅、宽窄不一，严重的可深至瓜瓤、露出种子，裂口创面逐渐木栓化，轻者仅裂开一条小缝，接近成熟的瓜多出现较严重或严重开裂	叶面喷施 0.15%~0.25%硼砂溶液 2~3 次
锰	老叶的叶脉间枯黄，叶缘枯萎，主脉保持绿色	叶面喷施 1%硫酸锰溶液 2~3 次
铁	新叶、腋芽开始黄白化，尤其是上位叶及生长点附近的叶片和新叶的叶脉先黄化，逐渐失绿，但叶脉间不出现坏死斑	叶面喷施 0.1%~0.5%硫酸亚铁溶液 3~5 次

3. 南瓜缺素症的识别与补救

南瓜缺素症状及补救措施可参考表 3-80。

表 3-80　南瓜缺素症状及补救措施

元素	缺素症状	补救措施
氮	叶片小，新叶呈浅绿色，从下到上慢慢变黄，先是叶脉间发黄；花落后坐果量少，果实膨大缓慢	叶面喷施 0.3%～0.5%尿素溶液 2～3 次
钙	植株上部的叶片稍小，向内侧或外侧卷曲；生长点附近的叶片叶缘卷曲枯死，呈降落伞状；上部叶的叶脉间出现斑点状黄化，严重时叶脉间除主脉外全部失绿、变黄或坏死	叶面喷施 0.2%～0.4%硝酸钙溶液 2～3 次
镁	下位叶的叶脉间均匀失绿，逐渐黄化；叶脉，包括细脉保持清晰的绿色。南瓜整个叶片失绿较均匀，叶脉之间在颜色上对比不明显	叶面喷施 1%～2%硫酸镁溶液 3～5 次
锌	叶片小且簇生，斑点先是在主脉两侧出现，主茎节间缩短，叶片小而密，分枝过度，植株矮化，从中间叶片开始失绿，叶的边缘由黄色逐渐变为褐色，叶缘枯死，叶片稍向外翻或卷曲	叶面喷施 0.1%～0.2%硫酸锌溶液 1～2 次
锰	新生叶失绿，初期呈浅绿色，而后呈金黄色，几天可蔓延到全株，叶肉逐渐出现白色坏死组织	叶面喷施 0.1%～0.3%硫酸锰溶液 2～3 次
铁	新叶、腋芽开始时变黄发白，尤其是上部的叶片、生长点附近的叶片和新叶的叶脉先黄化，后逐渐失绿；叶片的尖端坏死，发展至整片叶呈浅黄色或变白，叶脉尖端失绿，出现细小的棕色斑点，组织容易坏死，花色不鲜艳	叶面喷施 0.2%～0.3%硫酸亚铁溶液 3～5 次

4. 冬瓜缺素症的识别与补救

冬瓜缺素症状及补救措施可参考表 3-81。

表 3-81 冬瓜缺素症状及补救措施

元素	缺素症状	补救措施
氮	叶片均匀黄化，黄化先由下部的老叶开始，逐渐向上扩展；幼叶生长缓慢，花小，化瓜现象严重；果实短小，畸形瓜增多。严重缺氮时，整株黄化，不易坐果	叶面喷施 0.5% 尿素溶液 2~3 次
磷	新叶变小，叶色深绿	叶面喷施 0.2%~0.3% 磷酸二氢钾溶液或 0.5% 过磷酸钙浸出液 2~3 次
钾	生长缓慢，节间短，叶片小，叶片呈青铜色，而边缘呈黄绿色，叶片黄化，严重的叶缘呈灼焦状干枯。主脉凹陷，后期叶脉间失绿且向叶片中部扩展，失绿症状先在植株下部的老叶片出现，逐渐向上部新叶扩展。果实中部、顶部膨大伸长受阻，较正常果实短而细，形成粗尾瓜或尖嘴瓜或大肚瓜等畸形果	叶面喷施 0.3% 磷酸二氢钾溶液 2~3 次
镁	主脉附近的叶脉间失绿，失绿部分顺次向叶缘扩大，严重时叶脉间全部褪色发白，呈网状花叶	叶面喷施 1%~2% 硫酸镁溶液 3~5 次
铁	上部新叶的叶脉先黄化，然后逐渐失绿，全叶黄化	叶面喷施 0.2%~0.3% 硫酸亚铁溶液 3~5 次

5. 苦瓜缺素症的识别与补救

苦瓜缺素症状及补救措施可参考表 3-82。

表 3-82 苦瓜缺素症状及补救措施

元素	缺素症状	补救措施
氮	叶片小，上位叶更小，从下往上逐渐变黄，生长点附近的节间明显短缩，叶脉间黄化，叶脉凸出，后扩展至全叶，坐果少，膨大慢，果畸形	叶面喷施 0.5% 尿素溶液 2~3 次
磷	植株细小，叶小，叶呈深绿色，叶片僵硬，叶脉呈紫色，尤其是底部老叶表现更明显，叶片皱缩并出现大块水渍状斑，并变为褐色干枯状。花芽分化受到影响，开花迟，而且容易落花和化瓜	叶面喷施 0.2%~0.3% 磷酸二氢钾溶液或 0.5% 过磷酸钙浸出液 2~3 次

（续）

元素	缺素症状	补救措施
钾	植株生长缓慢，茎蔓节间变短、细弱，叶面皱曲，老叶边缘变为褐色、枯死，并渐渐向内扩展，严重时还会向心叶发展，使之变为浅绿色，甚至叶缘也出现焦枯状；坐果率很低，已坐的瓜，个头小而且发黄	叶面喷施0.3%磷酸二氢钾溶液或1%草木灰浸出液2~3次
镁	缺镁造成黄叶症多从生长的中后期开始出现，首先是中下部叶片的叶脉间出现褐色的小斑点，后叶脉间逐渐黄化，仅叶缘残存绿色，叶缘上卷	叶面喷施1%~2%硫酸镁溶液3~5次
铜	植株节间短，株丛生，幼叶小，老叶的叶脉间出现失绿，并逐渐向幼叶发展，后期叶片呈褐色，枯萎坏死	叶面喷施0.02%~0.04%硫酸铜溶液2~3次
锌	植株矮小，发育迟缓，衰老加快	叶面喷施0.1%~0.2%硫酸锌溶液2~3次
硼	新叶黄化，上部叶向外侧卷曲，叶缘部分变为褐色；上部叶的叶脉有萎缩现象；腋芽生长点萎缩死亡；茎蔓或果实出现纵向木栓化条纹	叶面喷施0.1%~0.2%硼砂或硼酸溶液2~3次
铁	先从幼叶开始出现失绿，即叶片颜色变浅，进而叶脉间失绿黄化，但叶脉仍保持绿色。缺铁严重时整个叶片变白，叶片出现坏死斑点	叶面喷施0.2%~0.5%硫酸亚铁溶液2~3次

6. 丝瓜缺素症的识别与补救

丝瓜缺素症状及补救措施可参考表3-83。

表3-83　丝瓜缺素症状及补救措施

元素	缺素症状	补救措施
氮	植株生长受阻，果实发育不良。新叶小，呈浅黄绿色。老叶黄化，果实短小，呈浅绿色	叶面喷施0.2%~0.5%尿素溶液2~3次
磷	植株矮化，叶小而硬，叶呈暗绿色，叶片的叶脉间出现褐色区。尤其是底部老叶表现更为明显，叶脉间初期缺磷出现大块黄色水渍状斑，并变为褐色干枯	叶面喷施0.2%磷酸二氢钾溶液或0.5%过磷酸钙浸出液2~3次

（续）

元素	缺素症状	补救措施
钾	老叶叶缘黄化，后转为棕色干枯，植株矮化，节间变短，叶小，后期叶脉间和叶缘失绿，逐渐扩展到叶的中心，并发展到整个植株	叶面喷施0.3%磷酸二氢钾溶液或1%草木灰浸出液2~3次
钙	上部幼叶边缘失绿，镶金边，最小的叶停止生长，叶边有深的缺刻，叶向上卷，生长点死亡；植株矮小，节间变短，植株从上向下死亡	叶面喷施0.3%氯化钙溶液2~3次
镁	叶片出现叶脉间黄化，并逐渐遍及整个叶片，主茎叶片、叶脉间可能变成浅褐色或白色，侧蔓的叶片、叶脉间变黄，并可能迅速变成浅褐色	叶面喷施1%~2%硫酸镁溶液2~3次
铜	植株生长缓慢，叶片很小，幼叶易萎蔫，老叶出现白色花斑状失绿，逐渐变黄。果实发育不正常，黄绿色的果皮上散落小的凹陷色斑	叶面喷施0.3%硫酸铜溶液2~3次
锌	叶片小，老叶片除主脉外变为黄绿色或黄色，主脉仍呈深绿色，叶缘最后呈浅褐色，嫩叶生长不正常，芽呈丛生状	叶面喷施0.1%~0.2%硫酸锌溶液2~3次
硼	缺硼叶片变得非常脆弱，生长点和未展开的幼叶卷曲坏死。上部叶向外侧卷曲，叶缘部分呈褐色。当仔细观察上部叶的叶脉时，可发现有萎缩现象，果实出现纵向木栓化条纹	叶面喷施0.1%~0.2%硼砂或硼酸溶液2~3次
锰	叶片变为黄绿色，植株生长受阻，小叶叶缘和叶脉间变为浅绿色后逐渐发展为黄绿色或黄色斑驳，而叶脉仍保持绿色	叶面喷施0.2%硫酸锰溶液2~3次
铁	幼叶呈浅黄色，变小，严重时白化，芽生长停止，叶缘坏死、完全失绿	叶面喷施0.2%~0.5%硫酸亚铁溶液或100毫克/千克柠檬酸铁溶液2~3次

六、主要豆类蔬菜营养缺素症的识别与补救

1. 菜豆缺素症的识别与补救

菜豆缺素症状及补救措施可参考表3-84。

表 3-84　菜豆缺素症状及补救措施

元素	缺素症状	补救措施
氮	植株生长差，叶色浅绿，叶小，下部叶片先老化变黄甚至脱落，后逐渐上移至遍及全株；坐荚少，荚果生长发育不良	叶面喷施 0.2%~0.5%尿素溶液 2~3 次
磷	苗期叶色深绿，叶片发硬，植株矮化；结荚期下部叶黄化，上部叶的叶片小，稍向上挺	叶面喷施 0.2%磷酸二氢钾溶液或 0.5%过磷酸钙浸出液 2~3 次
钾	在菜豆生长早期，叶缘出现轻微的黄化，先是叶缘，然后是叶脉间黄化，顺序明显；叶缘枯死，随着叶片不断生长，叶向外侧卷曲；叶片稍有硬化；荚果稍短	叶面喷施 1%~2%磷酸二氢钾溶液或 1%草木灰浸出液2~3 次
钙	植株矮小，未老先衰，茎端营养生长缓慢；侧根尖部死亡，呈瘤状凸起；顶叶的叶脉间呈浅绿色或黄色，幼叶卷曲，叶缘变黄失绿后从叶尖和叶缘向内死亡；植株顶芽坏死，但老叶仍绿	叶面喷施 0.3%氯化钙溶液 2~3 次
镁	菜豆在生长发育过程中，下部叶的叶脉间的绿色渐渐地变黄；进一步发展下去，除了叶脉、叶缘残留绿色外，叶脉间均黄白化	叶面喷施 1%~2%硫酸镁溶液 2~3 次
锌	植株从中部叶开始失绿。与健康叶相比，病株叶脉清晰可见；随着叶脉间逐渐失绿，叶缘黄化至变成褐色；节间变短，茎顶簇生小叶，株形呈丛状，叶片向外侧稍微卷曲，不开花结荚	叶面喷施 0.1%~0.2%硫酸锌溶液 2~3 次
硼	植株生长点萎缩，变为褐色并干枯。新形成的叶芽和叶柄色浅、发硬、易折；上部叶向外侧卷曲，叶缘部分变为褐色；当仔细观察上部叶的叶脉时，会发现有萎缩现象；荚果表皮出现木质化	叶面喷施 0.1%~0.2%硼砂或硼酸溶液 2~3 次
锰	植株上部叶的叶脉残留绿色，叶脉间呈浅绿色到黄色。有时症状出现在幼茎或根上，籽粒变小，甚至坏死	叶面喷施 0.01%~0.02%硫酸锰溶液 2~3 次

（续）

元素	缺素症状	补救措施
铁	幼叶叶脉间失绿，呈黄白色，严重时全叶呈黄白色、干枯，但不表现坏死斑，也不出现死亡	叶面喷施0.1%~0.5%硫酸亚铁溶液或100毫克/千克柠檬酸铁溶液2~3次
钼	植株长势差，幼叶失绿，叶缘和叶脉间的叶肉呈黄色斑状，叶缘向内部卷曲，叶尖萎缩，常造成植株开花不结荚	叶面喷施0.05%~0.1%钼酸铵溶液，分别在苗期与开花期各喷1~2次

2. 豇豆缺素症的识别与补救

豇豆缺素症状及补救措施可参考表3-85。

表3-85　豇豆缺素症状及补救措施

元素	缺素症状	补救措施
氮	植株长势弱。叶片薄且瘦小，新叶呈浅绿色，老叶黄化，易脱落。荚果发育不良、弯曲，籽粒不饱满	叶面喷施0.3%尿素溶液2~3次
磷	植株生长缓慢，叶片仍为绿色。其他症状不明显	叶面喷施0.3%磷酸二氢钾溶液或0.5%过磷酸钙浸出液2~3次
钾	植株下位叶的叶脉间黄化，并向上翻卷。上位叶为浅绿色	叶面喷施0.3%磷酸二氢钾溶液或1%草木灰浸出液2~3次
钙	一般表现为叶缘黄化，严重时叶缘腐烂。顶端叶片呈浅绿色或浅黄色，中下位的叶片下垂呈降落伞状。籽粒不能膨大	叶面喷施0.3%氯化钙溶液2~3次
镁	植株生长缓慢、矮小。下位叶的叶脉间先黄化，逐渐由浅绿色变为黄色或白色。严重时叶片坏死、脱落	叶面喷施0.3%硫酸镁溶液2~3次
硼	植株生长点坏死，茎蔓顶端干枯，叶片硬、易折断，茎开裂，开花而不结实或荚果中籽粒少，严重时无粒	叶面喷施0.1%~0.2%硼砂或硼酸溶液2~3次

3. 食荚豌豆缺素症的识别与补救

食荚豌豆缺素症状及补救措施可参考表3-86。

表 3-86　食荚豌豆缺素症状及补救措施

元素	缺素症状	补救措施
氮	叶色变浅、发黄，植株较矮	叶面喷施 0.2%～0.3%尿素溶液 2～3 次
磷	叶保持绿色，但生长停止	叶面喷施 0.2%～0.3%磷酸二氢钾溶液或 0.5%过磷酸钙浸出液 2～3 次
钾	植株全株叶片初期表现为叶片边缘失绿并逐渐向内扩展；严重时，叶片边缘组织发生焦枯坏死	叶面喷施 0.2%～0.3%磷酸二氢钾溶液或 1%草木灰浸出液 2～3 次
钙	植株矮小，未老先衰，茎端营养生长缓慢；侧根尖部死亡，呈瘤状凸起；顶叶的叶脉间呈浅绿色或黄色，幼叶卷曲，叶缘变黄失绿后从叶尖和叶缘向内死亡；植株顶芽坏死，但老叶仍绿	叶面喷施 0.3%氯化钙溶液 2～3 次
硼	茎变粗变硬，生长萎缩，叶片黄化，幼叶变小，叶尖呈褐色，生长点坏死；茎僵硬、易折	叶面喷施 0.1%～0.2%硼砂或硼酸溶液 2～3 次
锌	植株的老叶片上出现黄褐色的斑驳块，叶片边缘或顶端组织坏死	叶面喷施 0.1%～0.2%硫酸锌溶液 2～3 次
铁	初期为新叶出现脉间组织黄化，逐渐变为上部叶片全部严重黄化至全株性黄化	叶面喷施 0.5%硫酸亚铁溶液 2～3 次
锰	幼嫩叶片的脉间组织轻度黄化，稍老的叶片呈斑驳状；幼嫩叶片出现浅褐色斑点或出现叶尖坏死；籽粒中部凹陷并变为褐色	叶面喷施 0.3%～0.5%硫酸锰溶液 2～3 次

4. 菜用大豆缺素症的识别与补救

菜用大豆缺素症状及补救措施可参考表 3-87。

表 3-87　菜用大豆缺素症状及补救措施

元素	缺素症状	补救措施
氮	叶片变成浅绿色，植株生长缓慢，叶片逐渐变黄	叶面喷施 0.5%～1%尿素溶液 2～3 次

（续）

元素	缺素症状	补救措施
磷	根瘤少，茎细长，植株下部的叶呈深绿色，叶厚、凹凸不平、狭长；缺磷严重时，叶脉呈黄褐色，随后全叶呈黄色	叶面喷施0.2%~0.3%磷酸二氢钾溶液或0.5%过磷酸钙浸出液2~3次
钾	老叶从叶片边缘开始出现不规则的黄色斑点并逐渐扩大，叶片中部叶脉附近及其他部分仍为绿色，籽粒常皱缩、变形	叶面喷施0.2%~0.3%磷酸二氢钾溶液或1%草木灰浸出液2~3次
钙	叶黄化并有棕色小点。先从叶中部和叶尖开始黄化，叶缘、叶脉仍为绿色。叶缘下垂、扭曲，叶小、狭长，叶端呈尖钩状。缺钙严重时顶芽枯死，上部叶腋中长出新叶，不久也变黄。成熟延迟	叶面喷施0.3%氯化钙溶液2~3次
镁	叶小，出现灰条斑，斑块外围色深。有的病叶反张、上卷，有时皱叶部位同时出现橙、绿两色相嵌斑或网状叶脉分割的桔红斑；个别中部叶脉呈红褐色，成熟时变黑。叶缘、叶脉平整光滑	叶面喷施1%~2%硫酸镁溶液2~3次
钼	叶色浅黄，植株生长不良，表现出类似缺氮的症状，严重时中脉坏死，叶片变形	叶面喷施0.05%~0.1%钼酸铵水溶液2~3次
硼	植株生长变慢，幼叶变为浅绿色，叶畸形，节间缩短，茎尖分生组织死亡，不能开花	叶面喷施0.1%~0.2%硼砂或硼酸溶液2~3次
锌	幼叶逐渐发生失绿症，失绿症开始发生于叶脉间，逐步蔓延到整个叶片，看不到明显的绿色叶脉	叶面喷施0.1%~0.2%硫酸锌溶液2~3次
铁	早期表现为植株上部叶片发黄并有点卷曲，叶脉仍保持绿色；严重缺铁时，新长出的叶片包括叶脉在内几乎都变成白色，而且很快在靠近叶缘的地方出现棕色斑点，老叶变黄变枯而脱落	叶面喷施0.4%~0.6%硫酸亚铁溶液2~3次
锰	新叶呈浅绿色到黄色，形成黄斑病和灰斑病，脉间发黄，出现灰白色或褐色斑，严重时病斑枯死，叶片早落	叶面喷施0.1%~0.2%硫酸锰溶液2~3次
铜	植株上部复叶的叶脉呈浅黄色，有时出现较大的白斑；缺铜严重时，叶片上有不成片或成片的黄斑。植株矮小，严重时不能结实	叶面喷施0.1%~0.2%硫酸铜溶液2~3次

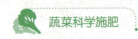

七、主要根菜类蔬菜营养缺素症的识别与补救

1. 萝卜缺素症的识别与补救

萝卜缺素症状及补救措施可参考表3-88。

表3-88 萝卜缺素症状及补救措施

元素	缺素症状	补救措施
氮	自老叶至新叶逐渐老化，叶片瘦小，基部变黄；植株生长缓慢，肉质根短细瘦弱，不膨大	每亩追施尿素7.5~10千克，或用人粪尿加水稀释浇灌
磷	植株矮小，叶片小、呈暗绿色，下部叶片呈紫色或红褐色；侧根生长不良，肉质根不膨大	叶面喷施0.2%~0.3%磷酸二氢钾溶液或0.5%过磷酸钙浸出液2~3次
钾	老叶尖端和叶边发黄，变为褐色，沿叶脉出现组织坏死性斑点，肉质根膨大时出现症状	叶面喷施1%氯化钾溶液或2%~3%硝酸钾溶液或3%~5%草木灰浸出液2~3次
钙	新叶的生长发育受阻，同时叶缘变为褐色、枯死	叶面喷施0.3%氯化钙溶液2~3次
镁	叶片主脉间明显失绿，有多种色彩的斑点，但不易出现组织坏死症	叶面喷施0.1%硫酸镁溶液2~3次
硫	幼芽先变成黄色，心叶先失绿黄化，茎细弱，根细长、呈暗褐色，白根少	叶面喷施0.5%~2%硫酸盐溶液，或结合镁、锌、铁、铜、锰等缺素症一并防治
钼	症状从下部叶片开始出现，顺序扩展到嫩叶，老叶的叶脉较快黄化，新叶慢慢黄化，黄化部分逐渐扩大，叶缘向内翻卷成杯状。叶片瘦长，呈螺旋状扭曲	叶面喷施0.02%~0.05%钼酸铵溶液2~3次
硼	茎尖死亡，叶和叶柄脆弱易断，肉质根变色坏死，折断可见其中心变黑	叶面喷施0.1%~0.2%硼砂或硼酸溶液2~3次
锌	新叶出现黄斑，小叶丛生，黄斑扩展致全叶，顶芽不枯死	叶面喷施0.1%~0.2%硫酸锌溶液2~3次
铁	植株易发生失绿症，顶芽和新叶黄化、白化，最初叶片间部分失绿，仅在叶脉残留网状绿色，最后全部变黄，但不产生坏死的褐斑	叶面喷施0.2%~0.5%硫酸亚铁溶液2~3次

（续）

元素	缺素症状	补救措施
锰	植株发生失绿症，叶脉变成浅绿色，部分黄化枯死，一般在施用石灰的土壤中易发生缺锰	叶面喷施 0.05%～0.1%硫酸锰溶液 2～3 次
铜	植株衰弱，叶柄软弱，柄细叶小，从老叶开始黄化枯死，叶片出现水渍状病斑	叶面喷施 0.02%～0.04%硫酸铜溶液 2～3 次

2. 胡萝卜缺素症的识别与补救

胡萝卜缺素症状及补救措施可参考表 3-89。

表 3-89　胡萝卜缺素症状及补救措施

元素	缺素症状	补救措施
氮	植株生长减慢，株形矮小；叶失绿、发黄，有时叶脉呈紫色。症状从下部老叶开始向上发展。严重缺氮时，全株黄化，老叶易脱落，幼叶停止生长，腋芽萎缩或枯萎	每亩追施尿素 7.5～10 千克，或用人粪尿加水稀释浇灌，或叶面喷施 0.2%～0.5%尿素溶液
磷	植株僵小，叶呈紫红色，以老叶最明显	叶面喷施 0.2%～0.3%磷酸二氢钾溶液或 0.5%过磷酸钙浸出液 2～3 次
钾	从植株下部老叶的叶尖、叶缘开始黄化，沿叶肉向内延伸，继而叶缘变为褐色、焦枯，叶面皱缩并有斑。症状由下位叶往上位叶发展	叶面喷施 1%氯化钾溶液或 2%～3%硝酸钾溶液或 3%～5%草木灰浸出液 2～3 次
钙	新叶生长发育受阻，叶卷曲，变为褐色、干枯	叶面喷施 0.3%氯化钙溶液 2～3 次
镁	整个叶片呈浅绿色，叶脉间绿色更浅	叶面喷施 0.1%～0.2%硫酸镁溶液 2～3 次
钼	仅在新叶上表现症状，叶尖和叶缘呈白色或褐色枯干	叶面喷施 0.02%～0.05%钼酸铵溶液 2～3 次
硼	叶变为赤紫色，中心叶黄化萎缩，根颈部生出黑色龟裂，发生丛生叶，有时可见二次发生的小叶，纵切面形成层处心部与周围部脱离	叶面喷施 0.1%～0.2%硼砂或硼酸溶液 2～3 次
锌	新叶的叶缘或叶柄呈紫红色	叶面喷施 0.1%～0.2%硫酸锌溶液 2～3 次

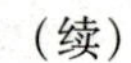
（续）

元素	缺素症状	补救措施
铁	新叶呈浅绿色，叶逐渐变成黄色	叶面喷施 0.2%～0.5%硫酸亚铁溶液 2～3 次
锰	整个植株的叶为浅绿色，从老叶的叶缘开始变黄	叶面喷施 0.1%～0.2%硫酸锰溶液 2～3 次
铜	整个植株的叶片呈浅绿色，植株长势较弱	叶面喷施 0.02%～0.04%硫酸铜溶液 2～3 次

八、主要薯芋类蔬菜营养缺素症的识别与补救

1. 马铃薯缺素症的识别与补救

马铃薯缺素症状及补救措施可参考表 3-90。

表 3-90　马铃薯缺素症状及补救措施

元素	缺素症状	补救措施
氮	植株在开花前表现出症状，植株矮小，生长弱；叶色浅绿，继而发黄，到生长后期，基部小叶的叶缘因完全失去叶绿素而皱缩，有时呈火烧状，叶片脱落	每亩追施尿素 7.5～10 千克，或用人粪尿加水稀释浇灌，或叶面喷施 0.2%～0.5%尿素溶液
磷	早期缺磷影响根系发育和幼苗生长；孕蕾至开花期缺磷，叶皱缩，呈深绿色，严重时基部叶变为浅紫色，植株僵立，叶柄、小叶及叶缘朝上，不向水平展开，小叶面积缩小、色暗绿。缺磷严重时，植株生长受影响，薯块内部易出现铁锈色痕迹	叶面喷施 0.2%～0.3%磷酸二氢钾溶液或 0.5%过磷酸钙浸出液 2～3 次
钾	植株缺钾的症状出现较迟，一般到块茎形成期才表现出来。钾不足时叶片皱缩，叶片边缘和叶尖萎缩，甚至呈焦枯状，枯死组织呈棕色，叶脉间具青铜色斑点，茎上部节间缩短，茎叶过早干缩，症状严重的产量降低	叶面喷施 1%氯化钾溶液或 2%～3%硝酸钾溶液或 3%～5%草木灰浸出液 2～3 次
钙	早期顶芽和幼龄小叶叶缘出现浅绿色色带，后坏死致小叶皱缩或扭曲，严重时顶芽或腋芽死亡。根部易坏死，块茎小，有畸形成串的小块茎，块茎的髓中有坏死斑点	叶面喷施 0.3%～0.5%氯化钙溶液 2～3 次

（续）

元素	缺素症状	补救措施
镁	老叶开始生出黄色斑点，后变成乳白色至黄色或橙红色至紫色，且在叶中间或叶缘上生出黄化斑，老叶脱落	叶面喷施 0.1%~0.2%硫酸镁溶液 2~3 次
硼	根端、茎端生长停止，严重时生长点坏死，侧芽、侧根萌发生长，枝叶丛生。叶片粗糙、卷曲、增厚、变脆、皱缩歪扭、失绿萎蔫，叶柄及枝条增粗变短、开裂、木栓化，或出现水渍状斑点或环节状凸起。块茎有褐色坏死	叶面喷施 0.1%硼砂或硼酸溶液 2~3 次
锌	植株生长受抑制，节间短，顶端的叶片向上直立，叶小，叶面上有灰色至古铜色的不规则斑点，叶缘向上卷曲。严重时，叶柄及茎上出现褐色斑点	叶面喷施 0.5%硫酸锌溶液 2~3 次
铁	症状首先出现在幼叶上，缺铁叶片失绿、黄白化，心叶常白化，称失绿症。初期脉间组织褪色而叶脉仍绿，叶脉颜色深于叶肉，颜色界线清晰，失绿的组织向上卷曲，严重时叶片变黄，甚至变白	叶面喷施 0.5%~1%硫酸亚铁溶液 2~3 次
锰	症状首先在新生的小叶上出现，叶脉间失绿后呈浅绿色或黄色，严重时脉间组织几乎全为白色，并沿叶脉出现许多棕色小斑。最后小斑枯死、脱落，使叶面残缺不全	叶面喷施 0.1%~0.2%硫酸锰溶液 2~3 次

2. 生姜缺素症的识别与补救

生姜缺素症状及补救措施可参考表 3-91。

表 3-91　生姜缺素症状及补救措施

元素	缺素症状	补救措施
氮	植株矮小，叶片呈黄绿色，老叶易脱落，植株易早衰，地下根茎小，肉质中纤维多，质硬味辛	叶面喷施 0.2%~0.5%尿素溶液
磷	植株矮小，叶色暗绿，根茎生长不良	叶面喷施 0.2%~0.3%磷酸二氢钾溶液或 0.5%过磷酸钙浸出液 2~3 次

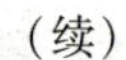

（续）

元素	缺素症状	补救措施
钾	叶片变红，易脱落；块茎皮厚肉粗，膨大不良，产量低	叶面喷施 1%氯化钾溶液或 2%~3%硝酸钾溶液或 3%~5%草木灰浸出液 2~3 次

3. 芋头缺素症的识别与补救

芋头缺素症状及补救措施可参考表 3-92。

表 3-92　芋头缺素症状及补救措施

元素	缺素症状	补救措施
钾	缺钾叶片开始以黄化为主，逐渐变为以褐色、焦枯状为主	叶面喷施 0.2%~0.3%磷酸二氢钾溶液或 3%~5%草木灰浸出液 2~3 次
镁	叶片往往边缘开始黄化，逐渐向叶脉间扩展；严重时，呈掌状花叶，叶缘或脉间组织黄化坏死。黄化叶自下向上发展	叶面喷施 0.1%~0.2%硫酸镁溶液 2~3 次

4. 山药缺素症的识别与补救

山药缺素症状及补救措施可参考表 3-93。

表 3-93　山药缺素症状及补救措施

元素	缺素症状	补救措施
氮	叶片变黄，首先从老叶开始，逐渐波及新叶、幼叶，最后变成褐色，有时茎变为黄绿色	叶面喷施 0.2%~0.3%尿素溶液 2~3 次
磷	叶片易变为紫红色，叶背出现深紫色小斑点，植株生长缓慢	叶面喷施 0.3%~0.5%磷酸二氢钾溶液 2~3 次
钾	植株生长缓慢，老叶黄化明显，幼叶小而皱缩，尤其叶缘黄化严重、干缩，症状严重的会降低产量	叶面喷施 0.3%~0.5%磷酸二氢钾溶液 2~3 次
钙	植株营养生长缓慢，植株矮小，茎粗大，组织坚硬，根尖及茎尖生长点易染病害、未老先衰，幼叶卷曲发黄，叶尖有黄化干枯现象	叶面喷施 0.3%~0.5%氯化钙溶液 2~3 次

（续）

元素	缺素症状	补救措施
硼	植株根尖、茎尖生长点退化或死亡	叶面喷施 0.1%～0.2%硼砂或硼酸溶液 2～3 次
锌	植株矮小，心叶多呈簇叶状，形成小叶病	叶面喷施 0.2%～0.5%硫酸锌溶液 2～3 次

九、主要葱蒜类蔬菜营养缺素症的识别与补救

1. 大葱缺素症的识别与补救

大葱缺素症状及补救措施可参考表 3-94。

表 3-94　大葱缺素症状及补救措施

元素	缺素症状	补救措施
氮	植株矮小，叶色浅绿，严重缺氮时叶片呈黄绿色。叶片瘦小、无光泽	叶面喷施 0.2%～0.3%尿素溶液 2～3 次
磷	叶片前半部分呈紫红色，严重缺磷时全株变紫，叶尖干缩、易弯曲	叶面喷施 0.2%～0.3%磷酸二氢钾溶液或 0.5%过磷酸钙浸出液 2～3 次
钾	首先植株干尖，继而叶缘黄枯，严重时全株叶片干枯	叶面喷施 1%氯化钾溶液或 2%～3%硝酸钾溶液或 3%～5%草木灰浸出液 2～3 次
钙	新叶的中下部出现不规则的白色枯死斑点	叶面喷施 0.3%氯化钙溶液 2～3 次
镁	管状叶细弱，叶色浅绿，可见条纹花叶，下部叶片呈黄白色，继而枯死	叶面喷施 0.1%硫酸镁溶液 2～3 次
硼	新叶生长受阻，严重时易枯死，易出现畸形	叶面喷施 0.1%～0.2%硼砂或硼酸溶液 2～3 次
铁	新叶的叶脉间变成浅绿色，接着整片新叶呈浅绿色	叶面喷施 0.3%～0.5%硫酸亚铁溶液 2～3 次
锰	叶脉间部分呈浅绿色，易出现不规则的白色斑点	叶面喷施 0.2%～0.3%硫酸锰溶液 2～3 次
铜	叶色较浅，植株生长弱	叶面喷施 0.02%～0.03%硫酸铜溶液 2～3 次

2. 大蒜缺素症的识别与补救

大蒜缺素症状及补救措施可参考表3-95。

表3-95　大蒜缺素症状及补救措施

元素	缺素症状	补救措施
氮	植株生长缓慢、瘦弱，叶小而黄。苗期叶片狭长，叶色浅绿；中后期全株失绿，下部易出现黄叶，严重时叶片干枯	叶面喷施0.2%～0.3%尿素溶液2～3次
磷	植株矮小，根系短少，叶片直立狭窄，叶呈暗绿色或灰绿色，缺乏光泽；下部叶片提早枯黄	叶面喷施0.2%～0.3%磷酸二氢钾溶液或0.5%过磷酸钙浸出液2～3次
钾	从6～7叶开始，老叶的周边生出白斑，叶向背侧弯曲，白斑随着老叶的枯死而消失	叶面喷施1%氯化钾溶液或2%～3%硝酸钾溶液或3%～5%草木灰浸出液2～3次
钙	叶片上出现坏死斑；随着坏死斑的扩大，叶片下弯，叶尖很快灭亡	叶面喷施0.3%氯化钙溶液2～3次
镁	叶片失绿，先在老叶片基部呈现，逐步向叶尖发展，叶片最终变黄死亡	叶面喷施0.1%硫酸镁溶液2～3次
硫	叶呈浅绿色或黄绿色，植株矮小，叶细小	配合锰、铁、锌、铜等缺素症防治喷施硫酸盐溶液
硼	新生叶发生黄化，严重者叶片枯死，植株生长停滞，解剖叶鞘可见褐色小龟裂	叶面喷施0.1%～0.2%硼砂或硼酸溶液2～3次
铁	新叶黄白化，心叶常白化，脉间组织失绿分明	叶面喷施0.3%～0.5%硫酸亚铁溶液2～3次
锰	幼嫩叶失绿发黄，严重时出现黑褐色的细小斑点，并可能坏死穿孔	叶面喷施0.2%～0.3%硫酸锰溶液2～3次
铜	叶尖发白卷曲，根系停止生长	叶面喷施0.02%～0.03%硫酸铜溶液2～3次
锌	植株矮小，节间缩短，表现出小叶病，新叶中脉附近首先出现脉间失绿症状	叶面喷施0.2%～0.3%硫酸锌溶液2～3次

3. 韭菜缺素症的识别与补救

韭菜缺素症状及补救措施可参考表3-96。

表 3-96 韭菜缺素症状及补救措施

元素	缺素症状	补救措施
钙	中心叶黄化，部分叶尖枯死	叶面喷施 0.3%氯化钙溶液 2~3 次
镁	外叶黄化、枯死	叶面喷施 0.1%硫酸镁溶液 2~3 次
硼	植株整株失绿，发病重时叶片上出现明显的黄白两色相间的长条斑，最后叶片扭曲，组织坏死	叶面喷施 0.1%~0.2%硼砂或硼酸溶液 2~3 次
铁	叶片失绿，呈鲜黄色或浅白色，失绿部分的叶片上无霉状物，叶片外形没有变化，一般出苗后 10 天左右开始出现上述症状	叶面喷施 0.3%~0.5%硫酸亚铁溶液 2~3 次
铜	发病前期植株生长正常，当韭菜长到最大高度时，顶端叶片 1 厘米以下部位出现 2 厘米长的失绿片段，酷似干尖，一般在出苗后 20~25 天开始出现症状	叶面喷施 0.02%~0.03%硫酸铜溶液 2~3 次

4. 洋葱缺素症的识别与补救

洋葱缺素症状及补救措施可参考表 3-97。

表 3-97 洋葱缺素症状及补救措施

元素	缺素症状	补救措施
氮	叶色浅绿，植株生长差	叶面喷施 0.2%~0.3%尿素溶液 2~3 次
磷	植株多在生长后期表现为生长缓慢，老叶干枯或叶尖端死亡，有时叶片上有黄绿、褐绿相间的花斑	叶面喷施 0.2%~0.3%磷酸二氢钾溶液或 0.5%过磷酸钙浸出液 2~3 次
钾	初期老叶变为浅黄色，进一步发展逐渐凋萎死亡。死亡从老叶的叶尖开始，逐渐扩展到整个叶片，鳞茎形成不良	叶面喷施 2%~3%硝酸钾溶液或 3%~5%草木灰浸出液 2~3 次
钙	新叶顶端或叶中间产生较宽的不规则形的白色枯死斑点。球茎的中间发生心腐	叶面喷施 0.5%氯化钙溶液 2~3 次
镁	嫩叶顶端变黄，叶脉间呈浅绿色到黄色	叶面喷施 1%硫酸镁溶液 2~3 次

（续）

元素	缺素症状	补救措施
硫	叶片变黄，生长发育受阻；新叶的叶色浅	叶面喷施 0.2%～0.5%硫酸盐溶液 2～3 次
硼	新叶的生长发育受阻，叶片弯曲畸形，嫩叶出现黄色和绿色镶嵌，质地变脆；叶鞘部分出现梯形裂纹，鳞茎疏松，严重时发生心腐病	叶面喷施 0.1%～0.2%硼砂或硼酸溶液 2～3 次
铜	叶尖发白卷曲，生长发育受阻，造成鳞茎生长缓慢，松散不坚实；鳞茎外皮薄、颜色浅	叶面喷施 0.02%～0.03%硫酸铜溶液 2～3 次

十、多年生蔬菜营养缺素症的识别与补救

1. 芦笋缺素症的识别与补救

芦笋（石刁柏）缺素症状及补救措施可参考表 3-98。

表 3-98　芦笋缺素症状及补救措施

元素	缺素症状	补救措施
氮	植株矮小，色泽浅黄。首先从下部老叶表现症状，逐渐向上，分枝顶端失绿，整株生长发育不良	叶面喷施 0.2%～0.3%尿素溶液 2～3 次
磷	植株矮小，拟叶皱缩，呈深绿色，下部叶片变为紫色、脱落，茎细长，根系生长不良，整株发育迟缓	叶面喷施 0.2%～0.3%磷酸二氢钾溶液或 0.5%过磷酸钙浸出液 2～3 次
钾	在老分枝拟叶尖端有较多失绿症状，严重时拟叶尖端干枯坏死。植株茎秆细弱、不坚韧，易倒伏	叶面喷施 0.2%～0.3%磷酸二氢钾溶液或 3%～5%草木灰浸出液 2～3 次
钙	植株矮小分枝顶端紧凑、像莲座丛状生长，拟叶变小，幼嫩器官最易发病	叶面喷施 0.3%～0.5%氯化钙溶液 2～3 次
镁	较老器官易出现失绿斑，不久后针状叶枯死并脱落	叶面喷施 0.5%～1%硫酸镁溶液 2～3 次
硼	在外观上，病株与健康株无明显差异，病株的地下茎能正常发育。采收后，病株鲜笋较正常笋粗大明显，纵切或横切，则可见其形成层、茎芯部灰褐化、木质化，茎多呈中空状，且中空边缘有不规则辐射状凸起，即“空褐心”笋	叶面喷施 0.1%～0.2%硼砂或硼酸溶液 2～3 次

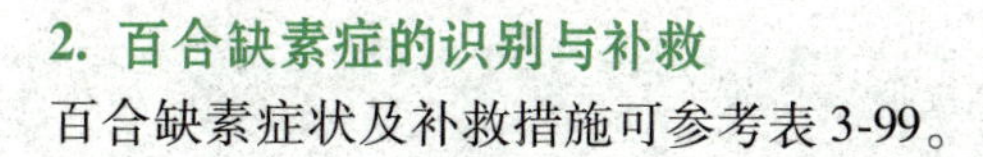

2. 百合缺素症的识别与补救

百合缺素症状及补救措施可参考表3-99。

表3-99　百合缺素症状及补救措施

元素	缺素症状	补救措施
氮	植株生长缓慢、瘦小，叶失绿发黄甚至干枯，叶小。分枝受到抑制，茎细弱并有破裂，花稀少。茎及叶柄常变成紫红色	叶面喷施0.3%~0.5%尿素溶液2~3次
磷	症状首先表现在老叶上。叶色暗绿，生长延缓。下部叶的叶脉间黄化，带有紫色，叶早落。花小而少，花色不好，严重时会出现坏死，还会抑制根的生长	叶面喷施0.2%~0.3%磷酸二氢钾溶液或0.5%过磷酸钙浸出液2~3次
钾	症状多出现于老叶上，叶片表现为斑驳的失绿，在叶尖及叶缘常出现坏死。黄化部分从叶边缘向中部扩展，以后边缘部分变为褐色而向下皱缩，最后下部叶和老叶脱落。茎的生长受到抑制，植株抗病性降低	叶面喷施0.2%~0.3%磷酸二氢钾溶液或3%~5%草木灰浸出液2~3次
钙	症状首先表现在新生组织部位，顶芽、侧芽、根尖出现坏死症，幼叶卷曲畸形，叶尖和叶缘开始变黄并逐渐坏死。植株生长迟缓，叶片颜色变浅；叶尖向下弯曲，有时尖端变为褐色，叶片有时呈浅绿色并带有白色斑点；根部发育不良	叶面喷施0.3%~0.5%氯化钙溶液2~3次
镁	症状首先在叶尖上出现，衰老与健康的叶片间有一个深色色带，症状通常会出现在茎中部的老叶上。植株生长迟缓；叶片呈浅绿色并向下弯，有时沿叶片纵向有褐色至白色斑点	叶面喷施0.5%~1%硫酸镁溶液2~3次
硫	缺硫的症状与缺氮的症状相似，不同的是缺硫一般从嫩叶开始，程度较轻	结合铁、锰、镁等缺素症的补救措施叶面喷施硫酸盐
铁	新叶的脉间组织呈黄色，生长速度过快的植株缺铁的情况会更加严重。叶脉间发黄，症状主要集中在植株的上部；症状在植株生长速度较快的时候容易表现出来；严重时，铁炮杂交型切花百合的顶部叶片会变为白色	用螯合铁100克/亩兑水50千克进行喷施，或叶面喷施0.5%硫酸亚铁溶液，或叶面喷施0.05%~0.1%酸化硫酸亚铁溶液

（续）

元素	缺素症状	补救措施
锰	症状可在新老叶上表现出来，叶片失绿，并在叶片上形成小的坏死斑，可布满整个叶面，叶脉间形成细网状。花小而花色不良	叶面喷施 0.3%硫酸锰溶液
锌	植株节间生长受到抑制，叶片严重畸形，顶端优势被抑制，老叶失绿	叶面喷施 300 毫克/千克环烷酸锌乳剂或 0.2%硫酸锌+0.3%尿素溶液，再加 0.2%石灰混喷
硼	叶片变厚、颜色变深，枝条和根的顶端分生组织死亡	叶面喷施 0.5%的硼砂溶液

十一、水生蔬菜营养缺素症的识别与补救

莲藕缺素症状及补救措施可参考表 3-100。

表 3-100　莲藕缺素症状及补救措施

元素	缺素症状	补救措施
氮	叶色浅黄，叶片小而薄，莲叶柄矮小，莲鞭细长	叶面喷施 0.3%~0.5%尿素溶液 2~3 次
磷	莲叶叶片小、暗绿、无光泽，莲鞭细长、呈黄褐色，黑根多，白根少	叶面喷施 0.2%~0.3%磷酸二氢钾溶液或 0.5%过磷酸钙浸出液 2~3 次
钾	老叶上有黄绿相间、西瓜皮样的色斑，叶柄细长、弯曲、易倒伏	叶面喷施 0.2%~0.3%磷酸二氢钾溶液或 3%~5%草木灰浸出液 2~3 次
镁	叶面出现黄紫色与绿紫色相间的花斑	叶面喷施 1%~2%硫酸镁溶液 2~3 次
铁	在 7~8 月生长高峰期初发病时，新生叶片刚出水面就呈轻微萎蔫状，叶脉逐渐失绿、颜色变浅，在叶片边缘有褐色斑点并逐渐扩大，直至整个叶片枯死，但地下茎无症状出现	叶面喷施 0.5%硫酸亚铁或 0.05%~0.1%酸化硫酸亚铁溶液 2~3 次
锰	植株矮小，出现失绿症状，幼叶黄白化，叶脉呈绿色，茎生长衰弱，呈黄绿色，多木质化，开花及结果数减少	叶面喷施 0.1%~0.2%硫酸锰溶液 2~3 次

（续）

元素	缺素症状	补救措施
锌	先从叶缘开始失绿，并变为灰白色，随后向中间发展，叶肉呈黄色斑块状。病叶叶缘不皱缩，中下部白化较重的叶片向外翻卷，叶尖披垂	叶面喷施 0.2%硫酸锌+0.3%尿素混合溶液 2~3 次
硼	叶片仍保持为青绿色，但叶脉变黄，叶小。严重缺硼时，叶脉，尤其是主脉，浮凸隆起，质地硬脆，茎秆提前转黄、松脆，地下茎变小且硬，膨大速度慢	叶面喷施 0.5%硼砂溶液 2~3 次

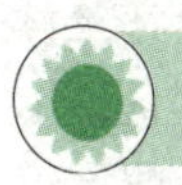

第三节 蔬菜营养套餐施肥技术

近年来，农业农村部推广测土配方施肥技术，采取“测土、试验、配方、配肥、供肥、施肥指导”一条龙服务的技术模式。因此，引入了人体健康保健营养套餐理念，在测土配方施肥技术基础上建立作物营养套餐施肥技术，在提高或稳定作物产量基础上，改善作物品质、保护生态环境，为农业可持续发展做出相应的贡献。

一、蔬菜营养套餐施肥技术概述

“吃出营养，促进健康”这一科学饮食观念已越来越受到人们的重视。目前，开发营养套餐正逐渐成为社会关注的热点问题，快餐业、集体食堂、集体用餐配送单位等企业都在积极开发和生产营养套餐，以满足人们对科学饮食的需求。合理营养，平衡膳食，食物合理搭配、合理烹调等，保证营养、卫生、好吃，也成为家庭饮食的潮流。“肥料是作物的粮食”，已成为人们的共识，如何借鉴这一营养套餐理念，构建蔬菜的营养套餐施肥技术，使蔬菜营养平衡、品质优良、环境友好，也是一个新的课题。

1. 蔬菜营养套餐施肥技术的基本理念

蔬菜营养套餐施肥技术是借鉴人体保健营养套餐理念，考虑人体营养元素与蔬菜必需营养元素的关系，在测土配方的基础上，在养分归还学说、最小养分律、因子综合作用律等施肥基本理论指导下，按照各种蔬菜生长营养吸收规律，综合调控蔬菜生长发育与环境的关系，对农用化学品投入进行科学的选择、经济的配置，实现高产、高效、安全的栽培目标，统筹考虑栽培管理因素，以最优的配置、最少的投入、最优的管理，达到最高的产量。

（1）蔬菜营养套餐施肥技术的概念 蔬菜营养套餐施肥技术是在总结和借鉴国内外作物科学施肥技术和综合应用最新研究成果的基础上，根据蔬菜的养分需求规律，针对各种蔬菜主产区的土壤养分特点、结构性能差异、最佳栽培条件，以及高产量、高质量、高效益的现代农业栽培目标，引入人体营养套餐理念，精心设计出的系统化的施肥方案。其核心理念是实现蔬菜各种养分资源的科学配置及其高效综合利用，让蔬菜“吃出营养”“吃出健康”“吃出高产高效”。

（2）蔬菜营养套餐施肥技术的技术创新 蔬菜营养套餐施肥技术有两大方面创新：第一，从测土配方施肥技术中走出了简单掺混的误区，不仅仅是在测土的基础上设计每种蔬菜需要的大、中、微量元素的数量组合，更重要的是为了满足各种蔬菜养分需求中有机营养和矿质营养的定性配置。第二，在营养套餐施肥方案中，除了传统的根部施肥配方外，还强调配合施用高效专用或通用的配方叶面肥，使两种施肥方式互相补充、相互完善，起到施肥增效作用。

（3）蔬菜营养套餐施肥技术与测土配方施肥技术的区别 蔬菜营养套餐施肥技术与测土配方施肥技术的不同之处在于：第一，测土配方施肥技术是以土壤为中心，而蔬菜营养套餐施肥技术是以作物为中心。蔬菜营养套餐施肥技术强调蔬菜与养分的关系，因此，要针对不同的土壤理化性状、蔬菜特性，制定多种配方，真正做到按土壤、按蔬菜科学施肥。第二，测土配方施肥技术施肥方式单一，而蔬菜营养套餐施肥技术施肥方式多样。蔬菜营养套餐施肥技术实行配方化基肥、配方化追肥和配方化叶面肥三者结合，属于系统工程，要做到不同的配方肥料产品之间和不同的施肥方式之间的有机配合，才能做到增产提效，做到科学施肥。

2. 蔬菜营养套餐施肥技术的技术内涵

蔬菜营养套餐施肥技术是通过引进和吸收国内外有关蔬菜营养科学的最新技术成果，融肥料效应田间试验、土壤养分测试、营养套餐配方、农用化学品加工、示范推广服务、效果校核评估为一体，组装技物结合、连锁配送、服务到位的测土配方营养套餐系列化平台，逐步实现测土配方与营养套餐施肥技术的规范化、标准化。其技术内涵主要表现在以下方面。

（1）提高蔬菜对养分的吸收能力 众所周知，大多数蔬菜生长所需

要的养分主要通过根系吸收；但也能通过茎、叶等根外器官吸收养分。因此，促进蔬菜根系生长就能够大大提高养分的吸收利用率。通过合理施肥、植物生长调节剂、菌肥菌药，以及适宜的农事管理措施，均能有效促进根系生长。

（2）解决养分的科学供给问题

1）有机肥料与无机肥料并重。蔬菜营养套餐施肥技术的一个极为重要的原则就是有机肥料与无机肥料并重，才能极大地提高肥效及经济效益，实现农业的“高产、优质、高效、生态、安全”五大战略目标。有机肥料是耕地土壤有机质的主要来源，也是蔬菜养分的直接供应者。大量的实践表明，有机肥料在供应蔬菜有效营养成分和增肥改良土壤等方面的独特作用是化肥根本无法代替的。有机肥料是完全肥料，能补给和更新土壤有机质；改善土壤理化性状；提高土壤微生物活性和酶的活性；提高化肥的利用率；刺激生长，改善品质，提高蔬菜的质量。蔬菜营养套餐施肥技术的一个重要内容就是在基肥中配置一定数量的生态有机肥、生物有机肥等精制商品有机肥料，实施有机肥料与无机肥料并重的施肥原则，达到补给土壤有机质、改良土壤结构、提高化肥利用率的目的。

2）保证大量元素和中、微量元素的平衡供应。只有在大、中、微量元素养分平衡供应的情况下，才能大幅度提高养分的利用率，增进肥效。然而，随着农业的发展，微量元素的缺乏问题日益突出。其主要原因是：蔬菜产量越高，微量元素养分的消耗越多；氮、磷、钾化肥用量的增加，加剧了养分平衡供应的矛盾；有机肥料用量减少，微量元素养分难以得到补充。微量元素肥料的补充应坚持根部补充与叶面补充相结合，充分重视叶面补充的重要性，喷施复合型微量元素肥料增产效果显著。复合型多元微量元素肥料含有蔬菜所需的各种微量元素养分，它不仅能全面补充微量元素养分，还体现了养分的平衡供给。对于微量营养元素铁、硼、锰、锌、钼来说，由于蔬菜对其需要量很少，叶面施肥对于满足蔬菜对微量元素的需要有着特别重要的意义。总之，从养分平衡和平衡施肥的角度出发，蔬菜营养套餐施肥技术十分重视在科学施用氮、磷、钾化肥的基础上，合理施用中、微量元素肥料和有益元素肥料，这将是 21 世纪提高作物产量的一项重要的施肥措施。

（3）灵活运用多种施肥技术是蔬菜营养套餐施肥技术的重要内容

1）蔬菜营养套餐施肥技术是肥料种类（品种）、施肥量、养分配比、施肥时期、施肥方法和施肥位置等多项技术的总称。其中的每一项技术均与施肥效果密切有关。只有在平衡施肥的前提下，各种施肥技术之间相互配合，互相促进，才能发挥肥料的最大效果。

2）因为作物需求量大，大量元素肥料应以用作基肥和追肥为主。其中，基肥应以有机肥料为主，追肥应以氮、磷、钾肥为主。肥效长且在土壤中不易损失的肥料品种可以用作基肥。在北方地区，磷肥可以在基肥中一次性施足，钾肥可以在基肥和追肥中各安排一半，氮肥根据肥料品种的肥效长短和蔬菜生长周期的长短来确定。一般要选用肥效长的肥料作为基肥，如大颗粒尿素或以大颗粒尿素为原料制成的复混肥料，但硝态氮肥和碳酸氢铵就不宜在基肥中大量施用。追肥可以选用速效性肥料（特别是硝态氮肥）。

3）因为作物的需求量小，对微量元素肥料应坚持根部补充与叶面补充相结合，充分重视叶面补充的重要性。

4）在氮肥的施用上，提倡深施覆土，反对撒施肥料。对于蔬菜来说，先撒肥后浇水只是一种折中的补救措施。

5）化肥的施用量是个核心问题，要根据具体蔬菜的营养需求和各个时期的需肥特点，确定合理的化肥用量，真正做到因蔬菜施肥，按需施肥。

6）在考虑基肥施用量的同时，要统筹考虑追肥和叶面肥选用的品种和作用量，应做到各品种间的互相配合，互相促进，真正起到“1+1+1>3”的效果。

（4）坚持技术集成的原则，简化施肥程序与成本 农业生产是一个多种元素综合影响的生态系统，农业的高产、优质、高效只能是各种生产要素综合作用和最佳组合的结果。施肥技术在不断创新，新的肥料产品在不断涌现，源源不断地为农业生产提供增产增收的条件。要实现新产品、新技术的集成运用，相容互补，需要一个最佳的物化载体。农化人员在长期、大量的工作实践中发现，蔬菜套餐专用肥是实施蔬菜营养套餐施肥的最佳物化载体。

蔬菜套餐专用肥是根据耕地土壤养分实际含量和蔬菜的需肥特点，有针对性地配置生产出来的一种多元素掺混肥料。它具有以下几个特点：一是配方灵活，可以满足营养套餐配方的需要。二是生产设备投资小，生产成本低，竞争力强。年产 10 万吨的复合肥料生产造粒设备需要 500 万元，同样年产 10 万吨作物套餐专用肥设备仅需 50 余万元，复合肥料造粒成本达 120~150 元/吨，而蔬菜套餐专用肥仅为 20~50 元/吨，而且能源消耗

少，每产1吨肥料仅耗电15千瓦·时。在能源日趋紧张的今天，这无疑是一条降低成本的有效途径，同时还减少了肥料中养分的损耗。三是蔬菜套餐专用肥养分利用率高，并有利于保护环境。由于这种产品的颗粒大，养分释放较慢，肥效稳长，利于作物吸收，因而损失较少，可以减少肥料养分淋失，减少污染。四是添加各种新产品比较容易。蔬菜套餐专用肥的生产工艺属于一种纯物理性质的搅拌（掺混）过程，只要解决了共容性问题，就可以容易地添加各种中、微量元素及控释尿素、硝态氮肥、有机物质，能够实现新产品的集成运用，形成相容互补的有利局面，能够真正帮助农民实现“只用一袋子肥料种地，也能实现增产增收”的梦想。

二、蔬菜营养套餐施肥的技术环节

蔬菜营养套餐施肥的重点技术环节主要包括：土壤样品的采集、制备与测试（参见测土配方施肥技术）；肥料效应田间试验；营养套餐施肥的效果评价方法；县域施肥分区与营养套餐设计；蔬菜营养套餐施肥技术的推广普及等。

1. 肥料效应田间试验

（1）示范方案　每万亩营养套餐施肥田设2~3个示范点，进行田间对比示范。示范点设置常规施肥对照区和营养套餐施肥区2个处理，另外，加设1个不施肥的空白处理。其中营养套餐施肥、农民常规施肥处理不少于200米^2，空白（不施肥）处理不少于30米^2。其他参照一般肥料试验要求。通过田间示范，综合比较肥料投入、作物产量、经济效益、肥料利用率等指标，客观评价营养套餐施肥效益，为营养套餐施肥技术参数的校正及进一步优化施肥配方提供依据。田间示范应包括规范的田间记录档案和示范报告。

（2）结果分析与数据汇总　对于每个示范点，可以利用3个处理之间产量、肥料成本、产值等方面的比较，从增产和增收等角度进行分析；同时，也可以通过营养套餐施肥产量结果与计划产量之间的比较进行参数校验。

（3）农户调查反馈　农户是营养套餐施肥技术的具体应用者，通过收集农户施肥数据进行分析是评价营养套餐施肥效果与技术准确度的重要手段，也是反馈修正施肥配方的基本途径。因此，需要进行农户营养套餐施肥的反馈与评价工作。该项工作可以由各级配方施肥管理机构组织进行独立调查，结果可以作为营养套餐配方施肥执行情况评价的依据之一。

1）测土样点农户的调查与跟踪。根据每县主要蔬菜选择30~50个农户，填写农户营养套餐施肥田块管理记载反馈表，留作营养套餐施肥反馈分析。反馈分析的主要目的是评价测土样点农户执行营养套餐施肥推荐的情况和效果，以及建议配方的准确度。

2）农户施肥调查。每县选择100户左右的农户（最好包括营养套餐施肥农户和常规施肥农户），开展农户施肥调查，主要目的是评价营养套餐施肥与常规施肥相比的效益。

2. 营养套餐施肥的效果评价方法

（1）营养套餐施肥农户与常规施肥农户比较 从养分投入量、作物产量、经济效益方面进行评价。通过比较两类农户氮、磷、钾养分投入量来检验营养套餐施肥的节肥效果，也可利用结果分析与数据汇总的方法计算营养套餐施肥的增产率、增收情况和投入产出效率。

（2）农户执行营养套餐施肥前后的比较 从农民执行营养套餐施肥前后的养分投入量、作物产量、经济效益方面进行评价。通过比较农户采用营养套餐施肥前后氮、磷、钾养分投入量来检验营养套餐施肥的节肥效果，也可利用结果分析与数据汇总中的方法计算营养套餐施肥的增产率、增收情况和投入产出效率。

（3）营养套餐施肥准确度的评价 从农户和蔬菜两方面对营养套餐施肥准确度进行评价，主要比较营养套餐施肥推荐的目标产量和实践执行营养套餐施肥后获得的产量来判断技术实施的准确度，找出存在的问题和需要改进的地方，包括推荐施肥方法是否合适、采用的配方参数是否合理、丰缺指标是否需要调整等，该评价也可以作为相关技术人员技术水平的评价指标。

3. 县域施肥分区与营养套餐设计

（1）收集与分析研究有关资料 蔬菜营养套餐施肥技术的涉及面极广，如土壤类型及其养分供应特点、当地的种植业结构、各种蔬菜的养分需求规律、主要蔬菜产量状况及发展目标、现阶段的土壤养分含量、农民的习惯施肥做法等，无不关系到技术推广的成败。要搞好营养套餐施肥，就必须大量收集与分析研究这些资料，才能设计出正确的科学施肥方案。例如，全国第二次土壤普查有关当地的资料、主要蔬菜的种植生产技术现状、农民现有施肥特点、作物养分需求状况、肥料施用及田间试验数据等，尤其是当地的土地利用现状图、土壤养分图等更应关注，可作为县域施肥分区制定的重要参考资料。

(2) 确定研究区域　所谓确定研究区域，就是按照本区域的主栽蔬菜及土壤肥力状况，将区域内菜田分成若干施肥区域，根据各类施肥区内的测土化验资料（没有当时的测试资料也可参照全国第二次土壤普查的数据）和肥料效应田间试验结果，结合当地农民的实践经验，确定该区域的营养套餐施肥技术方案。具体应用时，一般以县为单位，按其自然区域及主栽蔬菜分为几个套餐配方施肥区域，每个区又按土壤肥力水平分成若干个施肥分区，并分别制定分区内（主栽蔬菜）的营养套餐施肥技术方案。

(3) 县级土壤养分分区图的编制　县级土壤养分分区图编制的基础资料便是分区区域内的土壤采样分析测试资料。如果资料不够完整，也可参照全国第二次土壤普查资料及肥料田间效应试验资料编制。首先，将该分区内的土壤采样点标在施肥区域的土壤图上，并综合大、中、微量元素含量制定出整个分区的土壤养分含量的标准。例如，某县东部（或东北部）中氮高磷低钾缺锌，西部（或西北部）低氮中磷低钾缺锌、硼，北部（西北部）中氮中磷中钾缺锌等，并大致勾画出主要元素变化分区界线，形成完整的县域养分分区图。原则上，每个施肥分区可以形成2~3个推荐施肥单元，用不同颜色分界。

(4) 施肥分区和营养套餐方案的形成　根据当地的蔬菜栽培目标及养分丰缺现状，并认真考虑影响该种蔬菜产量、品质、安全的主要限制因子等，就可以科学制定当地的施肥分区的营养套餐施肥技术方案了。

蔬菜营养套餐施肥技术方案应包括如下内容：当地主栽蔬菜的养分需求特点；当地农民现行施肥的误区；当地土壤的养分丰缺现状与主要增产限制因子；营养套餐施肥技术方案。

其中，营养套餐施肥技术方案包括：基肥的种类及推荐用量；追肥的种类及推荐用量；叶面肥的喷施时期与种类、用量推荐；主要病虫草害的有效农用化学品投入时间、种类、用量及用法；其他集成配套技术。

4. 蔬菜营养套餐施肥技术的推广普及

(1) 组织实施　以县、镇农技推广部门为主，企业积极参与，成立营养套餐施肥专家技术服务队伍；以点带面，推广蔬菜营养套餐施肥技术；建立蔬菜营养套餐施肥技物结合、连锁配送的生产、供应体系；按照“讲给农民听、做给农民看、带着农民干”的方式，开展蔬菜营养套餐施肥技术的推广普及工作。

(2) 宣传发动　广泛利用多媒体宣传；层层动员和认真落实，让蔬

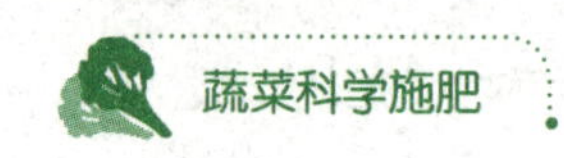

菜营养套餐施肥技术进村入户；召开现场会，扩大蔬菜营养套餐施肥技术影响。

（3）技术服务 培训蔬菜营养套餐施肥专业技术队伍；培训农民科技示范户；培训广大农民；强化产中服务，提高技术服务到位率。

三、主要蔬菜营养套餐肥料

目前，我国各大肥料生产厂家生产的蔬菜营养套餐肥料品种主要有以下类型：一是根际施肥用的增效肥料、有机酸型专用肥及复混肥、功能性生物有机肥等；二是叶面喷施用的螯合态高活性水溶肥；三是其他一些专用营养套餐肥，如滴灌用的长效水溶性滴灌肥、育秧用的保健型壮秧剂等。

1. 增效肥料

增效肥料是对一些化肥等，在基本不改变其生产工艺的基础上，利用简单的设备，向肥料中直接添加增效剂所生产的增值产品。增效剂是指利用海藻酸、腐殖酸和氨基酸等天然物质经改性获得的、可以提高肥料利用率的物质。经过包裹、腐殖酸化等可提高单质肥料的利用率，减少肥料损失，作为营养套餐肥的追肥品种。

（1）包裹型长效腐殖酸尿素 包裹型长效腐殖酸尿素是用经过活化的腐殖酸在少量介质参与下，与尿素包裹反应生成腐脲络合物及包裹层。产品核心为尿素，尿素的表层为活性腐殖酸与尿素反应形成的络合层，外层为活性腐殖酸包裹层，包裹层含量占产品的10%~20%（不同型号含量不同）。产品含氮量不低于30%，有机质含量不低于10%，中量元素含量不低于1%，微量元素含量不低于1%。

包裹型长效腐殖酸尿素为有机复合尿素，氮的速效和缓效兼备，属缓释型尿素，可作为制备各种缓释型专用复混肥料的基质。连续使用包裹型长效腐殖酸尿素，土壤有机质含量比使用尿素高，土壤容重比使用尿素低，能培肥土壤，增强农业发展后劲。包裹型长效腐殖酸尿素肥效长，氮素利用率高，增产效果明显。试验结果统计：包裹型长效腐殖酸尿素肥效比尿素长30~35天，施肥35天后在土壤中保留的氮比尿素多40%~50%；氮的利用率比尿素平均提高10.4%（相对提高38.1%）。

（2）硅包缓释尿素 硅包缓释尿素以硅肥包裹尿素，消除化肥对农产品质量的不良影响，同时提高化肥利用率，减少尿素的淋失，提高土壤肥力，方便农民使用。肥料中加入中、微量元素，可以平衡蔬菜营养。硅

包缓释尿素减缓氮的释放速度，有利于减少尿素的流失；使用高分子化合物作为包裹造粒黏合剂，使粉状硅肥与尿素紧密包裹，延长了尿素的肥效，消除了尿素的副作用，使产品具有“抗倒伏、抗干旱、抗病虫，促进光合作用、促进根系生长发育、促进养分利用”的“三抗三促”功能。目前该产品技术指标见表3-101。该产品的施用方法同尿素。

表3-101　硅包缓释尿素产品技术指标

成分	高浓度	中浓度	低浓度
氮含量（%）≥	30	20	10
活性硅含量（%）≥	6	10	15
中量元素含量（%）≥	6	10	15
微量元素含量（%）≥	1	1	1
水分含量（%）	5	5	5

硅包缓释尿素与单质尿素相比较，具有以下作用：提高蔬菜对硅的利用，有利于蔬菜光合作用进行；增强蔬菜对病虫害的抵抗能力，增强蔬菜的抗倒伏能力；减少土壤对磷的固定，改良土壤酸性，消除重金属污染；对根治蔬菜的烂根病有良好效果；改善蔬菜品质，使其产品色香味俱佳。

（3）树脂包膜尿素　树脂包膜尿素是采用各种不同的树脂材料作为包膜生产的尿素产品，主要由于其中的氮释放慢，起到长效和缓效的作用，可以减少一些蔬菜追肥的次数。蔬菜上，特别是一些地膜覆盖栽培的蔬菜使用树脂包膜尿素可以减少施肥的次数，提高肥料的利用率，节省肥料。试验结果表明，使用树脂包膜尿素可以节省常规尿素用量的50%。

树脂包膜尿素生产的关键是包膜的均匀性、可控性及包层的稳定性，有一些树脂包膜尿素的包层很脆，甚至在运输过程中就容易脱落，影响包膜的效果；包膜的薄厚不均匀，造成氮的释放速率不一样也是影响树脂包膜尿素应用效果的一个因素。目前树脂包膜尿素还存在一个问题，有的包膜过程比较复杂、包衣材料价格比较高，使成本增加过高，影响肥料的应用范围；有些包膜材料在土壤中不容易降解，长期连续使用也会造成对土壤环境的污染，破坏土壤的物理性状。目前很多人都在进行树脂包膜尿素的研究，通过新工艺、新材料的挖掘使得包膜尿素工艺更完善。

（4）腐殖酸型过磷酸钙　该肥料是应用优质的腐殖酸与过磷酸钙，在促释剂和螯合剂的作用下，经过化学反应形成的腐殖酸-磷复合物，能够有效地抑制肥料成品中有效磷的固定，减缓磷肥从速效性向迟效性和无效性的转化，可以使土壤对磷的固定减少16%以上，磷肥肥效提高10%~20%。该产品的有效磷含量不低于10%。

腐殖酸型过磷酸钙能够为蔬菜提供充足养分，刺激蔬菜生理代谢，促进蔬菜生长发育；能够提高氮肥的利用率，促进蔬菜根系对磷的吸收，使钾缓慢分解；能够改良土壤结构，提高土壤保肥保水能力；能够增强蔬菜的抗逆性，减少病虫害；能够改善蔬菜品质，促进各种养分向果实、籽粒输送，使农产品质量好、营养高。

（5）增效磷酸二铵 增效磷酸二铵是应用NAM（由脲酶抑制剂和硝化抑制剂等成分组成的缓释剂）长效缓释技术研发的一种新型长效缓释肥，总养分量为53%（14-39-0）。其产品特有的保氮、控氨、解磷集成动力系统，改变了养分释放模式，解除磷的固定，促进磷的扩散吸收，比常规磷酸二胺养分利用率提高1倍左右，磷肥利用率提高50%左右，并可提高追肥中施用的普通尿素的利用率，延长肥效期，做到基肥长效、追肥减量。施用方法与普通磷酸二铵相同，施肥量可减少20%左右。

2. 有机酸型专用肥及复混肥

（1）有机酸型蔬菜专用肥 有机酸型蔬菜专用肥是根据不同蔬菜的需肥特性和土壤特点，在测土配方施肥基础上，在传统蔬菜专用肥基础上添加腐殖酸、氨基酸、生物制剂、螯合态微量元素、中量元素、生物制剂、增效剂、调理剂等，进行科学配方设计生产的一类有机无机复混肥料。其剂型有粉粒状、颗粒状和液体3种，可用作基肥、种肥和追肥。有关厂家在全国22个省份的试验结果表明，有机酸型蔬菜专用肥肥效持续时间长、针对性强，养分之间有联应效果，能把物化的科学施肥技术与产品融为一体，可获得明显的增产、增收效果。

（2）腐殖酸型高效缓释复混肥 腐殖酸型高效缓释复混肥是在复混肥料产品中配置了腐殖酸等有机成分，采用先进生产工艺与制造技术，实现化肥与腐殖酸肥的有机结合，大、中、微量元素的结合。如云南金星化工有限公司生产的2个品种：15-5-20含量的腐殖酸型高效缓释复混肥针对需钾较高的蔬菜设计，18-8-4含量的腐殖酸型高效缓释复混肥针对需氮较高的蔬菜设计。

腐殖酸型高效缓释复混肥具有以下特点：一是有效成分利用率高。腐殖酸型高效缓释复混肥中氮的有效利用率可达50%左右，比尿素提高20%；有效磷的利用率可达30%以上，比普通过磷酸钙高出10%~16%。

二是肥料中的腐殖酸成分能显著促进蔬菜根系生长，有效地协调蔬菜营养生长和生殖生长的关系。腐殖酸能有效地促进蔬菜的光合作用，调节生理，增强蔬菜对不良环境的抵抗力；促进蔬菜对营养元素的吸收利用，提高蔬菜体内酶的活性，改善和提高蔬菜产品的品质。

（3）腐殖酸涂层缓释肥　腐殖酸涂层缓释肥，有的也称腐殖酸涂层长效肥、腐殖酸涂层缓释 BB 肥等。它是应用涂层肥料专利技术，配合氨酸造粒工艺生产的多效螯合缓释肥料。目前主要配方类型有 15-10-15、15-5-20、20-4-16、18-5-13、23-15-7、15-5-10、17-5-8 等。

腐殖酸涂层缓释肥与以塑料（树脂）为包膜材料的缓控释肥不同，腐殖酸涂层缓释肥选择的缓释材料都可当季转化为蔬菜可吸收的养分或成为土壤有机质成分，具有改善土壤结构，提升可持续生产能力的作用。同时，其采用的促控分离的缓释增效模式，使其成为目前市场上唯一对氮、磷、钾分别进行增效处理的多元素肥料，具有省肥、省水、省工、增产增收的特点，比一般复合肥的利用率提高 10 个百分点，蔬菜平均增产 15%、省肥 20%、省水 30%、省工 30%，与习惯施肥对照，每亩节本增效 200 元以上。

（4）含促生真菌有机无机复混肥　含促生真菌有机无机复混肥是在有机无机复混肥料生产中，采用最新的生物、化学、物理综合技术，添加促生真菌孢子粉生产的一种新型肥料。目前主要配方类型有 17-5-8、20-0-10 等。

促生真菌具有四大特殊功能：一是能够分泌各种生理活性物质，提高蔬菜发根力，提高蔬菜的抗旱性、抗盐性等；二是能够产生大量的纤维素酶，加速土壤有机质的分解，增加可被蔬菜吸收的养分；三是其分泌的代谢产物，可抑制土壤病原菌、病毒的生长与繁殖，净化土壤；四是可促进土壤中难溶性磷的分解，增加蔬菜对磷的吸收。

经试验证明，含促生真菌有机无机复混肥能够使肥料有效成分利用率提高 10%~20%，并减少养分流失导致的环境污染；该肥料为通用型肥料，不含有毒有害成分，不产生毒性残留；长期施用该肥料可以补给与更新土壤有机质，提高土壤肥力；该肥料含有具有明显增产、提质、抗逆效果的促生真菌孢子粉。

3. 功能性生物有机肥

功能性生物有机肥是指特定功能微生物与主要以动植物残体（如畜禽粪便、农作物秸秆等）为来源并经无害化处理、腐熟的有机物料复合而成的一类兼具微生物肥料和有机肥料效应的肥料。

（1）生态生物有机肥 生态生物有机肥是选用优质有机原料（如木薯渣、糖渣、玉米淀粉渣、烟草废弃物等工厂的生物有机废弃物），采用生物高氮源发酵技术、好氧堆肥快速腐熟技术、复合有益微生物技术等高新生物技术生产的含有生物菌的一种生物有机肥。一般要求产品中生物菌数为0.2亿个/克或0.5亿个/克，有机质含量不低于40%。

生态生物有机肥营养齐全，能够改良土壤，改善使用化肥造成的土壤板结；改善土壤理化性状，增强土壤保水、保肥、供肥的能力。生态生物有机肥中的有益微生物进入土壤后与土壤中的微生物形成共生增殖关系，促进有益菌生长，相互作用，相互促进，起到群体协同作用。有益菌在生长繁殖过程中产生大量的代谢产物，促使有机物的分解转化，能直接或间接为蔬菜提供多种营养和刺激性物质，促进和调控蔬菜生长。提高土壤孔隙度、通透交换性及植物成活率、增加有益菌和土壤微生物及种群。同时，在蔬菜根系形成的优势有益菌群能抑制有害病原菌繁衍，增强蔬菜抗逆抗病能力，降低重茬蔬菜的病情指数，连年施用可大大缓解连作障碍；减少环境污染，对人、畜、环境安全、无毒，是一种环保型肥料。

（2）高效微生物功能菌肥 高效微生物功能菌肥是在生物有机肥生产中添加氨基酸或腐殖酸、腐熟菌、解磷菌、解钾菌等而生产的一种生物有机肥。一般要求产品中生物菌数为0.2亿个/克，有机质含量不低于40%，氨基酸含量不低于10%。

高效微生物功能菌肥的功能有：一是以菌治菌、防病抗虫。一些有益菌快速繁殖，优先占领并可产生抗生素，抑制并杀死有害病菌，达到抗重茬、不死棵、不烂根的目的，可有效预防根腐病、枯萎病、青枯病等土传病害的发生。二是改良土壤、修复盐碱地。使土壤形成良好的团粒结构，降低盐碱含量，有利于保肥、保水、通气、增温，使根系发达、健壮生长。三是培肥地力，增加养分含量。可以解磷、解钾、固氮，将迟效养分转化为速效养分，并可加快多种养分的吸收，提高肥料利用率，减少缺素症的发生。四是提高蔬菜免疫力和抗逆性，使蔬菜生长健壮，抗旱、抗涝、抗寒、抗虫，有利于高产稳产。五是含有多种放线菌，可产生吲哚乙酸、细胞分裂素、赤霉素等，促进蔬菜快速生长，并可协调营养生长和生殖生长的关系，使蔬菜根多、棵壮、高产、优质。六是分解土壤中的化肥和农药残留及多种有害物质，使产品无残留、无公害、环保优质。

4. 螯合态高活性水溶肥

（1）高活性有机酸水溶肥 高活性有机酸水溶肥是利用当代最新生物

技术研制开发的高效特效腐殖酸类、氨基酸类、海藻酸类等有机活性水溶肥，产品中的氮含量不低于80克/升，五氧化二磷的含量不低于50克/升、氧化钾的含量不低于克/升，腐殖酸（或氨基酸、海藻酸）的含量50克/升。

该肥料具有多种功能：一是多种营养功能。该肥料含有蔬菜需要的各种大量和微量营养成分，并且容易被吸收利用，有效成分利用率比普通叶面肥高出20%~30%，可以有效地解决蔬菜因缺素而引起的各种生理性病害。例如，蔬菜的畸形果、裂果等生理缺素病害。二是促进根系生长。高活性有机酸能显著促进蔬菜根系生长，增强根毛的亲水性，大大增强蔬菜根系吸收水分和养分的能力，打下蔬菜高产优质的基础。三是促进生殖生长。该肥料具有高度生物活性，能有效调控蔬菜营养生长与生殖生长的关系，促进花芽分化，改善产品的外观品质和内在品质，使蔬菜提前上市。四是提高抗病性能。叶面喷施该肥料能改变蔬菜表面微生物的生长环境，抑制病菌、菌落的形成和发生，减轻各种病害的发生。例如，该肥料能预防番茄霜霉病、辣椒疫病、炭疽病、花叶病的发展，还可缓解除草剂药害，降低农药残留，无毒无害。

（2）螯合型微量元素水溶肥 螯合型微量元素水溶肥是将氨基酸、柠檬酸、EDTA等螯合剂与微量元素有机结合起来，并可添加有益微生物生产的一种新型水溶性肥料。一般产品要求微量元素含量不低于8%。

这类肥料溶解迅速，溶解度高，渗透力极强，内含螯合态微量元素，能迅速被蔬菜吸收，促进光合作用，提高碳水化合物的含量，修复叶片阶段性失绿。增加蔬菜抵抗力，能迅速缓解各种蔬菜因缺素所引起的倒伏、脐腐、空心开裂、软化病、黑斑、褐斑等众多生理性症状。蔬菜施用螯合型微量元素水溶肥后，增加叶绿素含量及促进碳水化合物的形成，使蔬菜的储运期延长，明显增加果实外观色泽与光洁度，改善蔬菜品质，提高产量，提升蔬菜等级。

（3）活力钾、钙、硼水溶肥 该类肥料是利用高活性生化黄腐酸（黄腐酸属腐殖酸中分子量最小、活性最大的组分）添加钾、钙、硼等元素生产的一类新型水溶性肥料。要求黄腐酸含量不低于30%，其他元素含量达到水溶性肥料标准要求，如有效钙含量为180克/升、有效硼含量为100克/升。

该类肥料有六大功能：一是具有高生物活性功能的未知的促长因子，对蔬菜的生长发育起着全面的调节作用。二是科学组合新的营养链，全面平衡蔬菜需求，除高含量的黄腐酸外，还富含蔬菜生长过程中所需的几乎全部氨基酸、氮、磷、钾、多种酶类、糖类（低聚糖、果糖等）、蛋白质、核酸、胡敏酸和维生素 C、维生素 E 及大量的 B 族维生素等营养成分。三是抗絮凝、具缓冲，溶解性能好，与金属离子相互作用能力强。增强了植株体内氧化酶活性及其他代谢活动；促进蔬菜根系生长和提高根系活动，有利于植株对水分和营养元素的吸收，以及提高叶绿素含量，增强光合作用，以提高蔬菜的抗逆能力。四是络合能力强，提高蔬菜对营养元素的吸收与运转。五是具有黄腐酸盐的抗寒抗旱的显著功能。六是改善品质，提高产量。黄腐酸钾叶面肥平均分子量为 300，生物活性高，对细胞膜这道屏障极具通透性，通过其吸附、传导、转运、架桥、缓释、活化等多种功能，使蔬菜细胞能够吸收到更多原本无法获取的水分、养分，同时将光合作用所积累、合成的碳水化合物、蛋白质、糖分等营养物质向产品部位输送，以改善质量，提高产量。

5. 长效水溶性滴灌肥

长效水溶性滴灌肥是将脲酶抑制剂、硝化抑制剂、磷活化剂与营养成分有机组合，利用抑制剂的协同作用比单一抑制剂具有更长作用时间，达到供肥期延长和更高利用率的效果。利用抑制剂调控土壤中的铵态氮和硝态氮的转化，达到增铵营养效果，为蔬菜提供适宜的 NH_4^+、NO_3^- 比例，从而加快蔬菜对养分的吸收、利用与转化，促进蔬菜生长，增产效果显著。目前该肥料的主要品种有：果菜类长效水溶性滴灌肥（17-15-18+B+Zn）、蔬菜长效水溶性滴灌肥（10-15-25+B+Zn）等。

长效水溶性滴灌肥的性能主要体现在：一是肥效长，具有一定可调性。该肥料在磷肥用量减少 1/3 时仍可获得正常产量，养分有效期可达 120 天以上。二是养分利用率高。氮肥利用率提高到 38.7%~43.7%，磷肥利用率达到 19%~28%。三是增产幅度大，生产成本低。施用长效水溶性滴灌肥可使蔬菜活秆成熟，增产幅度大，平均增产 10%以上。由于其能节肥、免追肥、省工及减少磷肥施用量，能降低农民的生产投入，增产增收。四是环境友好，可降低施肥造成的面源污染。该肥料低碳、低毒，对人畜安全，在土壤及蔬菜中无残留。试验表明，施用该肥料可减少淋失 48.2%，降低一氧化二氮排放 64.7%，显著降低氮肥施用带来的环境污染。

第四节　蔬菜水肥一体化技术

水肥一体化技术也被称为灌溉施肥技术，是借助压力系统（或地形

自然落差)，根据土壤养分含量和作物种类的需肥特点，将可溶性固体或液体肥料配制成的肥液，与灌溉水一起，通过可控管道系统均匀、准确地输送到作物根部土壤，浸润作物根系生长发育区域，使主根根系土壤始终保持疏松和适宜的含水量。通俗地讲，就是将肥料溶于灌溉水中，通过管道在浇水的同时施肥，将水和肥料均匀、准确地输送到作物根部土壤。

一、蔬菜水肥一体化技术概述

1. 水肥一体化技术的优点

水肥一体化技术与传统地面灌溉和施肥方法相比，具有以下优点。

(1) 节水效果明显　采用水肥一体化技术可减少水分的下渗和蒸发，提高水分利用率。传统的灌溉方式，水分利用率只有45%左右，灌溉用水的一半以上流失或浪费了，而喷灌的水分利用率约为75%，滴灌的水分利用率可达95%。在露天条件下，微灌施肥与大水漫灌相比，节水率达50%左右。保护地栽培条件下，滴灌与畦灌相比，每亩大棚一季节水80~120米^3，节水率为30%~40%。

(2) 节肥增产效果显著　利用水肥一体化技术可以方便地控制灌溉时间、肥料用量，实现了平衡施肥和集中施肥。与常规施肥相比，水肥一体化技术的肥料用量是可量化的，作物需要多少施多少，同时将肥料直接施于作物根部，既加快了作物吸收养分的速度，又减少了挥发、淋失所造成的养分损失。水肥一体化技术具有施肥简便、施肥均匀、供肥及时、作物易于吸收、肥料利用率高等优点。据调查，常规施肥的肥料利用率只有30%~40%，滴灌施肥的肥料利用率达80%以上。在田间滴灌施肥系统下种植番茄，氮肥利用率可达90%以上、磷肥利用率达到70%、钾肥利用率达到95%。肥料利用率的提高意味着施肥量减少，从而节省了肥料，在作物产量相近或相同的情况下，水肥一体化技术与常规施肥技术相比可节省化肥30%~50%，并增产10%以上。

(3) 减轻病虫草害发生　采用水肥一体化技术有效地减少了灌水量和水分蒸发量，提高了土壤养分有效性，促进根系对营养的吸收储备，还降低了土壤湿度和空气湿度，抑制了病菌、害虫的产生、繁殖和传播，并抑制杂草生长，在很大程度上减少了病虫草害的发生。因此，也减少了农药的投入和防治病虫草害的劳力投入。与常规施肥相比，利用水肥一体化技术每亩农药用量可减少15%~30%。

(4) 降低生产成本　水肥一体化技术采用管网供水，操作方便，便于自动控制，减少了人工开沟、撒肥等过程，因而可明显节省施肥劳力；灌溉是局部灌溉，大部分地表保持干燥，减少了杂草的生长，也就减少了用于除草的劳动力；由于水肥一体化技术可减少病虫害的发生，减少了用于防治病虫害、喷药等的劳动力；水肥一体化技术实现了种地无沟、无渠、无埂，大大减少了水利建设的工程量。

（5）改善作物品质 采用水肥一体化技术，能够适时、适量地供给作物不同生长发育期生长所需的养分和水分，明显改善作物的生长环境条件，因此，可促进作物增产，提高农产品的外观品质和营养品质。应用水肥一体化技术种植的作物，具有生长整齐一致，定植后生长恢复快、提早采收、采收期长、丰产优质、对环境气象变化适应性强等优点。通过水肥的控制，可以根据市场需求提早供应市场或延长供应市场时间。

（6）便于农作管理 采用水肥一体化技术只湿润作物根区，其行间空地保持干燥，因而即使是在灌溉的同时，也可以进行其他农事活动，减少了灌溉与其他农作的相互影响。

（7）改善土壤微生态环境 采用水肥一体化技术可明显降低大棚内空气湿度；滴灌施肥与常规畦灌施肥技术相比，地温可提高 2.7℃；有利于增强土壤微生物活性，促进作物对养分的吸收；有利于改善土壤物理性质，滴灌施肥克服了因灌溉造成的土壤板结，土壤容重降低，孔隙度增加，有效地缓解土壤根系的水渍化、盐渍化、土传病害等障碍。水肥一体化技术可严格控制灌溉用水量、化肥施用量、施肥时间，不破坏土壤结构，防止化肥和农药淋洗到深层土壤，造成土壤和地下水的污染，同时可将硝酸盐造成的农业面源污染降到最低。

（8）便于精确施肥和标准化栽培 水肥一体化技术可根据作物营养规律有针对性地施肥，做到“缺什么补什么”，实现精确施肥；可以根据灌溉的流量和时间，准确计算单位面积所用的肥料量。微量元素通常应用螯合态，价格昂贵，而通过水肥一体化技术可以做到精确供应，提高肥料利用率，降低微量元素肥料施用成本。水肥一体化技术的采用有利于实现标准化栽培，是现代农业中的一项重要技术措施。在一些地区的作物标准化栽培手册中，已将水肥一体化技术作为标准措施推广应用。

（9）适应恶劣环境和多种作物 采用水肥一体化技术可以使作物在恶劣土壤环境下正常生长，如沙丘或沙地，因持水能力差，水分基本没有横向扩散，传统的灌水容易深层渗漏，作物难以生长，而采用水肥一体化技术，可以保证作物在这些条件下正常生长。如以色列南部沙漠地带已广

泛应用水肥一体化技术生产甜椒、番茄、花卉等，成为出口欧洲的著名“菜篮子”和鲜花供应基地。此外，利用水肥一体化技术可以在土层薄、贫瘠、含有惰性介质的土壤种植作物并获得最大的增产潜力，能够有效地开发与利用丘陵地、山地、沙地、轻度盐碱地等边缘土地。

2. 水肥一体化技术的缺点

水肥一体化技术是一项新兴技术，而且我国土地类型多样，各地农业生产发展水平、土壤结构及养分状况有很大的差别，用于灌溉施肥的化肥种类也参差不一，因此，水肥一体化技术在实施过程中还存在如下缺点。

（1）易引起堵塞，技术要求高 灌水器的堵塞是当前水肥一体化技术应用中最主要的问题，也是目前必须解决的关键问题。引起堵塞的原因有化学因素、物理因素，有时生物因素也会引起堵塞。如磷酸盐类化肥，在适宜的pH条件下容易发生化学反应，产生沉淀；对pH超过7.5的硬水，钙或镁会留在过滤器中；当碳酸钙的饱和指标大于0.5且硬度大于300毫克/升时，也存在堵塞的危险；在南方一些用井水灌溉的地方，水中的铁质诱发的铁细菌也会堵塞滴头；藻类植物、浮游动物也是堵塞物的来源，严重时会使整个系统无法正常工作，甚至报废。因此，灌溉时对水质的要求较严，一般均应经过过滤，必要时还需经过沉淀和化学处理。对用于灌溉系统的肥料，应详细了解其溶解度等物理、化学性质，对不同类型的肥料应有选择地施用。在系统安装、检修过程中，若采取的方法不当，管道屑、锯末或其他杂质可能会从不同途径进入管网系统引起堵塞。对于这种堵塞，首先要加强管理，在安装、检修后应及时用清水冲洗管网系统，同时要加强对过滤设备的维护。

（2）引起盐分积累，污染灌溉水源 当在含盐量高的土壤上进行滴灌或利用咸水灌溉时，盐分会积累在湿润区的边缘，如遇到小雨，这些盐分可能会被冲到作物根际区域而引起盐害，这时应继续进行灌溉，但在雨量充沛的地区，雨水可以淋洗盐分。在没有充分冲洗条件的地方或是秋季无充足降雨的地方，则不要在高含盐量的土壤上进行灌溉或利用咸水灌溉。施肥设备与供水管道连通后，若发生特殊情况，如事故、停电等，系统内会出现回流现象，这时肥液可能被带到水源处。另外，当饮用水与灌溉水用同一主管网时，如无适当的隔离措施，肥液可能进入饮用水管道，造成水源污染。

（3）限制根系生长，降低作物抵御风灾的能力 由于采用水肥一体化技术只湿润部分土壤，加之作物的根系有向水性，会引起作物根系集中向湿润区生长。对于多年生作物来说，滴头位置附近根系密度增加，而非湿润区根系因得不到充足的水分供应其生长会受到一定程度的影响，尤其是在干旱、半干旱的地区，根系的分布与滴头有着密切的联系。在没有灌溉就没有农业的地区，如我国西北干旱地区，应用灌溉时，应正确地布置灌水器。对于高大木本作物来说，少灌、勤灌的灌水方式会导致其根系分布变浅，在风力较大的地区可能产生拔根危害。

（4）工程造价高，维护成本高 与地面灌溉相比，滴灌一次性投资和运行费用相对较高，其投资与作物种植密度和自动化程度有关，作物种植密度越大投资就越大，反之越小。根据测算，大田采用水肥一体化技术每亩投资在400~1500元，而温室的投资比大田更高。使用自动控制设备会明显增加资金的投入，但是可降低运行管理费用，减少劳动力的成本，选用时可根据实际情况而定。

二、蔬菜水肥一体化技术原理

1. 水肥一体化技术系统的组成

水肥一体化技术系统主要有微灌系统和喷灌系统。这里以常用的微灌系统为例。微灌就是利用专门的灌水设备（滴头、滴灌管、微喷头、渗灌管等），将有压水流变成细小的水流或水滴，湿润作物根部附近土壤的灌水方法。因其灌水器的流量小而称之为微灌，主要包括滴灌、微喷灌、脉冲微喷灌、渗灌等。目前生产实践中应用广泛且具有比较完整理论体系的主要是滴灌和微喷灌技术。微灌系统主要由水源工程、首部枢纽工程、输配水管网、灌水器4个部分组成（图3-1）。

（1）水源工程 在生产中可能使用的水源有河流水、湖泊、水库水、塘堰水、沟渠水、泉水、井水、水窑（窖）水等，只要水质符合要求，均可作为微灌的水源，但这些水源经常不能被微灌工程直接利用，或流量不能满足微灌用水量要求，因此需要根据具体情况修建一些相应的引水、蓄水或提水工程，统称为水源工程。

（2）首部枢纽工程 首部枢纽是整个微灌系统的驱动、检测和控制中枢，主要由水泵及动力机、过滤器等水质净化设备、施肥装置、控制阀门、进排气阀、压力表、流量计等设备组成。其作用是从水源中取水经加压过滤后输送到输配水管网中去，并通过压力表、流量计等设备监测系统运行情况。

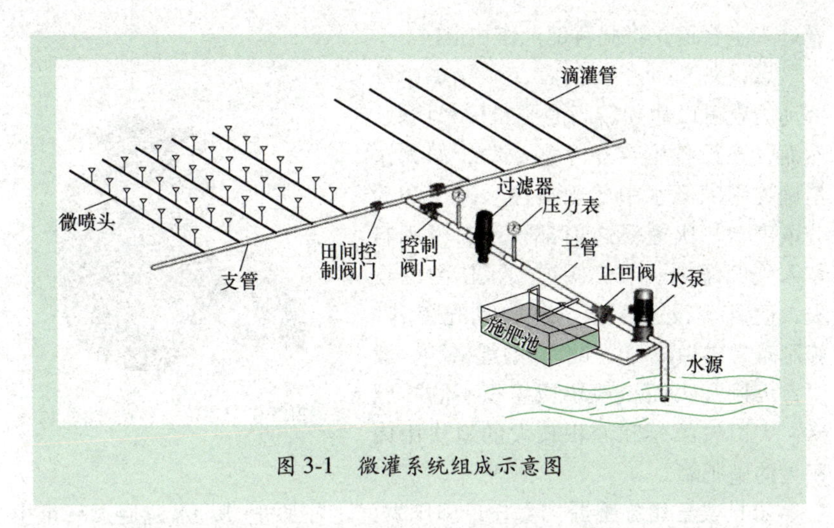

图 3-1　微灌系统组成示意图

(3) 输配水管网　输配水管网的作用是将首部枢纽处理过的水按照要求输送并分配到每个灌水单元和灌水器。输配水管网包括干管、支管和毛管三级管道。毛管是微灌系统末级管道，其上安装或连接灌水器。

(4) 灌水器　灌水器是微灌系统中最关键的部件，是直接向作物灌水的设备，其作用是消减压力，将水流变为水滴、细流或喷洒状施入土壤，主要有滴头、滴灌带、微喷头、渗灌滴头、渗灌管等。微灌系统的灌水器大多数用塑料注塑成型。

2. 水肥一体化技术的施肥设备和方法

水肥一体化技术中常用到的施肥设备和方法主要有：压差施肥罐、文丘里施肥器、泵吸肥法、泵注肥法、自压重力施肥法、施肥机等。

(1) 压差施肥罐　压差施肥罐的工作原理是：由 2 根细管（旁通管）与主管道相接，在主管道上 2 根细管接点之间设置 1 个节流阀（球阀或闸阀）以产生一个较小的压力差（1～2 米水柱，1 米水柱 = 9806.65 帕），使一部分水流入施肥罐（图 3-2、图 3-3），进入水管直达罐底，水溶解罐中肥料后，肥料溶液由另一根细

图 3-2　立式金属施肥罐

管进入主管道，将肥料带至作物根区。

该设备较简单、便宜，不需要用外部动力就可以达到较高的肥料稀释倍数。然而，该设备也存在一些缺陷，如无法精确控制灌溉水中的肥料注入速率和养分浓度，每次灌溉之前都得重新将肥料装入施肥罐内。节流阀增加了压力的损失，而且该设备不能进行自动化操作。施肥罐常被做成10~300升的规格。一般温室大棚和小面积地块用体积小的施肥罐，大田轮灌区和面积较大的地块用体积大的施肥罐。

图 3-3 立式塑料施肥罐

(2) 文丘里施肥器 文丘里施肥器的工作原理是：水流通过一个由大渐小然后由小渐大的管道时（文丘里管喉部），水流经狭窄部分时流速加大，压力下降，使前后形成压力差，当喉部有一个更小管径的入口时，形成负压，可以将肥料溶液从一敞口肥料罐通过小管径细管吸取上来（图3-4）。文丘里施肥器用抗腐蚀材料制作，如塑料和不锈钢，现绝大部分用塑料制造。文丘里施肥器的肥料溶液注入速度取决于产生负压的大小（即所损耗的压力）。损耗的压力受施肥器类型和操作条件的影响，损耗量为原始压力的10%~75%。文丘里施肥器因其流量较小，主要适用于小面积种植场所，如温室大棚种植或小规模菜田。

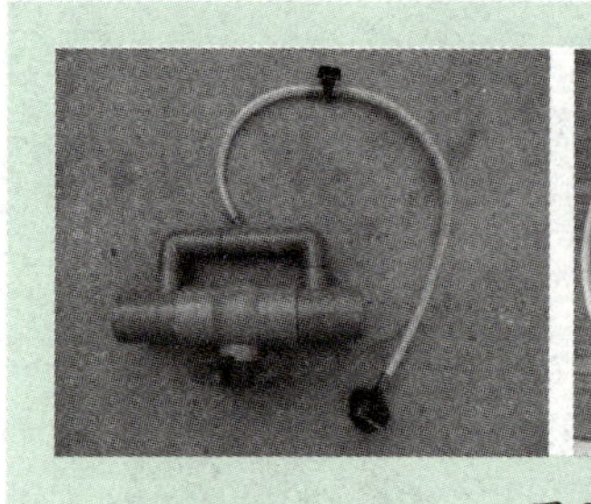
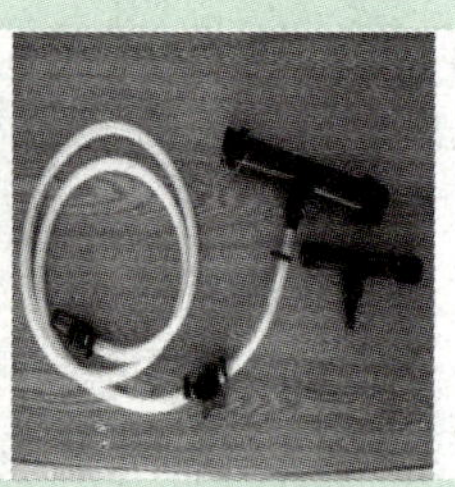
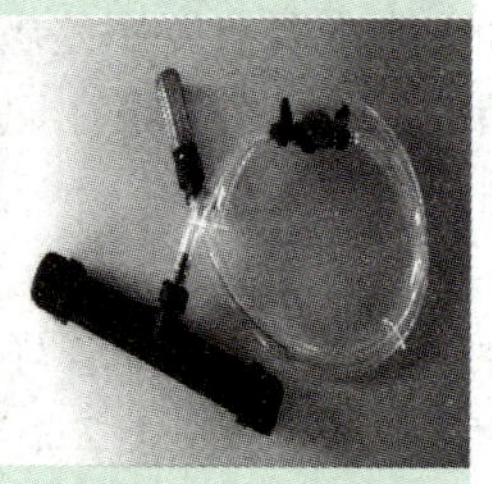

图 3-4 文丘里施肥器

(3) 泵吸肥法 泵吸肥法是利用离心泵直接将肥料溶液吸入灌溉系统，适合于几十公顷以内面积的施肥。为防止肥料溶液倒流入水池而污染水源，可在吸水管上安装逆止阀。通常在吸肥管的入口包上100~120目滤网（不

锈钢或尼龙网，孔径为0.12~0.15毫米)，防止杂质进入管道（图3-5）。

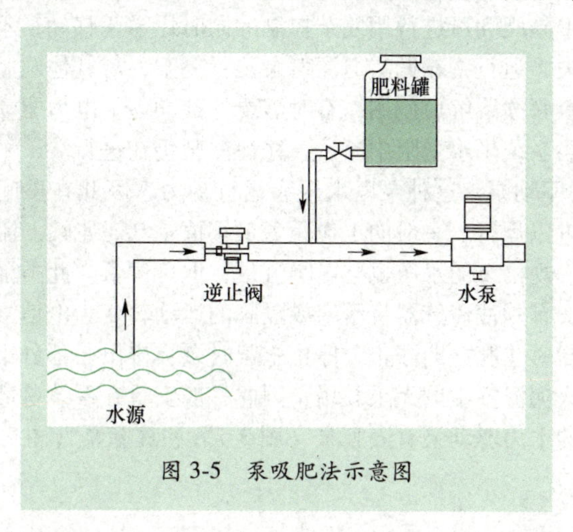

图3-5　泵吸肥法示意图

(4) 泵注肥法　泵注肥法是利用加压泵将肥料溶液注入有压管道，通常泵产生的压力必须要大于输水管的水压，否则肥料注不进去。对于用深井泵或潜水泵抽水直接灌溉的地区，泵注肥法是最佳选择（图3-6）。泵注肥法的施肥速度可以调节，施肥浓度均匀，操作方便，不消耗系统压力。不足之处是要单独配置施肥泵。对施肥不频繁地区，可以使用普通清水泵，施完肥后用清水清洗，一般不会生锈。但对于频繁施肥的地区，建议使用耐腐蚀的化工泵。

图3-6　利用加压泵将肥料溶液注入有压管道

（5）注射泵 注射泵是一种精确施肥设备，可控制肥料用量或施肥时间，在集中施肥和可进行用复杂控制的同时还易于移动，不给灌溉系统带来水头损失，运行费较低。但注射泵装置复杂，与其他施肥设备相比价格昂贵，肥料必须溶解后使用，有时需要外部动力。电力驱动泵还存在特别风险，即当系统供水受阻中断后，往往注肥仍在进行。

1）水力驱动泵。这种泵以水压为运行动力，因此在田间只要有灌溉供水管道就可以运行。一般的工作压力最小值是 0.3 兆帕，流量取决于泵的规格。同一规格泵的水压也会影响流量，但可调节。此类泵一般为自动控制，泵上安有脉冲传感器将活塞或隔膜的运动转变为电信号来控制吸肥量。灌溉中断时注肥立即停止，停止施肥时泵会排出一部分驱动水。此类泵主要用于大棚温室中的无土栽培，因此一般安置在系统首部，但也可以移动。典型的水力驱动泵有隔膜泵（图 3-7）和柱塞泵（图 3-8）。

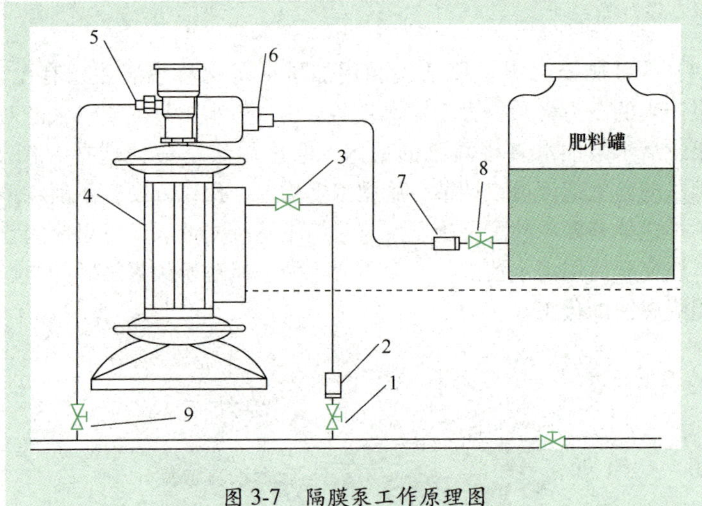

图 3-7 隔膜泵工作原理图

1—动力水进口阀 2—驱动水过滤阀 3—调节阀 4—肥料注射器
5—止回阀 6—吸力阀 7—肥料过滤器 8—施肥阀 9—肥料出口阀

隔膜泵有两个膜部件，一个安装在泵的上方，一个安装在泵的下方，之间通过一根竖直杆连接。一个膜部件是营养液槽，另一个是灌溉水槽。

柱塞泵利用加压灌溉水来驱动活塞。它所排放的水量是注入肥料溶液的 3 倍。柱塞泵的外形为圆柱体并含有一个双向活塞和一个使用交流电的小电动机，泵从肥料罐中吸取肥料溶液并将它注入灌溉系统中。

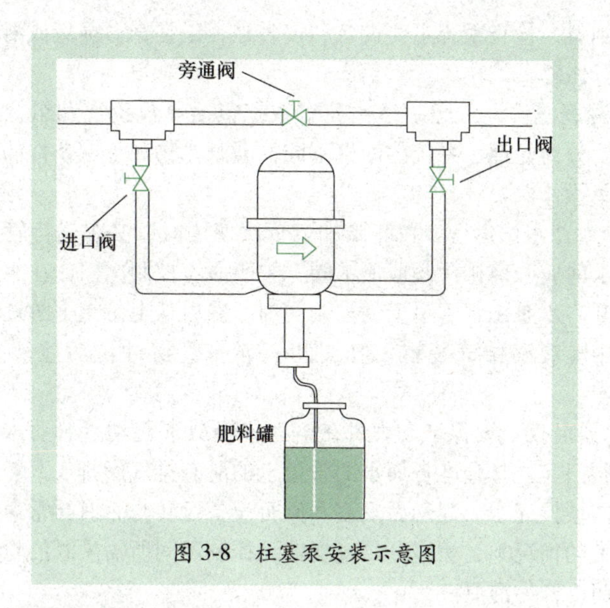

图 3-8　柱塞泵安装示意图

2）电动机或内燃机驱动的施肥泵。电动机驱动的施肥泵类型及规格很多，从仅供注入几升肥料溶液的小流量泵到与水表连接能按给定比例注射肥料溶液和供水的各种泵型。因需要电源，此类泵适合在固定的场所，如温室或井边使用。因肥料会腐蚀泵体，此类泵常用不锈钢或塑料材质制造。内燃机（含拖拉机）驱动的施肥泵常见的是拖拉机拖动或机载的喷油机泵，设备包括单独的内燃机或直接利用拖拉机的动力，此类泵应耐腐蚀，并需配置数百升容积的施肥罐（图 3-9）。

图 3-9　内燃机驱动的田间移动施肥泵

3. 水肥一体化技术系统的操作

水肥一体化技术系统的操作包括运行前的准备、灌溉操作、施肥操作、轮灌组更替和结束灌溉等工作。

（1）运行前的准备　运行前的准备工作主要是检查系统是否按设计

要求安装到位，检查系统主要设备和仪表是否正常，对损坏或漏水的管段及配件进行修复。

（2）灌溉操作 水肥一体化技术系统包括单户系统和组合系统，组合系统需要分组轮灌。系统的简繁不同，灌溉作物和土壤条件的不同都会影响到灌溉操作。

1）管道充水试运行。在灌溉季节首次使用时，必须进行管道充水试运行。充水前应开启排污阀或泄水阀，关闭所有控制阀门，在水泵运行正常后缓慢开启水泵出水管道上的控制阀门，然后从上游至下游逐条冲洗管道，冲洗中应观察排气装置工作是否正常。管道冲洗后应缓慢关闭泄水阀。

2）水泵起动。要保证动力机在空载或轻载下起动。启动水泵前，首先关闭总阀门，并打开准备灌水的管道上的所有排气阀排气，然后起动水泵向管道内缓慢充水。起动后观察和倾听设备运转是否有异常声音，在确认起动正常的情况下，缓慢开启过滤器，控制田间所需灌溉的轮灌组的田间控制阀门，开始灌溉。

3）观察压力表和流量计。观察过滤器前后的压力表读数差异是否在规定的范围内，压差读数达到 7 米水柱，说明过滤器内堵塞严重，应停机冲洗。

4）冲洗管道。新安装的管道（特别是滴灌管）在首次使用时，要先放开管道末端的堵头，充分放水冲洗各级管道系统，把安装过程中集聚的杂质冲洗干净后，封堵末端堵头，然后才能开始使用。

5）田间巡查。要到田间巡回检查轮灌区的管道接头和管道是否漏水，各个灌水器工作是否正常。

（3）施肥操作 施肥过程是伴随灌溉同时进行的，施肥操作在灌溉进行 20~30 分钟后开始，并确保在灌溉结束前 20 分钟以上的时间内结束，这样可以保证对灌溉系统的冲洗和尽可能地减少化学物质对灌水器的堵塞。进行施肥操作前要按照施肥方案将肥料准备好，对于溶解性差的肥料，可先将肥料溶解在水中。注意，不同的施肥装置在操作细节上有所不同。

（4）轮灌组更替 根据水肥一体化灌溉施肥制度，观察水表水量确定达到要求的灌水量时，更换下一个轮灌组地块，注意不要同时打开所有分灌阀。首先打开下一个轮灌组的阀门，再关闭第 1 个轮灌组的阀门。进行下一个轮灌组的灌溉时，操作步骤按以上重复。

(5)结束灌溉 所有地块灌溉施肥结束后，先关闭灌溉系统水泵开关，然后关闭田间各控制阀门。对过滤器、施肥罐、管路等设备进行全面检查，使其达到下一次正常运行的标准。注意冬季灌溉结束后要把田间位于主支管道上的排水阀打开，将管道内的水尽量排净，以避免因管道留有积水而冻裂管道，此阀门冬季不必关闭。

4. 水肥一体化技术系统的维护保养

要想保持水肥一体化技术系统的正常运行和提高其使用寿命，关键是要正确使用，以及进行良好地维护和保养。

(1)水源工程 水源工程建筑物有地下取水、河渠取水、塘库取水等多种形式，保持这些水源工程建筑物的完好、运行可靠，确保设计用水的要求，是水源工程管理的首要任务。

对泵站、蓄水池等工程经常进行维修养护，每年应在非灌溉季节进行年修，保持工程完好。对蓄水池沉积的泥沙等污物应定期排除和洗刷。开敞式蓄水池的静水中藻类易繁殖，在灌溉季节应定期向池中投放绿矾，以防止藻类滋生。

灌溉季节结束后，应排除所有管道中的存水，封堵阀门和井口。

(2)水泵

1）运行前检查水泵与电动机的联轴器是否同心，间隙是否合适，带轮是否对正，其他部件是否正常，转动是否灵活，如有问题应及时排除。

2）运行中检查各种仪表的读数是否在正常范围内；轴承部位的温度是否太高；水泵和水管各部位有没有漏水和进气情况；吸水管道应保证不漏气；水泵停机前应先停起动器，后拉电闸。

3）停机后要擦净水迹，防止生锈；定期拆卸检查，全面检修；在灌溉季节结束或冬季使用水泵时，停机后应打开泵壳下的放水塞把水放净，防止锈坏或冻坏水泵。

(3)动力机械 电动机在起动前应检查绕组对地的绝缘电阻、铭牌所标电压和频率与电源电压是否相符，以及接线是否正确、电动机外壳接地线是否可靠等。电动机运行中工作电流不得超过额定电流，温度不能太高。电动机应经常除尘，保持干燥清洁。经常运行的电动机每月应进行1次检查，每半年进行1次检修。

(4)管道系统 在每个灌溉季节结束时，要对管道系统进行全系统的高压清洗。在有轮灌组的情况下，要按轮灌组顺序分别打开各支管和主管的末端堵头，开动水泵，使用高压逐个冲洗轮灌组的各级管道，力争将管道内积攒的污物等冲洗出去。在管道高压清洗结束后，应充分排净水分，把堵头装回。

（5）过滤系统

1）网式过滤器。系统运行时要经常检查过滤网，发现损坏时应及时修复。灌溉季节结束后，应取出过滤器中的过滤网，刷洗干净，晾干后备用。

2）叠片过滤器。打开叠片过滤器的外壳，取出叠片。先把各个叠片组清洗干净，用干布将塑壳内的密封圈擦干放回，之后开启底部集砂膛一端的螺塞，将膛中积存物排出，将水放净，最后将过滤器压力表下的选择钮置于排气位置。

3）砂介质过滤器。灌溉季节结束后，打开过滤器罐的顶盖，检查砂石滤料的数量，并与罐体上的标识相比较，若砂石滤料数量不足应及时补充，以免影响过滤质量。若砂石滤料上有悬浮物则要捞出。同时，在每个罐内加入 1 包氯球，放置 30 分钟后，起动每个罐各反冲 2 次，每次 2 分钟，然后打开过滤器罐的盖子和罐体底部的排水阀将水全部排净。单个砂介质过滤器反冲洗时，首先打开冲洗阀的排污阀，并关闭进水阀，让水流经冲洗管由集水管进入过滤罐。双过滤器反冲洗时，先关闭其中一个过滤罐上的三向阀门，同时也就是打开该罐的反冲洗管进口，由另一个过滤罐来的干净水通过集水管进入待冲洗罐内。反冲洗时，要注意控制反冲洗水流速度，确保反冲流流速能够使砂床充分翻动，只冲掉罐中被过滤的污物，而不会冲掉过滤用的介质。最后将过滤器压力表下的选择钮置于排气位置。若罐体表面或金属进水管路的金属镀层有损坏，应立即清锈然后重新喷涂。

（6）施肥系统　在进行施肥系统维护时，关闭水泵，开启与主管道相连的注肥口和驱动注肥系统的进水口，排除压力。

1）注肥泵。先用清水洗净注肥泵的肥料罐，打开罐盖晾干，再用清水冲净注肥泵，然后拆解注肥泵，取出注肥泵的驱动活塞，将随泵所带的润滑油涂在部件上，进行正常的润滑保养，最后擦干各部件并重新组装好。

2）施肥罐。首先仔细清洗罐内残液并晾干，然后将罐体上的软管取下并用清水洗净，软管要置于罐体内保存。每年在施肥罐的顶盖及手柄螺纹处涂上防锈液，若罐体表面的金属镀层有损坏，则应立即清锈后重新喷涂。注意不要丢失各个连接部件。

3）移动式灌溉施肥机的维护保养。对移动式灌溉施肥机的使用应尽量做到专人管理，管理人员要认真负责，所有操作严格按技术操作规程进行；严禁动力机空转，在系统开启时一定要将吸水泵浸入水中；管理人员要定期检查和维护系统，保持整洁干净，严禁淋雨；定期更换机油（半年1次），检查或更换火花塞（1年1次）；及时人工清洗过滤器滤芯，严禁在有压力的情况下打开过滤器；翻耕土地时需要移动地面管，应轻拿轻放，不要用力拽管。

（7）田间设备

1）排水阀。在冬季来临前，为防止管道被冻坏，把田间位于主支管道上的排水阀打开，将管道内的水尽量排净，此阀门冬季不关闭。

2）田间控制阀门。将各阀门的手动开关置于打开的位置。

3）滴灌管。在田间将各条滴灌管拉直，勿使其扭折。冬季回收时也要注意勿使其扭曲放置。

（8）预防滴灌系统堵塞

1）灌溉水和水肥溶液先经过过滤或沉淀。在灌溉水或水肥溶液进入灌溉系统前，先经过一道过滤器或沉淀池，然后才进入输水管道。

2）适当提高输水能力。根据试验，水的流量为4~8升/时，堵塞最轻，但考虑流量越大则费用越高，最优流量约为4升/时。

3）定期冲洗滴灌管。滴管系统使用5次后，要放开滴灌管末端堵头进行冲洗，把使用过程中积聚在管内的杂质冲洗出滴灌系统。

4）事先测定水质。在确定使用滴灌系统前，最好先测定水质。如果水中含有较多的铁、硫化氢、单宁酸，则不适合滴灌。

5）使用完全溶于水的肥料。只有完全溶于水的肥料才能进行滴灌施肥。不要通过滴灌系统施用一般的磷肥，在灌溉水中磷会与钙反应形成沉淀，堵塞滴头。最好不要混合几种不同的肥料，避免发生化学反应而产生沉淀。

（9）细小部件的维护　水肥一体化技术系统是一套精密的灌溉装置，许多部件为塑料制品，在使用过程中要注意各步操作的密切配合，不可猛力扭动各个旋钮和开关。在打开各个容器后，一些小部件要依原样安回，不要丢失。

水肥一体化技术系统的使用寿命与系统保养水平有直接关系，保养越好，使用寿命越长，效益越持久。

三、茄果类蔬菜水肥一体化技术的应用

茄果类蔬菜是指以果实为食用部分的茄科蔬菜，主要包括番茄、辣椒、茄子等，这类蔬菜原产于热带，其共同特点是：结果期长，产量高，喜温暖，不耐霜冻，喜强光，根系发达。

1. 番茄水肥一体化技术的应用

（1）番茄水肥一体化技术的灌溉类型 番茄通常起垄栽培，开花结果后一些品种需要搭支架固定（图 3-10）。适宜的灌溉方式有微喷带、滴灌、膜下滴灌、膜下微喷带，其中膜下滴灌应用面积最大。

图 3-10 番茄滴灌水肥一体化技术的应用

对于滴灌来说，铺设网管时，在工作行中间铺设送水管，输水管道一般是三级式，即干管、支管和滴灌毛管，其中毛管滴头宜选用流量为 2. 8 升/时，滴头间距为 30 厘米。进水口处与抽水机水泵出水口相接，送水管在种植行对应处安装 1 个带开关的四通接头，直通续接送水管，侧边分别各接 1 条滴管，使用 90 厘米宽的膜，每条膜内铺设 1 条滴灌毛管，相邻 2 条毛管间距为 2. 6 米。滴管安装好后，每隔 60 厘米用小竹片拱成半圆形卡过滴管在地上插稳，半圆顶与充满水时管的距离以 0. 5 厘米为宜。

（2）番茄水肥一体化技术的水分管理 番茄植株生长茂盛，蒸腾作用较强；而且番茄根系发达，再生能力强，具有较强的吸水能力。因此，番茄植株生长发育需要较多的水分，但又具有半耐旱植物的特点。番茄不同长生长发育阶段对水分的要求不同，一般幼苗期生长较快，为培育壮

苗、避免徒长和病害发生，应适当控制水分，土壤含水量以60%~70%为宜。第一花序坐果前，土壤水分过多易引起植株徒长，造成落花落果。第一花序坐果后，果实和枝叶同时迅速生长，至盛果期都需要较多的水分，耗水强度达到1.46毫米/天，应经常灌溉，以保证水分供应。在整个结果期，水分应均衡供应，始终保持土壤相对含水量为60%~80%。如果水分过多会阻碍根系的呼吸及其他代谢活动，严重时会烂根死秧；如果土壤水分不足则果实膨大慢，产量低；还应避免土壤忽干忽湿，特别是土壤干旱后又遇大水，容易发生大量落果或裂果，也易引起脐腐病。

番茄从定植到采收末期保持根层土壤处于湿润状态是水分管理的目标，一般保持0~40厘米土层处于湿润状态。这可以用简易的指测法来判断：用铲挖开滴头下的土壤，当土壤能抓捏成团或搓成泥条时表明水分充足，捏不成团散开则表明土壤干燥。通常每次滴灌需灌溉1~2小时，具体时间根据滴头流量大小来定。微喷带每次为5~10分钟，切忌过量灌溉，淋失养分。

番茄生长发育期长，耗水量较大。移栽后滴定植水，第1次滴水要滴透，直到整个畦面湿润为止。滴灌主要使根层湿润，因此要经常检查根系周围水分状况。挖开根系周围的土壤，用手抓捏土壤，能捏成团块则表明水分足够，如果捏不成团则表明水分不够，要进行滴灌。滴灌以少量多次为好，直到根层湿润为止；应经常检查田间滴灌管是否有破损，及时维修。

定植水的灌水定额为15~20米^3/亩，滴灌或沟灌；缓苗水（定植后7天）的灌水定额为10~12米^3/亩；然后进行中耕蹲苗，至第一穗果膨大时，视情况滴水1次或不滴水，灌水定额为10米^3/亩；第一穗果膨大至5厘米后，每5~7天滴水1次，滴水2~3次，每次灌水定额为10~12米^3/亩；进盛果期，每4~5天滴水1次，每次灌水定额为12~15米^3/亩。定植至拉秧的整个生长发育期有160天左右，滴水20~22次，总灌水量为260~300米^3/亩。

定植后及时用滴灌法浇1次透水，根据墒情和苗情确定灌水量。苗期每天滴灌3~6次，每次灌水时间为1分钟，每个滴头的灌水量为16毫升/分，每次灌水量为0.032米^3/亩；生长旺盛期每天滴灌6~8次，果实膨大以后每天滴灌8次左右，每次灌水时间为1~2分钟，每次灌水量为0.032米^3/亩。一定要根据当地天气情况来安排灌水次数。

（3）春早熟设施栽培番茄水肥一体化技术的施肥方案　番茄春早熟

设施栽培一般利用塑料大棚和日光温室。利用日光温室栽培多在2月上旬~3月上中旬定植，4月上旬~6月上旬采收；利用塑料大棚一般在2月下旬~3月中旬定植，5月上旬~6月中旬采收。

春早熟设施栽培番茄，可以用滴灌等设备结合灌水进行追肥。如果采取灌溉施肥，生产上常用氮、磷、钾含量总和为50%以上的水溶性肥料。适合的配方主要有：16-20-14+TE、22-4-24+TE、20-5-25+TE。不同生长发育期灌溉施肥次数及用量可参考表3-102。

表3-102　春早熟设施栽培番茄灌溉施肥水肥推荐方案

生长发育期	养分配方	每次施肥量/（千克/亩）		施肥次数/次	生长发育期肥料总用量/（千克/亩）		每次灌溉水量/米^3	
		滴灌	沟灌		滴灌	沟灌	滴灌	沟灌
开花坐果期	16-20-14+TE	13~14	14~15	1	13~14	14~15	12~15	15~20
果实膨大期	22-4-24+TE	11~12	12~13	4	44~48	48~52	12~15	15~20
采收初期	22-4-24+TE	6~7	7~8	4	24~28	28~32	12~15	15~20
采收盛期	20-5-25+TE	10~11	11~12	8	80~88	88~96	12~15	15~20
采收末期	20-5-25+TE	6~7	7~8	2	12~14	14~16	12~15	15~20

本方案应用说明：

1）本方案适用于春早熟日光温室栽培番茄，轻壤或中壤土质，土壤pH为5.5~7.6，要求土层深厚，排水条件较好，土壤中磷和钾的含量处于中等水平。目标产量为10000千克/亩。

2）定植前施基肥，定植前3~7天结合整地，撒施或沟施基肥。每亩施生物有机肥400~500千克或无害化处理过的有机肥料4000~5000千克、番茄有机型专用肥70~90千克；也可每亩施生物有机肥400~500千克或无害化处理过的有机肥料4000~5000千克、尿素15~20千克、过磷酸钙50~60千克、大粒钾肥20~30千克。第1次灌水时用沟灌法浇透，以促进有机肥料的分解和沉实土壤。

3）番茄是连续开花和坐果的蔬菜，分别在开花坐果期、果实膨大期、采收期多次进行滴灌施肥。肥料品种也可选用尿素、工业级磷酸一铵（氮含量为12%、五氧化二磷含量为61%）和氯化钾，施用量可以根据需要的养分量进行折算。

4）采收后期可进行叶面追肥。选择晴天傍晚或雨后晴天喷施0.2%~

0.3%磷酸二氢钾或尿素溶液。若发生脐腐病可及时喷施0.5%氯化钙溶液，连喷数次，防治效果明显。

5）参照灌溉施肥制度表提供的养分量，可以选择其他的肥料品种组合，并换算成具体的肥料用量。

（4）秋延迟设施栽培番茄水肥一体化技术的施肥方案　番茄秋延迟设施栽培一般利用塑料大棚和日光温室。利用日光温室栽培多在8月上旬~8月下旬定植，11月中旬~第2年1月下旬采收；利用塑料大棚一般在8月上中旬定植，10月中旬~11月上旬采收。

秋延迟设施栽培番茄，可以用滴灌等设备结合灌水进行追肥。如果采取灌溉施肥，生产上常用氮、磷、钾含量总和为50%以上的水溶性肥料，适合的配方主要有：16-20-14+TE、22-4-24+TE、20-5-25+TE等。不同生长发育期灌溉施肥次数及用量可参考表3-103。

表3-103　秋延迟设施栽培番茄灌溉施肥水肥推荐方案

生长发育期	养分配方	每次施肥量/（千克/亩）		施肥次数/次	生长发育期肥料总用量/（千克/亩）		每次灌溉水量/米^3	
		滴灌	沟灌		滴灌	沟灌	滴灌	沟灌
缓苗后	16-20-14+TE	6~7	7~8	1	6~7	7~8	12~15	15~20
果实膨大期	22-4-24+TE	11~12	12~13	4	44~48	48~52	12~15	15~20
采收初期	22-4-24+TE	6~7	7~8	4	24~28	28~32	12~15	15~20
采收盛期	20-5-25+TE	10~11	11~12	8	80~88	88~96	12~15	15~20

本方案应用说明：

1）本方案适用于秋延迟日光温室栽培番茄，轻壤或中壤土质，土壤pH为5.5~7.6，要求土层深厚，排水条件较好，土壤中磷和钾的含量处于中等水平。目标产量为8000千克/亩。

2）定植前施基肥，定植前3~7天结合整地，撒施或沟施基肥。每亩施生物有机肥200~300千克或无害化处理过的有机肥料2000~3000千克、番茄有机型专用肥50~60千克；或每亩施生物有机肥200~300千克或无害化处理过的有机肥料2000~3000千克、尿素10~15千克、过磷酸钙30~40千克、大粒钾肥12~15千克。第1次灌水时用沟灌法浇透，以促进有机肥料的分解和沉实土壤。

3）番茄是连续开花和坐果的蔬菜，分别在缓苗后、果实膨大期、采收期多次进行滴灌施肥。肥料品种也可选用尿素、工业级磷酸一铵和氯化钾，施用量可以根据需要的养分量进行折算。

4）采收后期可进行叶面追肥。选择晴天傍晚或雨后晴天喷施0.2%~0.3%磷酸二氢钾或尿素溶液。若发生脐腐病可及时喷施0.5%氯化钙溶液，连喷数次，防治效果明显。

5）参照灌溉施肥制度表提供的养分量，可以选择其他的肥料品种组合，并换算成具体的肥料用量。

（5）越冬长季设施栽培番茄水肥一体化技术的施肥方案 番茄越冬长季设施栽培一般利用日光温室，多在11月上旬定植，第2年2~7月采收。

越冬长季设施栽培番茄，可以用滴灌等设备结合灌水进行追肥。如果采取灌溉施肥，生产上常用氮、磷、钾含量总和为50%以上的水溶性肥料，适合的配方主要有：16-20-14+TE、22-4-24+TE、20-5-25+TE等。不同生长发育期灌溉施肥次数及用量可参考表3-104。

表3-104 越冬长季设施栽培番茄灌溉施肥水肥推荐方案

生长发育期	养分配方	每次施肥量/（千克/亩）		施肥次数/次	生长发育期肥料总用量/（千克/亩）		每次灌溉水量/米^3	
		滴灌	沟灌		滴灌	沟灌	滴灌	沟灌
缓苗后	16-20-14+TE	6~7	7~8	1	6~7	7~8	12~15	15~20
开花坐果期	16-20-14+TE	13~14	14~15	1	13~14	14~15	12~15	15~20
果实膨大期	22-4-24+TE	11~12	12~13	4	44~48	48~52	12~15	15~20
采收初期	22-4-24+TE	6~7	7~8	4	24~28	28~32	12~15	15~20
采收盛期	20-5-25+TE	10~11	11~12	8	80~88	88~96	12~15	15~20
采收末期	20-5-25+TE	6~7	7~8	2	12~14	14~16	12~15	15~20

本方案应用说明：

1）本方案适用于越冬长季日光温室栽培番茄，轻壤或中壤土质，土壤pH为5.5~7.6，要求土层深厚，排水条件较好，土壤中磷和钾的含量处于中等水平。目标产量为10000千克/亩。

2）定植前施基肥，定植前3~7天结合整地，撒施或沟施基肥。每亩施生物有机肥料500~600千克或无害化处理过的有机肥料5000~6000千克、番茄有机型专用肥60~80千克；或每亩施生物有机肥500~600千克

或无害化处理过的有机肥料5000~6000千克、尿素15~25千克、过磷酸钙50~60千克、大粒钾肥20~35千克。第1次灌水时用沟灌法浇透，以促进有机肥料的分解和沉实土壤。

3）番茄是连续开花和坐果的蔬菜，分别在缓苗后、开花坐果期、果实膨大期、采收期多次进行滴灌施肥。肥料品种也可选用尿素、工业级磷酸一铵和氯化钾，施用量可以根据需要的养分量进行折算。

4）采收后期可进行叶面追肥。选择晴天傍晚或雨后晴天喷施0.2%~0.3%磷酸二氢钾或尿素溶液。若发生脐腐病可及时喷施0.5%氯化钙溶液，连喷数次，防治效果明显。

5）参照灌溉施肥制度表提供的养分量，可以选择其他的肥料品种组合，并换算成具体的肥料用量。

（6）日光温室越冬番茄水肥一体化技术的施肥方案　表3-105是在山东省日光温室栽培经验的基础上总结得出的日光温室越冬番茄滴灌施肥制度。

表3-105　日光温室越冬番茄滴灌施肥制度

生长发育期	灌溉次数/次	灌水定额/[米^3/(亩·次)]	每次灌溉加入的纯养分量/(千克/亩)				备注
			N	P_2O_5	K_2O	$N+P_2O_5+K_2O$	
定植前	1	22	12.0	12.0	12.0	36	沟灌
苗期	1	14	3.6	2.3	2.3	8.2	滴灌
开花期	1	12	3.0	1.8	3.0	7.8	滴灌
采收期	11	16	2.9	0.7	4.3	7.9	滴灌
合计	14	224	50.5	23.8	64.6	138.9	

本方案应用说明：

1）本方案适用于华北地区日光温室越冬番茄栽培，轻壤或中壤土质，土壤pH为5.5~7.6，要求土层深厚，排水条件较好，土壤中磷和钾的含量处于中等水平。目标产量为10000千克/亩。

2）定植前施基肥，每亩施鸡粪3000~5000千克，基施化肥氮（N）、磷（P_2O_5）、钾（K_2O）各12千克，肥料品种可选用三元复合肥（15-15-15）80千克/亩，或选用尿素15.9千克/亩、磷酸二铵26.1千克/亩和氯化钾20千克/亩。第1次灌水用沟灌法浇透，以促进有机肥料的分解和沉实土壤。

3）番茄是连续开花和坐果的蔬菜，从第一花序出现大蕾至坐果，要进行 1 次滴灌施肥，以促进正常坐果。肥料品种可选用尿素 6.84 千克/亩、工业级磷酸一铵 3.77 千克/亩和氯化钾 3.83 千克/亩。

4）番茄的营养生长与果实生长高峰相继周期性出现，水肥管理既要保证番茄的营养生长，又要保证果实生长。开花期滴灌施肥 1 次，肥料可选用尿素 5.75 千克/亩、工业级磷酸一铵 2.95 千克/亩和氯化钾 5.00 千克/亩。

5）番茄采收期较长，一般采收期前 3 个月每 12 天灌水 1 次，后 2 个月每 8 天灌水 1 次。每次结合灌溉进行施肥，每次肥料可选用尿素 6.00 千克/亩、工业级磷酸一铵 1.15 千克/亩和氯化钾 7.17 千克/亩。

6）采收后期可进行叶面追肥。选择晴天傍晚或雨后晴天喷施 0.2%～0.3%磷酸二氢钾或尿素溶液。若发生脐腐病可及时喷施 0.5%氯化钙溶液，连喷数次，防治效果明显。

7）参照灌溉施肥制度表提供的养分量，可以选择其他的肥料品种组合，并换算成具体的肥料用量。

2. 辣椒水肥一体化技术的应用

我国辣椒普遍是以冬、春季育苗，春季露地栽培为主，北方部分省也实施冬季日光温室栽培。

（1）辣椒水肥一体化技术的灌溉类型 辣椒通常起垄栽培，开花结果后一些品种需要搭支架固定（图 3-11）。适宜的灌溉方式有微喷带、滴灌、膜下滴灌、膜下微喷灌。

图 3-11 辣椒滴灌水肥一体化技术的应用

对于滴灌来说，铺设网管时，在工作行中间铺设送水管，输水管道一般是三级式，即干管、支管和滴灌毛管，其中毛管滴头宜选用流量为2.8升/时、滴头间距为30厘米。进水口处与抽水机水泵出水口相接，送水管在种植行对应处安装1个带开关的四通接头，直通续接送水管，侧边分别各接1条滴管，使用90厘米宽的膜，每条膜内铺设1条滴灌毛管，相邻2条毛管间距为2.6米。滴管安装好后，每隔60厘米用小竹片拱成半圆形卡过滴管在地上插稳，半圆顶与充满水时管的距离以0.5厘米为宜。

（2）辣椒水肥一体化技术的水分管理　辣椒植株本身需水量不大，但由于其根系线、根量少，对土壤水分状况的反应十分敏感，土壤水分状况与开花、结果的关系十分密切。辣椒既不耐旱也不耐涝，只有土壤保持湿润才能高产，但积水又会使植株萎蔫。一般大果类型的甜椒品种对水分要求比小果类型的辣椒品种更严格。苗期辣椒需水较少，此时以控温通风降湿为主；移栽后，为满足植株生长发育应适当浇水；初花期要增加水分供应；着果期和盛果期需供应充足的水分。如果土壤水分不足，极易引起落花落果，影响果实膨大，果实表面多皱缩、少光泽，果形弯曲。灌溉时做到畦土不积水，如土壤水分过多、淹水数小时，植株就会萎蔫，严重时成片死亡。此外，辣椒对空气湿度要求也较严格，开花结果期空气相对湿度以60%~80%为宜，过湿易造成病害，过干则对授粉、受精和坐果不利。

辣椒是一种需水量不太多，但不耐旱、不耐涝，对水分要求较严格的蔬菜。苗期耗水量最少，定植到辣椒长至3厘米左右时，滴水量要少，以促根为主，适当蹲苗。进入初果期后，加大滴水量及灌水次数，土壤湿度控制在田间持水量的70%~80%；进入盛果期，需水需肥量达到高峰，土壤湿度控制在田间持水量的75%~85%。

定植水的灌水定额为15米^3/亩；在定植至实果期（7月~8月上旬），每4~6天滴水1次，灌水定额为6~8米^3/亩；在初果期（8月中下旬），每5天滴水1次，灌水定额为8~10米^3/亩；在盛果期（9月），每5天滴水1次，灌水定额为10~15米^3/亩；在采收期（10~11月），于10月上旬滴水1次，灌水定额为8~15米^3/亩。定植至商品上市的整个生长发育期有130天左右，滴水20~30次，总灌水量为190~230米^3/亩。

（3）日光温室早春茬滴灌栽培辣椒水肥一体化技术的施肥方案　辣椒日光温室早春茬栽培，一般4月初移栽定植，7月初采收结束。表3-106是按照微灌施肥制度的制定方法，在天津市日光温室栽培经验的基础上总结得出的日光温室早春茬辣椒滴灌施肥制度。

表 3-106 日光温室早春茬辣椒滴灌施肥制度

生长发育期	灌溉次数/次	灌水定额/[米^3/(亩·次)]	每次灌溉加入的纯养分量/(千克/亩)				备注
			N	P_2O_5	K_2O	$N+P_2O_5+K_2O$	
定植前	1	20	6.0	13	6.0	25	施基肥，定植后沟灌
定植至开花期	2	9	1.8	1.8	1.8	5.4	滴灌，可不施肥
开花至坐果期	3	14	3.0	1.5	3.0	7.5	滴灌，施肥 1 次
采收期	6	9	1.4	0.7	2.0	4.1	滴灌，施肥 5 次
合计	12	134	27	25.3	30.6	82.9	滴灌，施肥 6~7 次

本方案应用说明：

1）本方案适用于华北地区日光温室早春茬辣椒栽培。选择在土层深厚、土壤疏松、保水保肥性强、排水良好、中等以上肥力的沙壤土栽培，土壤 pH 为 7.6，土壤有机质含量为 2.5%，全氮含量为 0.15%，有效磷含量为 48 毫克/千克，速效钾含量为 140 毫克/千克。2 月初育苗，4 月初定植，7 月初采收完毕，大小行种植，每亩定植 3000~4000 株，目标产量为 4000 千克/亩。

2）定植前整地，施入基肥，每亩施用腐熟的有机肥料约 5000 千克，氮（N）6 千克、磷（P_2O_5）13 千克和钾（K_2O）6 千克，肥料品种可选用复合肥（15-15-15）40 千克/亩和过磷酸钙 50 毫克/千克。定植前浇足底墒水，灌水量为 20 米^3。

3）定植至开花期灌水 2 次，其中，定植 1 周后浇缓苗水，水量不宜多。之后 10 天左右再浇第 2 次水。基肥充足时，定植至开花期可不施肥。

4）开花至坐果期滴灌 3 次，其中滴灌施肥 1 次，以促秧棵健壮。开始采收至盛果期，主要抓好促秧、攻果。肥料品种可选用滴灌专用肥（20-10-20）15 千克/亩，或选用尿素 6.5 千克/亩、磷酸二氢钾 3.0 千克/亩和工业级硫酸钾 4.0 千克/亩。

5）采摘期滴灌 6 次，其中施肥 5 次，每隔 1 周左右滴灌施肥 1 次。肥料品种可选用滴灌专用肥（16-8-22）8.7 千克/亩，或选用尿素 3.0 千克/亩、磷酸二氢钾 1.4 千克/亩和硫酸钾（工业级）3.0 千克/亩。采收成熟期可结合滴灌，单独加入钙、镁肥。

6）参照灌溉施肥制度表提供的养分量，可以选择其他的肥料品种组合，并换算成具体的肥料用量，但不宜使用含氯化肥。

（4）日光温室早春茬滴灌栽培甜椒水肥一体化技术的施肥方案　甜椒日光温室早春茬栽培，一般4月初移栽定植，7月初采收结束。根据滴灌系统要用水溶性肥料的特点，建议营养生长早期使用15-30-15配方，营养生长中后期使用18-3-31-2（MgO）配方，直到采收完毕。早期每亩用15-30-15配方肥20千克，中后期用18-3-31-2（MgO）配方肥76千克。具体分配见表3-107。

表3-107　日光温室早春茬甜椒滴灌施肥分配方案

定植后天数	15-30-15/(千克/亩)	18-3-31-2（MgO）/(千克/亩)
定植后	3	
定植后6天	3	
定植后11天	3	
定植后16天	3	
定植后21天	4	
定植后26天	4	
定植后33天		5
定植后40天		5
定植后48天		6
定植后56天		6
定植后64天		8
定植后72天		9
定植后80天		9
定植后88天		10
定植后96天		10
定植后104天		8
总量	20	76

本方案应用说明：

1）本方案适用于华北地区日光温室早春茬甜椒栽培。选择在土层深厚、土壤疏松、保水保肥性强、排水良好、中等以上肥力的沙壤土栽培，每亩定植3000~4000株，目标产量为4000千克/亩。

2）定植前整地，施入基肥，每亩施生物有机肥400~500千克或无害化处理过的有机肥料4000~5000千克、辣椒有机型专用肥50~60千克；也可以每亩施生物有机肥400~500千克或无害化处理过的有机肥料4000~5000千克、尿素20~25千克、过磷酸钙50~60千克、大粒钾肥20~30千克。定植前浇足底墒水，灌水量为20米^3。

3）参照灌溉施肥制度表提供的养分量，可以选择其他的肥料品种组合，并换算成具体的肥料用量，但不宜使用含氯化肥。

3. 茄子水肥一体化技术的应用

我国茄子普遍是以冬、春季育苗，春季露地栽培为主，北方部分省也实施冬季日光温室栽培。

（1）茄子水肥一体化技术的灌溉类型 茄子通常起垄栽培，适宜的灌溉方式有微喷带、滴灌、膜下滴灌、膜下微喷灌（图3-12）。

图3-12 茄子滴灌水肥一体化技术的应用

对于滴灌来说，铺设网管时，在工作行中间铺设送水管，输水管道一般是三级式，即干管、支管和滴灌毛管，其中毛管滴头宜选用流量为2.8升/时、滴头间距为30厘米。进水口处与抽水机水泵出水口相接，送水管在种植行对应处安装1个带开关的四通接头，直通续接送水管，侧边分别各接1条滴管，使用90厘米宽的膜，每条膜内铺设1条滴灌毛管，相邻2条毛管间距为2.6米。滴管安装好后，每隔60厘米用小竹片拱成半圆形

卡过滴管在地上插稳，半圆顶与充满水时管的距离以 0.5 厘米为宜。

(2) 茄子水肥一体化技术的水分管理 茄子枝叶繁茂，叶面积大，水分蒸发多。茄子的抗旱性较弱，尤其是幼嫩的茄子植株。当土壤中水分不足时，茄子生长缓慢，还常引起落花，而且长出的果实皮粗糙、无光泽、品质差。茄子生长前期需水较少，结果期需水量增大。为防止茄子落花，第一对花开放时要控制水分，门茄"瞪眼"时表示已坐住果，要及时浇水，以促进果实生长。茄子喜水又怕水，土壤潮湿通气不良时，易引起沤根。空气湿度大，易引起病害，应注意通风排湿。茄子即怕旱又怕涝，但在不同的生长发育阶段对水分的要求有所有同。一般门茄坐果以前需水少，以后需水量增大，特别是"对茄"采收前后需水量最大。在设施栽培中，适宜的空气相对湿度为 70%~80%；土壤相对含水量应保持在 70%~80%，水分过多易导致徒长、落花或发生病害，但一般不能低于 55%。

茄子定植水要浇够，缓苗后发现缺水可浇水 1 次，但水量不宜太大，浇水后及时中耕松土。浇水要轻，水要小，3 月地温达 18℃ 以上时加大浇水量，盛果期一水一肥。定植后，4 月以前不浇水；5 月后，如遇连续晴天，土壤干燥，应及时浇水，当植株发病时，不可灌水，只能浇水。

茄子的发芽期，从种子萌动到第 1 片真叶出现为止，需要 15~20 天。播种后要注意提高地温。幼苗期，从第 1 片真叶出现到门茄现蕾，需要 50~70 天。幼苗长出 3~4 片真叶时开始花芽分化，花芽分化之前，幼苗以营养生长为主，生长量很小，水分、养分需要量较少。从花芽分化开始，转为生殖生长和营养生长同时进行。这一段时间幼苗生长量大，水分、养分需求量逐渐增加。分苗应该在花芽分化前进行，以扩大营养面积，保证幼苗迅速生长发育和花器官的正常分化。

(3) 茄子水肥一体化技术的施肥方案 表 3-108 是在河北省日光温室栽培经验的基础上总结得出的日光温室越冬茄子滴灌施肥制度，可供各地运用参考。

表 3-108 日光温室越冬茄子滴灌施肥制度

生长发育期	灌溉次数/次	灌水定额/[米^3/(亩·次)]	每次灌溉加入的纯养分量/(千克/亩)				备注
			N	P_2O_5	K_2O	$N+P_2O_5+K_2O$	
定植前	1	20	5	6	6	17	沟灌
苗期	2	10	1	1	0.5	2.5	滴灌

（续）

生长发育期	灌溉次数/次	灌水定额/[米^3/(亩·次)]	每次灌溉加入的纯养分量/(千克/亩)				备注
			N	P_2O_5	K_2O	$N+P_2O_5+K_2O$	
开花期	3	10	1	1	1.4	3.4	滴灌
采收期	10	15	1.5	0	2	3.5	滴灌
合计	16	220	25	11	31.2	67.2	

本方案应用说明：

1）本方案适用于华北地区日光温室越冬茄子栽培。选择有机质含量较高、疏松肥沃、排水良好的土壤，土壤 pH 为 7.5 左右。采用大小行定植，大行为 70 厘米，小行为 50 厘米，株距为 45 厘米，早熟品种每亩株数为 3000~3500 株，晚熟品种每亩株数为 2500~3000 株。目标产量为 4000 千克/亩。

2）定植前施基肥，每亩施腐熟的有机肥料 5000 千克、氮（N）5 千克、磷（P_2O_5）6 千克和钾（K_2O）6 千克，肥料品种可选用尿素 5 千克/亩、磷酸二铵 13 千克/亩、氯化钾 10 千克/亩，或使用三元素复合肥（15-15-15）40 千克/亩，结合深松耕在种植带开沟将基肥施入。定植前沟灌 1 次，灌水量为 20 米^3。

3）苗期不能过早灌水，只有当土壤出现缺水状况时才能进行滴灌施肥，肥料品种可选用尿素 2.2 千克/亩和磷酸二氢钾 2.0 千克/亩。

4）开花后至坐果前，应适当控制水肥供应，以利于开花坐果，开花期滴灌施肥 1 次，肥料可选用尿素 2.2 千克/亩、磷酸二氢钾 2.0 千克/亩和氯化钾 1.4 千克/亩。

5）进入采收期后，植株对水肥的需要量增大，一般前期每隔 8 天滴灌施肥 1 次，中后期每隔 5 天滴灌施肥 1 次。每次肥料品种可选用尿素 3.26 千克/亩、氯化钾 3.33 千克/亩。

6）参照灌溉施肥制度表提供的养分量，可以选择其他的肥料品种组合，并换算成具体的肥料用量。

四、叶菜类蔬菜水肥一体化技术的应用

叶类蔬菜包括白菜类、绿叶类、芽菜类等几大类。主要有白菜类中的大白菜、结球甘蓝、花椰菜、乌塌菜，绿叶类中的菠菜、芹菜、油菜、芫荽（香菜）、莴苣、蕹菜、落葵（木耳菜）、荠菜、苋菜、茼蒿、茴香，

芽菜类中的豌豆苗、菊苣芽、荞麦苗、萝卜芽等。

1. 大白菜水肥一体化技术的应用

大白菜原产于我国北方，后引种到南方，现在南北各地均有栽培。黄河流域一年可栽培春茬、夏茬和秋茬，东北地区可栽培春茬和秋茬，青藏高原和大兴安岭北部地区一年只栽培一茬，华南地区可以周年栽培。目前，我国各地多以秋季栽培为主，也有利用设施进行越夏大白菜栽培。

（1）大白菜水肥一体化技术的灌溉类型 大白菜多为露地栽培，水肥一体化技术应用较少。最适宜的灌溉方式为微喷灌。微喷灌可分为移动式喷灌、半固定式喷灌和固定式喷灌。在水源充足的地区（畦沟蓄水），采用船式喷灌机。一些农场采用滴灌管，滴头间距为 20~30 厘米，流量为 1.0~2.5 升/时，使用薄壁喷灌带。

微喷器的喷水直径一般为 6 米，为保持其灌溉的均匀性，应采用喷水区域圆周重叠法将微喷器安装间距设定为 2.5 米，使相邻的 2 个微喷器的喷水区域部分重叠。

（2）大白菜水肥一体化技术的水分管理 大白菜叶片多，叶面角质层薄，水分蒸腾量很大。大白菜不同生长期对水分需求是不同的，幼苗期土壤含水量要求在 65%~80%（土壤湿润）；莲座期是叶片生长最快的时期，但需水量较少，一般土壤含水量为 15%~18%即可；结球期是大白菜需水最多的时期，必须保持含水量为 19%~21%，不足时需要灌水。

大白菜发芽期和幼苗期需水量较少，但种子发芽出土需有充足水分；幼苗期根系弱而浅，天气干旱时应及时浇水，保持地面湿润，以利幼苗吸收水分，防止因地表温度过高而灼伤根系；莲座期需水较少，掌握地面见干见湿，对莲座叶生长即促又控。结球期需水量最大，应适时浇水。结球后期则需控制浇水，以利于储存。可以通过经验法和张力计法确定是否需要灌水和灌水时间。

1）经验法。在生产实践中可凭经验判断土壤含水量。如壤土和沙壤土，用手紧握形成土团，再挤压时土团不易碎裂，说明土壤湿度大约在田间持水量的 50%以上，一般不进行灌溉；如手捏松开后不能形成土团，轻轻挤压容易发生裂缝，说明水分含量少，应及时灌溉。夏、秋季干旱时期还可根据天气情况决定灌水时间，一般连续高温干旱 15 天以上即需开始灌溉；秋、冬季干旱可在延续 20 天以上时再开始灌溉。

2）张力计法。大白菜为浅根性作物，绝大部分根系分布在 30 厘米的土层中。当用张力计检测水分时，一般可在菜园土层中埋 1 支张力计，埋藏深度为 20 厘米。土壤湿度保持在田间持水量的 60%~80%，即土壤张力在 10~20 千帕时有利于大白菜生长。超过 20 千帕表明土壤变干，要开始灌溉，至张力计读数回零时为止。当用滴灌法时，张力计应埋在滴头的正下方。

3）适时浇水。大白菜定植后及时灌足定植水，随后结合中耕培土 1~2 次。之后根据天气情况适当灌水以保持土壤湿润。每次灌水时间为 3~4 小时，土壤湿润层为 15 厘米，喷灌时间一般选在上午或下午，这时灌溉后地温能快速上升。喷水时间及间隔时间可根据蔬菜不同生长期和需水量来确定。大白菜从团棵到莲座期，可适当喷灌数次，莲座末期可适当控水数天。大白菜进入结球期后，需水分最多，因此刚结束蹲苗就要喷水 1 次，喷灌时间为 3~4 小时。然后隔 2~3 天再接着喷灌第 2 次水，以后一般每隔 5~6 天喷水 1 次，使土壤保持湿润，前期灌水的水量要比后期小才能保证高产。

（3）大白菜喷灌水肥一体化技术的施肥方案

1）整地施肥。大白菜不能连茬，也不能与其他十字花科蔬菜轮作，这是预防病虫害的重要措施之一。前茬作物采收后，要及时整地施肥，可每亩施用有机肥料 4000~5000 千克，氮磷钾复合肥 25~40 千克。

2）适时播种。种植大白菜一般采用高垄和平畦 2 种模式栽培。高垄一般每垄栽 1 行，垄高 12~15 厘米；平畦每畦栽 2 行，畦宽依品种而定。早熟品种行距为 55~60 厘米，株距为 40~50 厘米，每亩栽 3000 株左右；中晚熟品种行距为 55~60 厘米，株距为 55~60 厘米，每亩栽培 2500 株左右。在无雨的情况下，一般于播种当日或次日喷灌 1 遍，务求将垄面湿透。播种第 3 天浇第 2 遍水以促使大部分幼芽出土。

3）苗期管理。苗出齐后，在子叶期、拉十字期、3~4 叶期进行间苗。在 5~6 叶时定苗，苗距为 10 厘米。苗期植株生长速度很快，但是根系很小，吸收能力很弱。因此，必须及时追肥和浇水。干旱时应 2~3 天喷灌 1 次，每次 1~2 小时，保持地面湿润。大白菜苗期蚜虫发生严重，且易导致病毒病的流行。对此应使用纱网阻挡蚜虫危害，并及时进行药剂防治。

4）移栽定植。一般在苗龄为 15~20 天，幼苗有 5~6 片真叶时，为移栽的最佳时期。移栽最好在下午进行。根据品种的特性确定适宜的密度，栽后立即浇水，以后每天早晚各浇 1 次水，连续 3~4 天，以利于缓苗保活。

5）合理施肥。喷灌能够随水施肥，提高肥效。宜施用易溶解的化肥，

每次用尿素 3~4 千克+磷酸二氢钾 1~2 千克。先将化肥溶解后倒入施肥罐内，将施肥罐连通支水管，打开施肥阀，调节主水阀，待水管中有水流时即可开始喷灌，一般 1 次喷 15~20 分钟。化肥溶液与水的比例可根据蔬菜生长情况而定。施肥结束后，继续喷水 3~5 分钟，以清洗管道与喷头。

6）捆叶采收。大白菜生长后期，天气多变，气温日渐下降，为防霜冻，要及时捆扎。一般在采收前 10~15 天停止浇水，将莲座叶扶起，抱住叶球，然后用浸湿的甘薯秧或谷草将叶捆住，使包心更坚实并继续生长。小雪前 2~3 天，应及时采收，并在田间晾晒，待外叶萎蔫，即可储藏。

2. 莴苣水肥一体化技术的应用

莴苣按食用部位可分为叶用莴苣和茎用莴苣两类，叶用莴苣又称生菜，茎用莴苣又称莴笋、香笋。莴苣的名称很多，也被称作“千金菜”“莴菜”和“石苣”等。

（1）莴苣水肥一体化技术的灌溉类型　莴苣整个生长发育过程需水需肥比较频繁，灌溉的时间和所需肥水也不相同，所以采用高效肥水一体化灌溉势在必行，莴苣适宜的灌溉模式以微喷灌、滴灌等最常用，大棚栽培最适合采用悬挂式微喷灌（图 3-13）。

图 3-13　莴苣水肥一体化技术的应用

微喷灌具有小范围、小喷量、小冲击力的灌溉特性，适合莴苣水肥一体化使用；在夏季使用时还有良好的降温效果，既可满足作物对水、肥的需要，又可将对地温、空气、湿度的影响降到最低，减少了病害的发生。另外，还可利用微喷灌进行根外追肥，为蔬菜生长补充养分。微喷灌技术原则上可用于任何地形，比地面灌溉系统减少了大量输水损失，避免了地面积水、径流和深层渗漏，节水 30%~52%，增产 20%~30%，能扩大播种面积 30%~50%，同时还具有增产、保土保肥、适应性强、便于机械化和自动化控制等优点。

微喷器的喷水直径一般为6米，为保持其灌溉的均匀性，应采用喷水区域圆周重叠法将微喷器安装间距设定为2.5米，使相邻的2个喷水器的喷水区域部分重叠。6米宽的棚装1排，微喷器间距为2.5米；8米宽的棚装2排，微喷器间距为4米，梅花形排列。一般每亩安装喷头35~40支，每小时可喷水2.5~3吨。

(2) 莴苣水肥一体化技术的水分管理 莴苣叶片较多，叶面积较大，蒸腾量也大，消耗水分较多，需水也较多。莴苣生长发育期为65天左右，每亩需水量为215米^3，平均每天的需水量为3.3米^3。叶用莴苣在不同生长发育期对水分的需求不同，种子发芽出土时，需要保持苗床土壤湿润，以利于种子发芽出土。幼苗期适当控制浇水，土壤保持见干见湿。发棵期要适当蹲苗，促进根系生长。结球期要供应充足的水分，结球后期浇水不能过多。

莴苣在幼苗期应供水均匀，防止幼苗老化或徒长；莲座期应适当控制水分供应，促进功能叶生长，为结球或嫩茎肥大奠定物质基础；结球期或茎部肥大期水分供应要充足，此期缺水则叶球小，或嫩茎瘦弱、产量低、味苦涩；特别是要注意后期水分供应要均匀，不可过多或过少，以免生长不平衡，导致裂球或裂茎，引起软腐病和菌核病发生。可以通过经验法和张力法确定是否需要灌水和灌水时间，方法同大白菜。

(3) 莴苣水肥一体化技术的施肥方案

1）栽培季节。莴笋适应性广，根据市场需求，选用不同品种可以做到排开播种，周年均衡生产供应。

2）整地施肥。选择土壤疏松，排水良好，有机质含量丰富，保水保肥力强的土壤，深耕整地，每亩施入腐熟的农家肥2~3吨，晒垡7~10天后精细整地，以1.8~1.9米开墒，正常季节栽培采用平墒，反季节栽培采用高墒。

3）播种移栽。每亩大田栽培莴苣需苗地15~20米^2，每亩大田用种量为25~30克，用遮阳网覆盖，然后压实即可。一般按32厘米×35厘米的株行距进行移栽，每亩栽培4800~5200株，移栽时淘汰茎部已膨大的苗子，以免早期抽薹。

4）露地喷灌水肥一体化。整地时施好基肥，每亩施有机肥料2.0~2.5吨、过磷酸钙50千克、平衡型复合肥20千克。移栽或直播出苗后，开始追肥。一般在6~7叶期、10叶期、包心初期，结合喷水追施氮肥和

钾肥，结球期肥水供应均匀。施用的追肥种类有尿素、硝酸铵钙、硝酸钾、硫酸镁、氯化钾、水溶性复合肥等。整个生长过程中每亩施尿素 10 千克、硝酸钾 10 千克、硝酸铵钙 10 千克、硫酸镁 10 千克，每次施以上各种肥料各 1.5 千克。注意喷施浓度为 1~3 克/升，以防浓度过高烧伤叶片。由于喷灌对肥料的溶解性要求较低，一些有机肥料经初级过滤后也可喷施。常用的有机液肥有粪水、沼液等。应注意有机液肥的浓度，可用电导率仪测定，当电导率在 2~3 毫西/厘米时为安全浓度。

5）设施滴灌水肥一体化。表 3-109 是在华北地区日光温室栽培经验基础上总结得出的日光温室秋冬茬结球莴苣滴灌施肥制度。

表 3-109　日光温室秋冬茬结球莴苣滴灌施肥制度

生长发育期	灌溉次数/次	灌水定额/[米^3/(亩·次)]	每次灌溉加入的纯养分量/(千克/亩)				备注
			N	P_2O_5	K_2O	$N+P_2O_5+K_2O$	
定植前	1	20	3.0	3.0	3.0	9.0	沟灌
定植至发棵期	1	8	1.0	0.5	0.8	2.3	滴灌
发棵至结球期	2	10	1.0	0.3	1.0	2.3	滴灌，施肥 1 次
结球至采收期	3	8	1.2	0	2.0	3.2	滴灌，施肥 2 次
合计	7	72	9.6	4.1	11.8	25.5	

本方案应用说明：

① 本方案适用于华北地区日光温室秋冬茬结球莴苣栽培，要求土层深厚、有机质含量丰富、保水保肥能力强的黏壤土或壤土，土壤 pH 为 6 左右。10 月定植到第 2 年 1 月采收，生长发育期为 100 天左右。目标产量为 1500~2000 千克/亩。

② 定植前施基肥。每亩施用腐熟的有机肥料 2000~3000 千克、氮（N）3 千克、磷（P_2O_5）3 千克、钾（K_2O）3 千克和钙（Ca）4~8 千克。如果没有溶解性好的磷肥，可以将磷全部用作基施。肥料品种可选用三元复合肥（15-15-15）20 千克/亩和过磷酸钙 50 毫克/千克，沟灌 1 次，确保土壤底墒充足。

③ 定植至发棵期只滴灌施肥 1 次，肥料品种可选用尿素 2.2 千克/亩、磷酸二氢钾 1.0 千克/亩、硫酸钾 0.9 千克/亩。

④ 发棵至结球期根据土壤墒情滴灌 2 次，其中第 2 次滴灌时进行施

肥，肥料品种可选用尿素 0.9 千克/亩、磷酸二氢钾 0.6 千克/亩、硫酸钾 1.7 千克/亩。

⑤ 结球至采收期，滴灌 3 次，第 1 次不施肥，后 2 次结合结球莴苣长势实施滴灌施肥，肥料品种可选用尿素 2.6 千克/亩、硫酸钾 2.6 千克/亩。结球后期应减少浇水量，防止裂球。同时可叶面喷施钼肥和硼肥。

⑥ 为了防止叶球干烧心和腐烂，在结球莴苣发棵期和结球期，结合喷药叶面喷施或者滴灌施用 0.3%氯化钙溶液或其他钙肥 3~5 次。

⑦ 参照灌溉施肥制度表提供的养分量，可以选择其他的肥料品种组合，并换算成具体的肥料量，但不宜使用含氯化肥。

⑧ 适时采收。在结球莴苣充分肥大之前可随时采收嫩株上市。为了延长秋莴苣上市期，延迟采收，可从莲座期开始，每隔 5~7 天喷 350~500 毫克/千克的矮壮素 2~3 次，或在基部肥大时每隔 5 天喷 2500 毫克/千克青鲜素 2 次。

3. 花椰菜水肥一体化技术的应用

花椰菜为十字花科芸薹属的一年生植物，又名花菜、椰花菜、甘蓝花、洋花菜、球花甘蓝。有白、绿两种，白色的就叫花椰菜，绿色的叫西蓝花（青花菜）。花椰菜和西蓝花的营养、作用基本相同，西蓝花比花椰菜的胡萝卜素含量要高些。

（1）花椰菜水肥一体化技术的灌溉类型 花椰菜整个生长发育过程需水需肥比较频繁，灌溉的时间和所需肥水也不相同，所以采用高效肥水一体化灌溉势在必行，花椰菜适宜的灌溉模式以微喷灌、滴灌等最常用，大棚栽培最适合采用膜下滴灌。

微喷灌适合花椰菜水肥一体化使用，微喷器排列方式同莴苣。

采用膜下滴灌时，通常 2 行花椰菜安装 1 条喷水带，孔口朝上，覆膜。沙土质地疏松，对水流量要求不高，但黏土上水流量要小，以防地表径流。喷水带的管径和喷水带的铺设长度有关，以整条管带的出水均匀度达到 90%为宜，如采用间距为 40~50 厘米、流量为 1.5~3.0 升/小时，沙土选大流量滴头，黏土选小流量滴头。

（2）花椰菜水肥一体化技术的水分管理 花椰菜在苗期需水量不多，定植后需水量逐渐增加，到花球期需水量达到最大。花椰菜的整个生长发育期为 70~85 天，每亩需水量为 320~325 米^3，平均每天需水 3.8~4.6 米^3。

花椰菜喜湿润的环境，不耐干旱，耐涝能力较弱，对水分供应要求比

较严格。花椰菜在整个生长发育期都需要充足的水分供应，特别是蹲苗以后到花球形成期需要大量水分。如果水分供应不足，或天气过于干旱，常常会抑制营养生长，促使生殖生长加快，提早形成花球，花球小且质量差；但如果水分过多，土壤通透性降低，含氧量下降，也会影响根系的生长，严重时可造成植株凋萎。适宜的土壤湿度为田间持水量的70%~80%，空气相对湿度为80%~90%。是否需要灌水及灌水时期的确定方法同大白菜。

（3）花椰菜水肥一体化技术的施肥方案

1）品种选择。应选用早熟、高产、抗旱、抗寒、抗病、不易抽薹的花椰菜品种。

2）整地施肥。土壤最好选用没有种过十字花科蔬菜的大田土，肥料用充分腐熟的有机肥料，深翻土地20厘米，清耕整地，每亩施优质腐熟有机肥料5000~6000千克、尿素10~15千克、磷酸二铵15~20千克、硫酸钾复合肥25千克作为基肥。覆盖地膜前，用多菌灵或百菌清在翻地或起垄前或起垄后喷洒。垄宽70厘米、高15厘米，将毛管和地膜1次铺于2垄之间。正常滴灌后，将滴灌带绷紧拉直，末端用木棒固定，然后覆盖地膜。

3）播种移栽。早熟种6月中旬播种，苗龄25天；中熟种6月下旬~7月上中旬播种，苗龄30~35天；晚熟种7月播种，苗龄35~60天（不同品种间有差异）。春花菜为10~12月播种，苗龄因品种而异，最长的达90天。

播种后如果土壤底水足，出苗前可不再浇水；否则在覆盖物如草帘、遮阳网上喷水补足。出苗后视土壤墒情浇水，浇水宜在早晨和傍晚进行，且1次浇足，覆细土保墒。移苗活棵后，轻施1次氮肥，长出4~5片真叶时可酌情再轻施1次氮肥。追肥可与浇水相结合。

播后15~20天，有3~4片真叶时，按苗的大小移苗。早熟种移至营养钵中，中晚熟种在夏季和秋季必须移至遮阳棚中，间距为7~10厘米。移苗至定植的时间为：早熟种10天，长出5~6片真叶时定植；中晚熟种20~25天，长出7~8片真叶时定植。

4）适时浇水。定植后及时灌足定植水，随后结合中耕培土1~2次，以后根据天气情况适当灌水，以保持土壤湿润。每次灌水时间为3~4小时，土壤湿润层为15厘米，花椰菜适宜的土壤湿度为80%~90%，幼苗期缓苗后，为了蹲苗，促进根系发达，团棵前应小水勤浇。莲座期内浇水应见干见湿，保证充分供水又不使植株徒长；包心前7~10天浇1次大水，然后停止浇水，进行蹲苗，让植株生长得到控制并促进叶球形成，增强植株抗逆性。莲座期、结球期在结束蹲苗后控制土壤含水量在80%~90%，一般每隔4~6天喷1次水，前期灌水要比后期灌水的水量小，才能保证高产。

5）合理施肥。花椰菜在莲座前期应通过控制灌水来蹲苗，促进根系发育，增强抗逆性。结合灌水每亩追施氮肥10~15千克，同时叶面喷施0.2%硼砂溶液1~2次。莲座中后期要加强肥水管理，以形成强大的同化和吸收器官，为高产打下良好的基础，此期一定要防止干旱，保持土壤湿度在70%~80%。结球期要保持土壤湿润，并结合灌水追施氮肥5千克、磷酸二铵10千克、钾肥10~15千克，还可叶面喷施0.2%磷酸二氢钾溶液1~2次。当花球直径达到约3厘米时进行束叶以保护花球。追肥浇水要及时。但到蔬菜生长的中后期，应及时撤膜以增加土壤的透气性，促进根系生长。采收前2~3天停止灌水（在采收前7天停止喷药），适度控制产品含水量，增加产品的耐储性。

也可结合表3-110施肥方案进行施肥。

表3-110　花椰菜水肥一体化技术施肥方案

施肥时间	肥料种类	施肥量	施肥方法
基肥	三元复合肥（16-8-18）	40~80千克/亩	整地时施入
	腐熟的有机肥料	2000~3000千克/亩	
移栽	有机水溶性肥料	100~200毫升/亩	稀释100倍浸根移栽
苗期	水溶性肥料（32-6-12+TE）	4~6千克/亩	滴灌，每10~15天1次
结球前期	复合性活性钙	30~60克/亩	稀释1000~1200倍喷施2次，间隔15天
	硼砂	30~60克/亩	
	水溶性肥料（20-20-20+TE）	6~8千克/亩	滴灌，每10~15天1次
结球期	水溶性肥料（20-20-20+TE）	6~8千克/亩	滴灌1次
	水溶性肥料（15-6-35+TE）	8~10千克/亩	滴灌2次，每10~15天1次
	有机水溶性肥料	150~250毫升/亩	稀释300~500倍喷施2次，间隔15天

6）采收转运。应选择在天气晴朗、土壤干燥的早晨采收。采收时一般保留2~3轮外叶，以对内部花球起一定的保护作用。在装箱时，将茎

部朝下码在筐中，最上层产品低于筐沿。为减少蒸腾凝聚的水滴浇在花球上引起霉烂，也可将花球朝下放置。严禁使用竹筐或柳条筐装运，有条件的可直接用聚苯乙烯泡沫箱装载，装箱后应立即加盖。

五、瓜类蔬菜水肥一体化技术的应用

瓜类蔬菜是指葫芦科植物中以果实供食用的栽培种群。瓜类蔬菜种类较多，主要有黄瓜、西葫芦、南瓜、冬瓜、苦瓜、丝瓜、瓠瓜、佛手瓜等。其中，黄瓜为果菜兼用的大众蔬菜，南瓜、苦瓜是药食兼用的保健蔬菜，冬瓜为秋淡季的主要蔬菜，其他瓜类则风味各异，都是膳食佳品。

1. 黄瓜水肥一体化技术的应用

我国各地普遍栽培黄瓜，夏、秋季多露地栽培，冬、春季多设施栽培。

（1）黄瓜水肥一体化技术的灌溉类型 黄瓜通常起垄栽培，适宜的灌溉方式有滴灌、膜下滴灌、膜下微喷带，其中膜下滴灌应用面积最大（图3-14）。滴灌时，可用薄壁滴灌带，壁厚0.2~0.4毫米，滴头间距为20~40厘米，流量为1.5~2.5升/时。采用喷水带时，尽量选择流量小的。

图3-14 黄瓜膜下滴灌水肥一体化技术的应用

简易滴灌系统主要包括滴灌软管、供水软管、三通、水泵、施肥器。滴灌软管上交错打双排滴孔，滴孔间距为25厘米左右。把软管滴孔向上铺在黄瓜小沟中间，末端扎牢。首端用三通与供水软管或硬管连接。供水管东西向放在后立柱处，一端扎牢，另一端与施肥器、水泵连接。水泵可用小型电动水泵。若浇水，接通电源可自动浇水。浇水的时间视土壤墒情及黄瓜生长需求而定。如果想浇水并进行追肥，可接上施肥器，温室内进行滴灌安装，必须在覆盖地膜之前，把滴灌软管先铺在小沟内，再盖地膜。

（2）黄瓜水肥一体化技术的水分管理 黄瓜需水量大，生长发育要求有充足的土壤水分和较高的空气湿度。黄瓜吸收的水分绝大部分用于蒸腾，蒸腾速率高，耗水量大。试验结果表明，露地栽培时，平均每株黄瓜干物质量为133克，单株黄瓜整个生长发育期的蒸腾量为101.7千克，平均每株每天蒸腾量1591克，平均每形成1克干物质的需水量为765克，即蒸腾系数为765。一般情况下，露地栽培黄瓜的蒸腾系数为400~1000，保护地栽培黄瓜的蒸腾系数为400以下。黄瓜不同生长发育期对水分需求有所不同，幼苗期需水量少，结果期需水量多。黄瓜的产量高，采收时随着产品带走的水分量也很多，这也是黄瓜需水量多的原因之一。黄瓜植株耗水量大，而根系多分布于浅层土壤中，对深层土壤水分利用率低，植株的正常发育要求土壤水分充足，一般土壤相对含水量为80%以上时生长良好，适宜的空气相对湿度为80%~90%。

黄瓜定植后强调要灌好3~4次水，即稳苗水、定植水、缓苗水等。在浇好定植缓苗水的基础上，当植株长有4片真叶，根系将要转入迅速伸展时，应顺沟浇1次大水，以引导根系继续扩展。随后就进入适当控水阶段，此后，直到根瓜膨大期一般不浇水，主要加强保墒，提高地温，促进根系向深处发展。结果以后，在严冬时节即将到来前，植株生长和结瓜虽然还在进行，但用水量也在相对减少，浇水不当容易降低地温和诱发病害。天气正常时，一般每7天左右浇1次水，以后随着天气越来越冷，浇水的间隔时间可逐渐延长到10~12天。浇水一定要在晴天的上午进行，可以使水温和地温更接近，减小根系因灌水受到的刺激，并有时间通过放风排湿使地温得到恢复。

浇水间隔时间和浇水量也不能完全按上面规定的天数硬性进行，还需要根据需要和黄瓜植株的长势、果实膨大增重情况和某些器官的表现来衡量判断。瓜秧深绿，叶片没有光泽，卷须舒展是水肥合适的表现；卷须呈弧状下垂，叶柄和主茎之间的夹角大于45度，中午叶片有下垂现象，是水分不足的表现，应选在晴天及时浇水。浇水还必须注意查看天气预报，一定要使浇水后能够遇上几个晴天，浇水遇上连阴天是非常不利于黄

瓜生长的事情。

也可通过经验法或张力计法进行确定是否需要灌水和灌水时间，方法同大白菜。

（3）日光温室越冬黄瓜滴灌水肥一体化技术的施肥方案　表3-111是在华北地区日光温室越冬黄瓜栽培经验基础上，总结得出的滴灌施肥制度，可供相应地区日光温室越冬黄瓜生产使用参考。

表3-111　日光温室越冬黄瓜滴灌施肥制度

生长发育期	灌溉次数/次	灌水定额/[米^3/(亩·次)]	每次灌溉加入的纯养分量/(千克/亩)				备注
			N	P_2O_5	K_2O	$N+P_2O_5+K_2O$	
定植前	1	22	15.0	15.0	15.0	45	沟灌
定植至开花期	2	9	1.4	1.4	1.4	4.2	滴灌
开花至坐果期	2	11	2.1	2.1	2.1	6.3	滴灌
坐果至采收期	17	12	1.7	1.7	3.4	6.8	滴灌
合计	22	266	50.9	50.9	79.8	181.6	

本方案应用说明：

1）本方案适用于华北地区日光温室越冬栽培黄瓜，轻壤或中壤土质，土壤pH为5.5~7.6，要求土层深厚，排水条件较好，土壤中磷和钾的含量处于中等水平。大小行栽培，每亩定植2900~3000株，目标产量为13000~15000千克/亩。

2）定植前施基肥，每亩施鸡粪3000~4000千克，基施化肥氮（N）、磷（P_2O_5）、钾（K_2O）各15千克，肥料品种可选用15-15-15配方的复合肥100千克/亩，或使用时加入尿素19.8千克/亩、磷酸二铵32.6千克/亩和氯化钾25千克/亩。第1次灌水用沟灌浇透，以促进有机肥料的分解和沉实土壤。

3）黄瓜生长前期应适当控制水肥，灌水和施肥量要适当减少，以控制茎叶的长势，促进根系发育，促进叶片和果实的分化。定植至开花期进行2次滴灌施肥，肥料品种可选用专用复合肥料（20-20-20）7千克/亩，或选用尿素1.52千克/亩、工业级磷酸一铵2.30千克/亩和氯化钾2.33千克/亩。

4）开花至坐果期滴灌施肥2次，肥料品种可选用专用复合肥（20-

20-20）10.5 千克/亩，或选用尿素 3.67 千克/亩、工业级磷酸一铵 3.44 千克/亩和氯化钾 3.50 千克/亩。

5）黄瓜可以多次采收，采收期长达 2 个月。为保证产量，采收期一般每周要进行 1 次滴灌施肥，结果后期的间隔时间可适当延长。肥料品种可选用专用复合肥（20-20-20）11.3 千克/亩，或选用尿素 2.97 千克/亩、工业级磷酸一铵 2.79 千克/亩和氯化钾 5.67 千克/亩。

6）在滴灌施肥的基础上，可根据植株长势，叶面喷施磷酸二氢钾、钙肥和微量元素肥料。

7）参照灌溉施肥制度表提供的养分量，可以选择其他的肥料品种组合，并换算成具体的肥料用量。

（4）设施早春茬黄瓜膜下软管滴灌的施肥方案 近年来，膜下软管滴灌新技术在北方日光温室逐步得到应用，效果很好。现将北方日光温室早春茬黄瓜膜下软管滴灌栽培技术介绍如下。

1）软管滴灌设备情况。软管滴灌设备主要由以下几部分组成：第一，输水软管。大多采用黑色高压聚乙烯或聚氯乙烯软管，内径为 40~50 毫米，用作供水的干管或支管。第二，滴灌带。由聚乙烯吹塑而成，国内厂家目前生产的有黑色、蓝色 2 种，膜厚 0.10~0.15 毫米，直径为 30~50 毫米，软管上每隔 25~30 厘米打 1 对直径为 0.07 毫米大小的滴水孔。第三，软管接头。用于连接输水软管和滴灌带，由塑料制成。第四，其他辅助部件。包括施肥器、变径三通、接头、堵头等，根据不同的铺设方式及使用需要。

2）育苗期管理。苗床内温差：白天为 25~30℃，前半夜为 15~18℃，后半夜为 11~13℃。早晨揭苫前为 10℃左右，地温为 13℃以上，白天光照要足，床土间湿间干，育苗期为 30~35 天。

3）适时定植。选择白天定植，株距为 25 厘米，保苗数为 3500~3700 株/亩。定植时施磷酸二铵 7~10 千克/亩作为堰肥。浇透定植水，水渗下后把灌水沟铲平，以待覆盖地膜。

4）铺管与覆膜。北方日光温室的建造方位多为东西延长，根据温室内做畦的方向，滴灌带的铺设方式有以下几种。

① 南北向铺滴灌带。要求滴灌带全长最多不超过 50 米，若温室长度超过 50 米。应在进水口两侧的输水软管上各装 1 个阀门，分成 2 组轮流滴灌。

② 东西向铺滴灌带。有 2 种方式：一是在温室中间部位铺设 2 条输

水软管，管上用接头连接滴灌带，向温室两侧输水滴灌；二是在大棚的东西两侧铺设输水软管，输水软管用接头连接滴灌带，向一侧输水滴灌。软管铺设后，应通水检查滴灌带滴水情况，要注意滴灌带的滴孔应朝上，如果滴水情况正常，将滴灌带绷紧拉直，末端用竹（木）棍固定。然后覆盖地膜，绷紧并放平。两侧用土压平。定植后扣小拱棚保温。

5）水肥管理。定植水要足，缓苗水用量以黄瓜根际周围有水迹为宜，此后要进行适当的蹲苗。在蔬菜生长旺盛的高温季节，增加浇水次数和浇水量。

基肥一般施腐熟鸡粪 1500～300 千克/亩。滴灌只能施化肥，并必须将化肥溶解过滤后输入滴灌带中随水追肥。目前国内生产的软管滴灌设备有过滤装置，可以用水桶等容器把化肥溶解后，用施肥器将化肥溶液直接输入到滴灌带中，使用很方便（表 3-112）。

表 3-112　日光温室早春茬黄瓜膜下软管滴灌施肥制度

生长发育期	灌溉次数/次	灌水定额/[米^3/(亩·次)]	每次灌溉加入的纯养分量/(千克/亩)			备注
			N	P_2O_5	K_2O	
定植前	1	40	10.0	15.0	20.0	沟灌
定植至苗期	3～4	20	3～4		4	滴灌
初花期	1～2	20	5		1	滴灌
初瓜期	2	20～30	11.2		6	滴灌
盛瓜期	3～5	25	4		5～6	滴灌
末瓜期	1～2	12	5	1.7	3～4	滴灌

注：目标产量为 6000～8000 千克/亩。

6）妥善保管滴灌设备。输水软管及滴灌带用后清洗干净，卷好放到阴凉的地方保存，防止温度过高、过低和强光暴晒，以延长其使用寿命。

（5）露地黄瓜滴灌的施肥方案　露地黄瓜春季栽培时，为了提前定植，提前采收，我国大多数地区采用苗床育苗的办法，提前 1 个多月的时间播种，在晚霜过后定植，采收期处于春夏蔬菜淡季。

1）定植前基肥。结合越冬进行秋耕冻垡，撒施或沟施基肥。根据当地肥源情况，可选择下列肥料组合之一：每亩施生物有机肥 300～500 千克或无害化处理过的有机肥料 3000～5000 千克、黄瓜有机型专用肥 50～60 千克，也可以每亩施生物有机肥 300～500 千克或无害化处理过的有机肥料 3000~5000 千克、尿素 20~30 千克、过磷酸钙 40~50 千克、大粒钾肥 20~30 千克。

2）滴灌追肥。一般在黄瓜定植活棵后，整个生长发育期滴灌追施 5~6 次。根据当地肥源情况，可选择下列肥料组合之一：每次每亩选用腐殖酸水溶性灌溉肥（20-0-15）10~15 千克、磷酸二氢钾 3~5 千克，间隔 20 天再施第 2 次，依次类推；或每次每亩选用黄瓜滴灌专用水溶肥（15-15-20），间隔 20 天再施第 2 次，依次类推。

3）根外追肥。黄瓜根外追肥可结合根际追肥时期同时进行。黄瓜移栽定植后，叶面喷施稀释 500~600 倍的含氨基酸水溶肥料或稀释 500~600 倍的含腐殖酸水溶肥料、稀释 1500 倍的活力硼混合溶液 1 次。

黄瓜进入结瓜期，叶面喷施稀释 1500 倍的活力钾、稀释 1500 倍的活力钙混合溶液 2 次，间隔 15 天。

黄瓜进入结瓜盛期，每隔 20~30 天叶面喷施稀释 500~600 倍的含氨基酸水溶肥料或稀释 500~600 倍的含腐殖酸水溶肥料、稀释 1500 倍的活力钾混合溶液 1 次。

2. 西葫芦水肥一体化技术的应用

西葫芦在春夏两季多露地栽培，秋冬两季多设施栽培。

（1）西葫芦水肥一体化技术的灌溉类型 西葫芦通常起垄栽培，适宜的灌溉方式有滴灌、膜下滴灌、膜下微喷带，其中膜下滴灌应用面积最大。滴灌时，可用薄壁滴灌带，壁厚 0.2~0.4 毫米，滴头间距为 20~40 厘米，流量为 1.5~2.5 升/时。采用喷水带时，尽量选择流量小的（图 3-15）。

图 3-15 西葫芦膜下滴灌水肥一体化技术的应用

（2）西葫芦水肥一体化技术的水分管理 西葫芦是需水量较大的作物，虽然西葫芦本身的根系很大，有较强的吸水能力，但是由于西葫芦的叶片大，蒸腾作用旺盛，所以在栽培时要适时浇水灌溉，缺水易造成落叶萎蔫和落花落果；但是水分过多时，又会影响根的呼吸，进而使地上部分出现生理失调。西葫芦生长发育的不同阶段需水量有所不同，自幼苗出土后到开花，需水量不断增加。开花前到开花坐果期应严格控制土壤水分，达到控制茎叶生长、促进坐瓜的目的。坐果期水分供应充足则有利于果实生长；空气湿度太大，开花授粉不良，坐果比较难，而且空气湿度大时各种病虫害发生严重。

西葫芦露地栽培时带土块或营养钵移苗，定植后浇足水。缓苗后接着中耕、蹲苗，适当控制浇水，促进根系生长和花芽分化。当第1个瓜坐住后停止蹲苗。高温季节要定期补充水分；雨后要开沟排水，防止积水烂根。

设施栽培西葫芦定植时浇透水。缓苗后，如果土壤干燥缺水，可顺沟浇1次水。大行间进行中耕，以不伤根为度。待第1个瓜坐住，长10厘米左右时，可结合追肥浇第1次水。以后浇水“浇瓜不浇花”，一般每5~7天浇1次水。严冬时节适当浇水。一般每10~15天浇1次水。浇水一般在晴天上午进行，尽量膜下沟灌。空气相对湿度保持在45%~55%为好。严冬要控制地面水分蒸发。在空气湿度条件允许的情况下，于中午前后通一阵风。

浇水间隔时间和浇水量可通过经验法或张力计法确定，具体方法同大白菜。

（3）西葫芦水肥一体化技术的施肥方案 表3-113是按照微灌施肥制度的测定方法，在山西省日光温室栽培经验基础上总结得出的日光温室西葫芦滴灌施肥制度。

表3-113 日光温室西葫芦滴灌施肥制度

生长发育期	灌溉次数/次	灌水定额/[米^3/(亩·次)]	每次灌溉加入的纯养分量/(千克/亩)				备注
			N	P_2O_5	K_2O	$N+P_2O_5+K_2O$	
定植前	1	20	10	5	0	15	沟灌
定植至开花期	2	10	0	0	0	0	滴灌
	2	10	0.8	1	0.8	2.6	滴灌

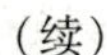

（续）

生长发育期	灌溉次数/次	灌水定额/［米³/（亩·次）］	每次灌溉加入的纯养分量/（千克/亩）				备注
			N	P_2O_5	K_2O	$N+P_2O_5+K_2O$	
开花至坐果期	1	12	0	0	0	0	滴灌
坐果至采收期	4	12	1.5	1	1.5	4	滴灌
	8	15	1	0	1.5	2.5	滴灌
合计	18	240	25.6	11	19.6	56.2	

本方案应用说明：

1）本方案适用于华北地区西葫芦日光温室栽培。以 pH 为 5.5~6.8 的沙壤土或壤土为宜。日光温室西葫芦主要以越冬茬和早春茬为主，越冬茬 10 月下旬或 11 月初定植，12 月中旬开始采收，至 2 月下旬或 3 月上旬。早春茬 1 月中下旬定植，2 月下旬开始采收，至 5 月下旬。栽培密度为 2300 株/亩，目标产量为 5000 千克/亩。

2）定植前每亩施基施优质腐熟的农家肥 5000 千克、氮（N）10 千克、磷（P_2O_5）5 千克和钾（K_2O）5 千克，肥料品种可选择磷酸一铵 10 千克/亩、尿素 20 千克/亩。沟灌，灌水量为 20 米³/亩。

3）定植到开花滴灌 4 次，平均每 10 天灌 1 次水。其中，前 2 次主要根据土壤墒情进行滴灌，不施肥，以免苗发过旺。后 2 次根据苗情实施灌溉施肥，每次肥料品种可选用工业级磷酸一铵 1.6 千克/亩、尿素 1.3 千克/亩、硫酸钾 2 千克/亩。

4）开花到坐果期只灌溉 1 次，不施肥。

5）西葫芦坐果后 10~15 天开始采收，采收前期每 7~8 天滴灌施肥 1 次，同时结合灌溉施肥，每次肥料品种可选用工业级磷酸一铵 1.6 千克/亩、尿素 2.8 千克/亩、硫酸钾 3 千克/亩。采收后期气温回升，每 6~7 天滴灌施肥 1 次，肥料品种可选用尿素 2.2 千克/亩、硫酸钾 3 千克/亩。

6）参照灌溉施肥制度表提供的养分量，可以选择其他的肥料品种组合，并换算成具体的肥料用量。

第五节　蔬菜有机肥替代化肥技术

农业部制订的《到 2020 年化肥使用量零增长行动方案》中提出的技术路径之四就是："替，即是有机肥替代化肥。通过合理利用有机养分资

源，用有机肥替代部分化肥，实现有机无机相结合。提升耕地基础地力，用耕地内在养分替代外来化肥养分投入。”有机肥替代化肥技术是通过增施有机肥料、生物肥料、有机无机复混肥料等措施提供土壤和作物必需的养分，从而达到利用有机肥料减少化肥投入的目的。这里以设施蔬菜栽培番茄、黄瓜、辣椒为例进行说明。

一、“有机肥料+配方肥”模式

1. 设施番茄

（1）基肥　移栽前，每亩基施猪粪、鸡粪、牛粪等经过充分腐熟的优质农家肥 3000~5000 千克，或商品有机肥料（含生物有机肥）300~600 千克，同时基施总养分含量为 45%（18-18-9 或相近配方）的配方肥 30~40 千克。

（2）追肥　每次每亩追施总养分含量为 45%（15-5-25 或相近配方）的配方肥 7~10 千克，分 7~11 次随水追施。施肥时期为苗期、初花期、坐果期、果实膨大期，根据采收情况，每采收 1~2 次追施 1 次。

2. 设施黄瓜

（1）基肥　移栽前，每亩基施猪粪、鸡粪、牛粪等经过充分腐熟的优质农家肥 5000~8000 千克，或施用商品有机肥（含生物有机肥）400~800 千克，同时基施总养分含量为 45%（18-18-9 或相近配方）的配方肥 30~40 千克。

（2）追肥　每次每亩追施总养分含量为 45%（17-5-23 或相近配方）的配方肥 10~15 千克。追肥时期为 3 叶期、初瓜期、盛瓜期，初花期以控为主，盛瓜期根据采收情况每采收 1~2 次追施 1 次。秋冬茬和冬春茬共分 7~9 次追肥，越冬长茬共分 10~14 次追肥。每次每亩追肥控制纯氮用量不超过 4 千克。

3. 设施辣椒

（1）基肥　移栽前，每亩基施猪粪、鸡粪、牛粪等经过充分腐熟的优质农家肥 3000~5000 千克，或施用商品有机肥料（含生物有机肥）300~500 千克，同时基施总养分含量为 45%（18-18-9 或相近配方）的配方肥 30~40 千克。

（2）追肥　每次每亩追施总养分含量为 45%（15-5-25 或相近配方）的配方肥 10~15 千克，分 3~5 次随水追施。追肥时期为苗期、初花期、坐果期、果实膨大期。果实膨大期根据采收情况，每采收 1~2 次追施 1 次。每次每亩追肥控制纯氮用量不超过 4 千克。

二、“菜—沼—畜”模式

1. 沼渣沼液发酵

将畜禽粪便、蔬菜残茬和秸秆等物料投入沼气发酵池中，按 1∶10 的比例加水稀释，再加入微生物复合菌剂，对畜禽粪便、蔬菜残茬和秸秆等进行无害化处理生产沼气，充分发酵后的沼渣、沼液直接作为有机肥料施用在设施菜田中。

2. 设施番茄

（1）基肥 每亩施用沼渣 4000~6000 千克，或用猪粪、鸡粪、牛粪等经过充分腐熟制成的优质农家肥 4000~6000 千克，或商品有机肥料（含生物有机肥）300~600 千克，同时根据有机肥料用量，基施总养分含量为 45%（14-16-15 或相近配方）的配方肥 30~40 千克。

（2）追肥 在番茄苗期、初花期，结合灌溉分别冲施沼液每亩2500~3500 千克；在坐果期和果实膨大期，结合灌溉将沼液和配方肥分 5~8 次追施。其中，沼液每次每亩追施 2500~3500 千克，总养分含量为 45%（15-5-25 或相近配方）的配方肥每次每亩施用 8~10 千克。

3. 设施黄瓜

（1）基肥 每亩施用沼渣 5000~7000 千克，或用猪粪、鸡粪、牛粪等经过充分腐熟制成的优质农家肥 6000~8000 千克，或商品有机肥料（含生物有机肥）400~800 千克，同时根据有机肥料用量，基施总养分含量为 45%（14-16-15 或相近配方）的配方肥 30~40 千克。

（2）追肥 在黄瓜的苗期、初花期，结合灌溉分别冲施沼液每亩 2500~3500 千克；在初瓜期和盛瓜期，结合灌溉将沼液和配方肥分 8~12 次追施。其中，每次每亩追施沼液 2500~3500 千克、总养分含量为 45%（17-5-23 或相近配方）的配方肥 8~12 千克。

4. 设施辣椒

（1）基肥 每亩施用沼渣 4000~6000 千克，或用猪粪、鸡粪、牛粪等经过充分腐熟制成的优质农家肥 3000~5000 千克，或商品有机肥料（含生物有机肥）300~500 千克，同时根据有机肥料用量，基施总养分含量为 45%（14-16-15 或相近配方）的配方肥 30~40 千克。

（2）追肥 在辣椒苗期、初花期，结合灌溉分别冲施沼液每亩 1500~2500 千克；在坐果期和果实膨大期，结合灌溉将沼液和配方肥分 4~6 次追施。其中，沼液每次每亩追施 2500~3500 千克，总养分含量为

45%（15-5-25 或相近配方）的配方肥每次每亩施用 8~10 千克。

三、“有机肥料+水肥一体化”模式

1. 设施番茄

（1）基肥　移栽前每亩基施用猪粪、鸡粪、牛粪等经过充分腐熟制成的优质农家肥 4000~6000 千克，或商品有机肥料（含生物有机肥）300~600 千克，同时根据有机肥料用量基施总养分含量为 45%（18-18-9 或相近配方）的配方肥 30~40 千克。

（2）追肥　定植后前 2 次只灌水，不施肥，灌水量为每亩 15~20 米^3。在苗期推荐施用总养分含量为 50%（20-10-20 或相近配方）的水溶性肥料，每亩每次 3~5 千克，每隔 5~10 天灌水施肥 1 次，灌水量为每次每亩 10~15 米^3，共施 3~5 次；在开花期、坐果期和果实膨大期每次每亩施用总养分含量为 54%（19-8-27 或相近配方）的水溶性肥料 3~5 千克，灌水量为每亩 5~15 米^3，每隔 7~10 天施 1 次，共施 10~15 次。注意秋冬茬前期（8~9 月）灌水施肥频率较高，而冬春茬在果实膨大期（4~5 月）灌水施肥频率较高。

2. 设施黄瓜

（1）基肥　移栽前，每亩基施用猪粪、鸡粪、牛粪等经过充分腐熟制成的优质农家肥 5500~8000 千克，或商品有机肥料（含生物有机肥）400~800 千克，同时根据有机肥料用量基施总养分含量为 45%（18-18-9 或相近配方）的配方肥 30~40 千克。

（2）追肥　定植后前 2 次只灌水，不施肥，每次每亩灌水量为 15~20 米^3。苗期施用总养分含量为 50%（20-10-20 或相近配方）的水溶性肥料，每次每亩 2~3 千克，每隔 5~6 天灌水施肥 1 次，每次每亩灌水量为 10~15 米^3，共施 3~5 次；在开花坐果后，每次采摘结合灌溉施用总养分含量为 49%（18-6-25 或相近配方）的水溶性肥料 1 次，每次每亩用量为 3~5 千克，每次每亩灌水量为 10~15 米^3，共施 8~15 次。

3. 设施辣椒

（1）基肥　移栽前，每亩基施用猪粪、鸡粪、牛粪等经过充分腐熟制成的优质农家肥 3000~5000 千克，或商品有机肥料（含生物有机肥）300~500 千克，同时根据有机肥料用量基施总养分含量为 45%（18-18-9 或相近配方）的配方肥 30~40 千克。

（2）追肥　定植后前 2 次只灌水，不施肥，每次每亩灌水量为 15~20

米^3。苗期、开花期施用总养分含量为55%（21-10-24或相近的配方）的水溶性肥料，每次每亩用量为3~5千克，每隔5~10天灌水施肥1次，灌水量为每亩10~15米^3，共施2~3次；在坐果期、果实膨大期施用总养分含量为51%（16-8-27或相近的配方）的水溶性肥料，每次每亩用量为5~8千克，每次每亩灌水量为10~15米^3，共施3~5次。

四、“秸秆生物反应堆”模式

1. 秸秆生物反应堆的构建

（1）操作时间 晚秋、冬季、早春在栽培畦下建内置式反应堆，如果不受茬口限制，最好在作物定植前10~20天建好，浇水、打孔待用。晚春和早秋可现建现用。

（2）行下内置式反应堆 在小行（定植行）位置，挖一条略宽于小行宽度（一般为70厘米）、深20厘米的沟，把秸秆填入沟内并铺匀、踏实，填放秸秆高度为30厘米，两端让部分秸秆露出地面（以利于往沟里通氧气），然后把150~200千克饼肥和用麦麸拌好的菌种均匀地撒在秸秆上，再用铁锹轻拍一遍，让部分菌种漏入下层，覆土18~20厘米。然后在大行内浇大水湿透秸秆，水面高度达到垄高的3/4。浇水3~4天后，在垄上用14号钢筋打3行孔，行距为20~25厘米，孔距为20厘米，孔深以穿透秸秆层为准，等待定植。

（3）行间内置式反应堆 在大行间，挖一条略窄于小行宽度（一般50~60厘米）、深15厘米的沟，将土培放于垄背上，或放在两端，把提前准备好的秸秆填入沟内，铺匀、踏实，填放高度为25厘米，两端让部分秸秆露出地面，然后把用麦麸拌好的菌种均匀地撒在秸秆上，再用铁锹轻拍一遍，让部分菌种漏入下层，覆土10厘米。浇水湿透秸秆，然后及时打孔即可。

（4）注意事项 一是秸秆用量要和菌种用量搭配好，每500千克秸秆用菌种1千克；二是浇水时不冲施化学农药，尤其禁冲施杀菌剂，仅可在作物上喷农药预防病虫害；三是浇水时要浇大行，浇水后及时打孔，用14号钢筋每隔25厘米打1个孔，打到秸秆底部，浇水后若孔被堵死再打孔，地膜上也打孔。每次打孔要与前次打的孔错位10厘米，生长期内保持每月打1次孔；四是减少浇水次数，一般常规栽培需浇2~3次水的，用该项技术只浇1次水即可。有条件的，用微灌控水增产效果最好。在第1次浇水湿透秸秆的情况下，定植时不再浇大水，只浇小缓苗水。

2. 施肥建议

(1) 设施番茄

1）基肥。基肥采用总养分含量为45%（18-18-9或相近配方）的配方肥，每亩用量为30~40千克，施用方式为穴施。

2）追肥。追肥采用总养分含量为45%（15-5-25或相近配方）的配方肥，每次每亩施用10~20千克，分7~11次随水追施。施肥时期为苗期、初花期、初果期、盛果期。盛果期根据采收情况，每采收1~2次追施1次肥；结果期每次每亩追施氮肥（N）不超过4千克。

(2) 设施黄瓜

1）基肥。基肥采用总养分含量为45%（18-18-9或相近配方）的配方肥，每亩用量为30~40千克，施用方式为穴施。

2）追肥。追肥采用总养分含量为45%（17-5-23或相近的配方）的配方肥，每次每亩施用15~20千克。初花期以控为主，秋冬茬和冬春茬分7~9次追肥，越冬长茬分10~14次追肥。每次每亩追施氮肥数量不超过4千克。追肥时期为3叶期、初瓜期、盛瓜期，盛瓜期根据收获情况，每采收1~2次追施1次。

(3) 设施辣椒

1）基肥。基肥采用总养分含量为45%（18-18-9或相近配方）的配方肥，每亩用量为30~40千克，施用方式为穴施。

2）追肥。追肥采用总养分含量为45%（15-5-25或相近的配方）的配方肥，每次每亩施用15~20千克，分3~5次随水追施。追肥时期为苗期、初花期、坐果期、果实膨大期。果实膨大期根据采收情况，每采收1~2次追施1次，每次每亩追施氮肥（N）不超过4千克。

身边案例

2018年1月9日，山东省平原县坊子乡叶庄村村民任××的蔬菜大棚内，西葫芦长势喜人。他告诉来访人员："我这两亩大棚，一亩地施用有机肥，一亩地施用普通肥。施用有机肥的西葫芦色泽鲜亮、瓜条长直，每天的采摘量能比施用普通化肥的多150千克。"

王凤楼镇五麻村村民仉××的蔬菜大棚内，绿油油的叶片下，一根根小黄瓜顶花带刺。谈起施用有机肥的好处，他感触颇深："我今年施的是有机肥，秧苗根深叶壮，黄瓜条直色绿，每亩地产量提高了30%，一亩地能多收入2万块钱。"

第六节　设施蔬菜二氧化碳施肥技术

二氧化碳是植物进行光合作用的重要原料，植物正常进行光合作用时，周围环境中二氧化碳浓度为300毫克/升。设施内，日出前二氧化碳浓度可达1200毫克/升；日出后，植物开始进行光合作用，二氧化碳浓度迅速下降，2小时后降至250毫克/升。当二氧化碳浓度降至100毫克/升以下时，植株光合作用减弱，植物生长发育受到严重影响。二氧化碳施肥技术是设施蔬菜栽培的重要增产措施之一。

一、对设施蔬菜施用二氧化碳的时期和时间

1. 二氧化碳施用时期

大棚蔬菜在定植后7~10天（缓苗期）开始施用二氧化碳，温室蔬菜在定植后15~20天（幼苗期）开始施用二氧化碳，连续进行30~35天。瓜果类开花坐果前不宜施用二氧化碳，以免营养生长过旺造成徒长而落花落果，在开花坐果期施用二氧化碳，对减少落花落果、提高坐果率、促进果实生长具有明显作用。

2. 二氧化碳施用时间

施用时间根据日出后的光照强度确定。一般每年的11月~第2年2月，于日出1.5小时后施用；3~4月中旬，于日出1小时后施用；4月下旬~6月上旬，于日出0.5小时后施用：施用后，将温室或大棚封闭1.5~2.0小时后再放风，一般每天1次，雨天停止施用。

二、对设施蔬菜施用二氧化碳的量和方法

1. 二氧化碳施用量

一般大棚施用浓度为1000毫克/升，温室为800~1000毫克/升，阴天适当降低施用浓度。具体用量根据光照强度、温度、肥水管理水平、蔬菜生长情况等适当调整。

2. 二氧化碳施用方法

（1）开窗通风法　通过棚内外空气交换使二氧化碳浓度达到内外平衡，并可排出其他有害气体，如氨气、二氧化氮、二氧化硫等，但冬季易造成低温冷害。

（2）施用颗粒有机生物气肥法　将颗粒有机生物气肥按一定间距均

匀施入植株行间，施入深度为3厘米，保持施入穴位土壤有一定水分，使其相对湿度在80%左右，利用土壤微生物发酵产生二氧化碳。该法经济有效，但释放量有限。

（3）液态二氧化碳施用法　把酒精厂、酿造厂发酵过程中产生的液态二氧化碳装在高压瓶内，在棚内直接施放，用量可根据二氧化碳钢瓶的流量表和大棚体积进行计算。该法清洁卫生，便于控制用量，只是高压瓶造价高，应用受限。

（4）干冰气化法　固体二氧化碳又称干冰，使用时将干冰放入水中，使其慢慢气化。该法使用简单，便于控制用量，但在冬季施用，因二氧化碳气化时吸收热量，会降低棚内温度。

（5）有机物燃烧法　用专制容器在大棚内燃烧甲烷、丙烷、白煤油、天然气等，生成二氧化碳，这种方法材料来源容易，但燃料价格较高，燃烧时如氧气不足，则会生成一氧化碳，毒害蔬菜和人体，燃烧用的空气应由棚外引进，且燃料内不应含有硫化物，否则燃烧时产生的亚硫酸也会造成危害。

（6）二氧化碳发生剂　目前大面积推广的是利用稀硫酸加碳酸氢铵产生二氧化碳。可利用塑料桶、盆等耐酸容器盛清水，按酸水比1∶3的比例把工业用浓硫酸倒入水中稀释（不能把水倒入酸中），再按稀硫酸1份加碳酸氢铵1.66份的比例放入碳酸氢铵。为使二氧化碳缓慢释放，可用塑料薄膜把碳酸氢铵包好，扎几个小孔，再放入酸中，无气泡放出时，加过量的碳酸氢铵兑水50倍，即为硫酸铵和碳酸氢铵的混合液，作为追肥施用。也可用成套设备让反应在棚外发生，再将二氧化碳输入棚内。

（7）施用双微二氧化碳颗粒气肥法　只需在大棚中穴播双微二氧化碳颗粒气肥，深度为3厘米左右，每次每亩用量为10千克，一次有效期长达1个月，一茬蔬菜一般使用2~3次，省工省力，效果较好，是一种较有推广价值的二氧化碳施肥新技术。

三、对设施蔬菜施用二氧化碳的注意事项

1. 严格控制二氧化碳施用浓度

二氧化碳施用的浓度应根据品种特性、生长发育期、天气状况和栽培技术等综合考虑，不要过高或过低。同时，大棚需要密闭，以减少二氧化碳外溢，提高肥效。

2. 合理安排施用时间

蔬菜在不同生长发育阶段施用二氧化碳其效果不是完全一样的，如毛

豆在开花结荚期施用二氧化碳的增产效果比在营养生长阶段明显；番茄、黄瓜等瓜果类蔬菜从定植至开花，植株生长慢，二氧化碳需求量少，一般不施用二氧化碳，以防植株徒长。

3. 加强配套栽培管理

施用二氧化碳后，蔬菜根系的吸收能力提高，生理机能改善，应适当增加施肥量，以防植株早衰，但应避免肥水过量，否则极易造成植株徒长。注意增施磷、钾肥，适当控制氮肥用量，还应注意用激素点花保果，促进坐果，加强整枝打叶，改善通风透光，以减少病害发生，平衡植株的营养生长和生殖生长。

4. 注意天气情况和生长发育期

使用传统二氧化碳补充方法时，需视天气情况和生长发育期来确定施用时间，一般在晴天清晨施用，阴天不宜补充；苗期补充量最少，定植至坐果期补充最多，坐果至采收期补充量其次。在蔬菜生产期内长期使用，才能收到较好的效果。

5. 防止有害气体的毒害作用

应特别注意和防止二氧化碳气体中混有的有害气体对蔬菜的毒害作用。

身边案例

根据各地实践，设施蔬菜施用二氧化碳的作用体现在以下5个方面。

(1) 增加产量　施用二氧化碳后，蔬菜叶片肥厚，叶色深绿；使黄瓜等瓜果类蔬菜坐果率高，日产量、前期产量和总产量都显著增加，一般比对照增加20%左右。

(2) 改善品质　施用二氧化碳后，蔬菜外观品质好，个大、瓜粗、色泽鲜艳、果实厚实、耐储运。据调查，番茄、辣椒的单果重可分别比对照增加17.4%、21.7%。

(3) 提早成熟上市　施用二氧化碳后，蔬菜开花期、成熟期提早，前期产量增加。据调查，黄瓜前期产量比对照增加64.2%，番茄、辣椒提前上市7~10天，落葵提前6天上市。

(4) 增强抗病虫能力　施用二氧化碳后，蔬菜植株健壮，抗病虫能力也大大增强。

(5) 提高棚温　据调查，施用二氧化碳后，蔬菜大棚温度可以提高1~2.5℃。

第四章 主要露地蔬菜科学施肥

我国地域广阔，种植的蔬菜种类繁多，主要有白菜类蔬菜、绿叶类蔬菜、茄果类蔬菜、瓜类蔬菜、豆类蔬菜、根菜类蔬菜、薯芋类蔬菜、葱蒜类蔬菜、多年生蔬菜、水生蔬菜等大类，南北方差异较大。采用科学施肥技术，是我国蔬菜生产的重要措施之一。随着现代农业的发展，人们对健康合格、绿色、有机农产品的需求越来越多，蔬菜施肥也进入注重施肥安全的时期。

第一节　露地白菜类蔬菜科学施肥

白菜类蔬菜主要是指十字花科中以叶球、花球、嫩茎、嫩叶为产品的一类蔬菜，常见的栽培品种主要有大白菜、小白菜、结球甘蓝、花椰菜等。

一、露地大白菜科学施肥

大白菜在我国南北各地均有栽培。大白菜种类很多，主要有山东胶州大白菜、北京青白、天津绿、东北大矮白菜、山西阳城的大毛边等。

1. 大白菜需肥特点

大白菜生长迅速，产量很高，对养分需求较多。每生产1000千克大白菜需吸收氮1.3~2.5千克、五氧化二磷0.3~0.4千克、氧化钾1.2~1.7千克，大致比例为5.5：1：4。

大白菜的养分吸收量在各生长发育期有明显差别。一般苗期（自播种起约31天）养分吸收量较少，氮吸收量占氮吸收总量的5.1%~7.8%，磷吸收量占磷吸收总量的3.2%~5.3%，钾吸收量占钾吸收总量的3.6%~

7.0%。进入莲座期（自播种起 31~50 天），大白菜生长加快，养分吸收量增加较快，氮吸收量占氮吸收总量的 27.5%~40.1%，磷吸收量占磷吸收总量的 29.1%~45.0%，钾吸收量占钾吸收总量的 34.6%~54.0%。结球初中期（自播种起 50~69 天）是生长最快、养分吸收量最多的时期，氮吸收量占氮吸收总量的 30%~52%，磷吸收量占磷吸收总量的 32%~51%，钾吸收量占钾吸收总量的 44%~51%。结球后期至采收期（自播种起 69~88 天），养分吸收量明显减少，氮吸收量占氮吸收总量的 16%~24%，磷吸收量占磷吸收总量的 15%~20%，而钾吸收量占钾吸收总量的比例已不足 10%。可见，大白菜需肥最多的时期是莲座期及结球初期，此时也是大白菜产量形成和优质管理的关键时期，要特别注意施肥。

2. 露地大白菜科学施肥技术

借鉴 2016—2023 年农业农村部大白菜科学施肥指导意见和相关测土配方施肥技术研究资料、书籍，提出推荐施肥方法，供农民朋友参考。

（1）施肥原则 针对大白菜生产中盲目偏施氮肥，一次施肥量过大，氮、磷、钾配比不合理，盲目施用高磷复合肥料，部分地区有机肥料施用量不足，菜田土壤酸化严重等问题，提出以下施肥原则：依据土壤肥力条件和目标产量，优化氮、磷、钾肥用量；以基肥为主，基肥和追肥相结合。追肥以氮、钾肥为主，适当补充微量元素肥料。莲座期之后加强追肥管理，包心前期需要增加 1 次追肥，采收前 2 周不宜追施氮肥；北方石灰性土壤有效硼、南方酸性强的土壤有效钼等微量元素含量较低，应注意微量元素肥料的补充；土壤酸化严重时应适量施用石灰等酸性土壤调理剂；忌用没有充分腐熟的有机肥料，提倡施用商品有机肥料及腐熟的农家肥，以培肥地力。

（2）施肥建议 产量水平为 4500~6000 千克/亩时，推荐施用有机肥料 3000 千克/亩、氮肥（N）10~13 千克/亩、磷肥（P_2O_5）4~6 千克/亩、钾肥（K_2O）13~17 千克/亩；产量水平为 3500~4500 千克/亩时，推荐施用有机肥料 2000~3000 千克/亩、氮肥（N）8~10 千克/亩、磷肥（P_2O_5）3~4 千克/亩、钾肥（K_2O）10~13 千克/亩。

对于容易出现微量元素硼缺乏或往年已表现有缺硼症状的地块，可于播种前每亩基施硼砂 1 千克，或于生长中后期用 0.1%~0.5% 硼砂或硼酸溶液进行叶面喷施，每隔 5~6 天喷 1 次，连喷 2~3 次。大白菜为喜钙作物，除了基施含钙肥料（过磷酸钙）以外，也可采取叶面补充的方法，

喷施0.3%~0.5%氯化钙或硝酸钙溶液。南方菜田土壤pH小于5时，每亩需要施用生石灰100~150千克，可降低土壤酸化程度和补充钙。

全部有机肥料和磷肥以条施或穴施的方式作为基肥施用，氮肥总用量的30%用作基肥，70%分2次分别于莲座期和结球前期结合灌溉作为追肥施用；注意在包心前期追施钾肥，施用量占总施钾量的50%左右。

二、露地结球甘蓝科学施肥

结球甘蓝，别名卷心菜、洋白菜、高丽菜、椰菜、包包菜（四川）、圆白菜（内蒙古）等，为十字花科芸薹属的一年生或两年生草本植物。结球甘蓝是我国重要的蔬菜作物。

1. 结球甘蓝需肥特点

结球甘蓝整个生长期吸收的氮、磷、钾三要素的大致比例为3∶1∶4，吸收的钾最多，其次是氮，磷最少。结球甘蓝喜硝态氮，吸收的养分中硝态氮占90%、铵态氮占10%时生长最好。每生产1000千克结球甘蓝需吸收氮3.5~5.0千克、五氧化二磷0.7~1.4千克、氧化钾3.8~5.6千克。

结球甘蓝从播种到开始结球，生长量逐渐增大，氮、磷、钾的吸收量也逐渐增加，前期氮、磷的吸收量为氮、磷总吸收量的15%~20%，而钾的吸收量较少（为6%~10%）；开始结球后，养分吸收量迅速增加，在结球的30~40天内，氮、磷的吸收量占氮、磷总吸收量的80%~85%，而钾的吸收量最多，占钾总吸收量的90%。

结球甘蓝是喜肥作物，幼苗期氮、磷不足时发育会受到抑制。春季结球甘蓝育苗时容易出现先期抽薹现象，例如，营养条件过差时也易造成抽薹；施肥过多时，幼苗生长快，受低温影响，更容易抽薹。所以对幼苗既要补充营养，又要适当控制施肥。一般情况下，苗期施少量速效性氮肥，有利于根系恢复生长，促进缓苗。

2. 露地结球甘蓝科学施肥技术

借鉴2016—2023年农业农村部结球甘蓝科学施肥指导意见和相关测土配方施肥技术研究资料、书籍，提出推荐施肥方法，供农民朋友参考。

（1）施肥原则　针对露地甘蓝生产中不同田块有机肥料施用量差异较大，盲目偏施氮肥现象严重，钾肥施用量不足，“重大量元素，轻中量元素”现象普遍，施用时期和方式不合理，过量灌溉造成水肥浪费普遍等问题，提出以下施肥原则：合理施用有机肥料，有机肥料与化肥配合施用，氮、磷、钾肥的施用应遵循控氮、稳磷、增钾的原则；肥料施用时宜基肥和追肥相结合；追肥以氮、钾肥为主；注意在莲座期至结球后期适当喷施钙、硼等中、微量元素肥料，防止“干烧心”等生理性病害的发生；土壤酸化严重时应适量施用石灰等酸性土壤调理剂；与高产栽培技术，特别是节水灌溉技术结合，以充分发挥水肥耦合效应，提高肥料利用率。

（2）施肥建议　一次性施用优质农家肥3000千克/亩作为基肥；产量水平为5500千克/亩以上时，推荐施用氮肥（N）12~14千克/亩、磷肥（P_2O_5）5~8千克/亩、钾肥（K_2O）12~14千克/亩；产量水平为4500~5500千克/亩时，推荐施用氮肥（N）10~12千克/亩、磷肥（P_2O_5）4~5千克/亩、钾肥（K_2O）10~12千克/亩；产量水平低于4500千克/亩时，推荐施用氮肥（N）8~10千克/亩、磷肥（P_2O_5）3~4千克/亩、钾肥（K_2O）8~10千克/亩。

对往年“干烧心”发生较严重的地块，注意控氮补钙，可于莲座期至结球后期叶面喷施0.3%~0.5%氯化钙或硝酸钙溶液2~3次；南方地区菜田土壤pH小于5时，宜在整地前每亩施用生石灰100~150千克；土壤pH小于4.5时，每亩需施用生石灰150~200千克。对于缺硼的地块，可基施硼砂0.5~1千克/亩，或叶面喷施0.2%~0.3%硼砂溶液2~3次。同时，可结合喷药喷施2~3次0.5%磷酸二氢钾溶液，以提高甘蓝的净菜率和商品率。

氮、钾肥总用量的30%~40%用于基施，60%~70%在莲座期和结球初期分2次追施；注意在结球初期增施钾肥，磷肥全部作为基肥条施或穴施。

三、露地花椰菜科学施肥

1. 花椰菜需肥特点

花椰菜生长期长，对养分需求量大。据研究，每生产1000千克花球，需吸收氮7.7~10.8千克、五氧化二磷0.9~1.4千克、氧化钾7.6~10.0千克。其中吸收量最大的是氮和钾，特别是叶簇生长旺盛时期需氮更多，花球形成期吸收磷比较多。现蕾前要保证磷、钾的充分供应。另外，花椰菜生长还需要一定量的硼、镁、钙、钼等中、微量元素。

花椰菜属高氮蔬菜，全生长发育期以施用氮肥为主。其需肥特性与结球甘蓝大致相似，花椰菜在不同的生长发育期对养分的需求不同。其中，

未出现花蕾前，吸收养分少；定植后20天左右，随着花蕾的出现和膨大，植株对养分的吸收速度迅速增加，一直到花球膨大盛期。营养生长期对氮的吸收量最大，且硝态氮肥效最好，其次为钾肥；但花球形成期则需较多的磷肥，同时对硼、镁、钙、钼的吸收量比较大，这4种元素缺乏时，将对花椰菜的生长造成很大影响。

2. 露地花椰菜科学施肥技术

借鉴2016~2023年各地花椰菜科学施肥指导意见和相关测土配方施肥技术研究资料、书籍，提出推荐施肥方法，供农民朋友参考。

（1）施肥原则　生产上针对花椰菜的施肥存在的问题主要有：轻基肥重追肥，有机肥料用量少，偏施和过量施用氮肥，施肥方法不科学等。因此，其施肥原则为：依据测土结果和目标产量，调减氮肥用量，增加钾肥用量；增施有机肥料，有机无机相结合；调整基肥与追肥的比例；改进施肥方法；注意硼肥的施用。

（2）施肥建议　产量水平为2500千克/亩以上时，推荐施用氮肥（N）30~33千克/亩、磷肥（P_2O_5）7.5~8千克/亩、钾肥（K_2O）9~10千克/亩；产量水平为2000~2500千克/亩时，推荐施用氮肥（N）28~30千克/亩、磷肥（P_2O_5）5.5~6千克/亩、钾肥（K_2O）7~7.5千克/亩；产量水平为2000千克以下时，推荐施用氮肥（N）26~28千克/亩、磷肥（P_2O_5）5~5.5千克/亩、钾肥（K_2O）6.5~7千克/亩。

（3）施肥方法　每亩施农家肥1000~1500千克（或商品有机肥料300~400千克）、配方肥（15-15-5）30~40千克作为基肥。追肥用尿素、过磷酸钙、硫酸钾，分缓苗肥、莲座肥、催球肥、促球肥4种兑水浇施，应掌握“前促、中控、后攻”的原则，过磷酸钙全部用作促球肥，硫酸钾在施催球肥、促球肥时兑水浇施。在缺硼土壤中，每亩施0.5~1千克硼砂作为基肥，或叶面喷施0.2%硼砂溶液，在苗期的后期、花期及生育后期各喷1次。

第二节　露地绿叶类蔬菜科学施肥

绿叶类蔬菜是一类以鲜嫩的绿叶、叶柄和嫩茎为产品的速生蔬菜。由于其生长期短、采收灵活，绿叶类蔬菜栽培十分广泛，且品种繁多，我国栽培的绿叶类蔬菜有10多个科、30多个种，栽培比较普遍的主要有芹菜、菠菜、莴苣等。

一、露地芹菜科学施肥

芹菜是绿叶类速生蔬菜，为伞形科的二年生草本植物，适应性强，栽培面积大，可多茬栽种，是春、秋、冬季的重要蔬菜。

1. 芹菜需肥特点

芹菜是需肥量大的蔬菜品种之一。根据多方面的资料统计，每生产1000千克芹菜需吸收氮1.8~3.6千克、五氧化二磷0.7~1.7千克、氧化钾3.9~5.9千克、钙1.5千克、镁0.8千克，氮、磷、钾、钙、镁的吸收比例为1∶0.43∶1.80∶0.56∶0.30。但实际生产中的应施肥量，特别是施用氮、磷的量要比其吸收量高2~3倍，这主要是因为芹菜的耐肥力较强而吸肥能力较弱，它需要在土壤养分浓度较高的条件下才能大量吸收养分。

芹菜的生长前期以发棵、长叶为主，进入生长的中、后期则以伸长叶柄和叶柄增粗为主。芹菜在其生长期中吸收的养分是随着生长量的增加而增加的，各种养分的吸收动态呈“S”形曲线变化。在芹菜的营养生长阶段，以苗期和生长后期需肥较多，对各种养分的具体需求特点是：前期主要以吸收氮、磷为主，促进根系发达和叶片生长；到中期养分的吸收以氮、钾为主，氮、钾吸收比例平衡，有利于促进心叶的发育。随着生长天数的增加，氮、磷、钾的吸收量迅速增加。芹菜生长最盛期（8~12片叶期）也是养分吸收最多的时期，其氮、磷、钾、钙、镁的吸收量占它们各自总吸收量的84%以上，其中钙和钾的吸收量分别占其总吸收量的98.1%和90.7%。

2. 露地芹菜科学施肥技术

露地栽培芹菜在春、秋、冬季均可进行，施肥技术基本相似。

（1）基肥 芹菜定植前，结合整地撒施或沟施基肥，每亩施生物有机肥200~300千克或无害化处理过的有机肥料3000~4000千克、总养分含量为45%的三元复合肥（15-15-15）30~35千克；对于缺钙菜田，可每亩施石灰60~70千克；对于缺硼菜田，可每亩施硼砂或硼酸1~2千克。

（2）根际追肥 缓苗后（定植后10~15天）可施1次促苗肥，应施速效性氮肥，每亩冲施硝酸铵5~6千克，或腐熟人粪尿500~600千克。在芹菜旺盛生长期，可每隔15天结合浇水追肥1次，共追肥3次，每次每亩冲施含腐殖酸水溶肥料12~15千克，或尿素10~12千克、硫酸钾8~12千克。

（3）叶面追肥　进入旺盛生长期后，叶面喷施稀释 500~600 倍的含氨基酸水溶肥料或稀释 500~600 倍的含腐殖酸水溶肥料、稀释 1500 倍的活力钾、稀释 1500 倍的活力硼混合溶液 2 次，间隔 14 天。

二、露地菠菜科学施肥

菠菜又名波斯菜、赤根菜、鹦鹉菜等，是苋科藜亚科菠菜属的一年生草本植物。菠菜为耐寒性速生绿叶类蔬菜，可四季栽培。按栽培季节可分为春菠菜、秋菠菜和越冬菠菜。

1. 菠菜需肥特点

菠菜生长期短，生长速度快，产量高，需肥量大。每生产 1000 千克鲜菠菜，平均吸收氮 2.5~5.6 千克、五氧化二磷 0.9~2.3 千克、氧化钾 4.5~5.3 千克，氮、磷、钾的吸收比例为（2.45~2.88）：1：（2.30~5.28）。其中，吸收钾最多，氮次之，磷较少。

菠菜植株个体对养分的吸收量比较少，但是单位面积植株群体的养分吸收量比较大，因为每亩株数达到万株。菠菜对养分的需求与植株的生长量同步增加。在生长初期，植株小，对养分的吸收量也少；进入旺盛生长期，对养分的吸收量会增加，在这个时期，要特别注意氮肥，其关系到菠菜的产量和品质。

菠菜要求有较多的氮肥来促进叶丛生长。作为典型的喜硝态氮肥的蔬菜，硝态氮与铵态氮比例在 2：1 以上时，其产量较高，但单施铵态氮肥会抑制钾、钙的吸收，带来氨害，影响其生长。而单独施硝态氮肥，虽然植株生长量大，但在还原过程中消耗的能量过多；在弱光下，硝态氮的吸收可能受抑制，造成氮的供应不足。

2. 露地菠菜科学施肥技术

（1）露地春播或夏播菠菜科学施肥技术

1）基肥。尽量选择茄果类、瓜类、豆类蔬菜茬口。整地时，每亩施生物有机肥 200~300 千克或无害化处理过的有机肥料 3000~4000 千克，撒施于地表，深翻 20~25 厘米，然后耙平做畦。

2）根际追肥。春播、夏播菠菜一般在长出 4~5 片真叶时进入旺盛生长期，此时结合灌水追肥 1~2 次，间隔 15~20 天。每次每亩冲施大量元素冲施肥 10~15 千克，或尿素 8~10 千克、硫酸钾 5~8 千克。

3）叶面追肥。菠菜出苗后 7~10 天，叶面喷施稀释 500~600 倍的含氨基酸水溶肥料或稀释 500~600 倍的含腐殖酸水溶肥料、稀释 1500 倍的活力硼混合溶液1次。菠菜长出4~5片真叶时，叶面喷施稀释500~600倍的含氨基酸水溶肥料或稀释500~600倍的含腐殖酸水溶肥料、稀释1500倍的活力钾混合溶液2次，间隔14天。

（2）露地秋播菠菜科学施肥技术

1）基肥。尽量选用耐热、叶片直立或者半直立的品种。整地时，每亩施生物有机肥150~200千克或无害化处理过的有机肥料2000~3000千克，撒施于地表，深翻20~25厘米，然后耙平做畦。

2）根际追肥。菠菜一般在长出4~5片真叶时进入旺盛生长期，此时结合灌水追肥1~2次，间隔15~20天。每次每亩追施尿素10~12千克。

3）叶面追肥。一般在菠菜长出2~3片真叶时，叶面喷施稀释500~600倍的含氨基酸水溶肥料或稀释500~600倍的含腐殖酸水溶肥料、稀释1500倍的活力硼混合溶液1次。在菠菜长出4~5片真叶时，叶面喷施稀释500~600倍的含氨基酸水溶肥料或稀释500~600倍的含腐殖酸水溶肥料、稀释1500倍的活力钾混合溶液2次，间隔14天。

（3）露地越冬菠菜科学施肥技术

1）基肥。每亩施生物有机肥200~300千克或无害化处理过的有机肥料4000~5000千克、过磷酸钙25~30千克，深翻20~25厘米，然后耙平做畦。

2）根际追肥。越冬菠菜生长期长达150~210天，主要在冬季前和早春两个时期进行追肥。

冬季前，一般在菠菜长出2~3片真叶时，结合灌水追肥1次，每亩追施尿素5~6千克。当夜间土壤结冻、白天土壤解冻融化时，浇1次冻水，随水追施1次腐熟有机肥料，用量为每亩1000~1500千克。

菠菜在早春返青、心叶开始生长后，结合灌水追肥2次，间隔15~20天。每次每亩冲施大量元素水溶肥料10~12千克或尿素8~10千克。

3）叶面追肥。菠菜在早春返青、心叶开始生长后，叶面喷施稀释500~600倍的含氨基酸水溶肥料或稀释500~600倍的含腐殖酸水溶肥料、稀释1500倍的活力钾混合溶液2次，间隔15天。

三、露地莴苣科学施肥

莴苣是菊科莴苣属的一年生或二年生草本植物，按食用部位可分为叶用莴苣和茎用莴苣两类。

1. 莴苣需肥特点

据有关资料报道，莴苣每形成1000千克产品，大约从土壤中吸收氮2.5千克、五氧化二磷1.2千克、氧化钾4.5千克，氮、磷、钾的吸收比例大致为1∶0.48∶1.8。

莴苣的根系属于直根系，入土较浅，根群主要分布在20~30厘米的耕作层中，适合在有机质含量丰富、保水保肥力强的微酸性壤土中栽培。莴苣是需肥较多的蔬菜。在生长初期，莴苣的生长量和肥料吸收量均较少；随生长量的增加，对氮、磷、钾的吸收量也逐渐增加，尤其到了结球期吸收量呈直线猛增趋势。莴苣一生中对钾的吸收量最大，氮居中，磷最少。莲座期和结球期氮对其产量影响最大，结球1个月内，吸氮量占全生长发育期吸氮总量的84%。幼苗期缺钾对莴苣的生长影响最大。莴苣还需钙、镁、硫、铁等中、微量元素。

2. 露地叶用莴苣科学施肥技术

（1）基肥　春季和秋季露地栽培叶用莴苣宜做平畦，因此基肥应撒施后翻耕入土，深翻25厘米以上，耙平做畦。每亩施生物有机肥200~300千克或无害化处理过的有机肥料2500~3000千克、总养分含量为45%的三元平衡肥30~40千克或过磷酸钙40~50千克+氯化钾15~20千克。

（2）根际追肥　叶用莴苣定植后一般追肥2次。定植后7~10天，即缓苗后随水冲施总养分含量为50%的大量元素水溶肥料8~10千克或尿素8~10千克。早熟品种在定植后15~20天、中熟品种在定植后20~25天，每亩随水冲施总养分含量为50%的大量元素水溶肥料12~15千克或尿素10~12千克+氯化钾10~15千克。

（3）叶面追肥　缓苗后7~10天，叶面喷施稀释500~600倍的含氨基酸水溶肥料或稀释500~600倍的含腐殖酸水溶肥料1次。在团棵期叶面喷施稀释500~600倍的含氨基酸水溶肥料或稀释500~600倍的含腐殖酸水溶肥料、稀释1500倍的活力钾混合溶液2次，间隔14天。

3. 露地茎用莴苣科学施肥技术

（1）基肥　春季和秋季露地栽培茎用莴苣宜做平畦，因此基肥应撒施后翻耕入土、耙平做畦。每亩施生物有机肥200~300千克或无害化处理过的有机肥料2500~3000千克、总养分含量为45%的三元复合肥30~40千克或过磷酸钙40~50千克+氯化钾20~30千克。

（2）春莴苣追肥　春莴苣定植后一般追肥3次。第1次追肥是在定植缓苗后，每亩冲施尿素8~10千克或总养分含量为50%的大量元素冲施肥

10~12千克。第2次追肥是在第2年返青后，此时叶面积迅速增大呈莲座状，每亩冲施尿素12~15千克或总养分含量为50%的大量元素冲施肥12~15千克。第3次是在茎部肥大速度加快时，每亩冲施尿素12~15千克、氯化钾10~15千克，此期施肥可少施、勤施，以防茎部裂口。

（3）秋莴苣追肥 秋莴苣一般在6月以后播种，生长期长达3个月左右，一般追肥3次。第1次在缓苗后每亩冲施尿素8~10千克或总养分含量为50%的大量元素冲施肥8~10千克。第2次在团棵时，每亩冲施尿素10~12千克或总养分含量为50%的大量元素冲施肥12~15千克。第3次在封垄以前茎部开始肥大时，每亩冲施尿素10~12千克、氯化钾8~10千克，或总养分含量为50%的大量元素冲施肥12~15千克。

（4）叶面追肥 缓苗后7~10天，叶面喷施稀释500~600倍的含氨基酸水溶肥料或稀释500~600倍的含腐殖酸水溶肥料1次。茎部肥大期，叶面喷施稀释500~600倍的含氨基酸水溶肥料或稀释500~600倍的含腐殖酸水溶肥料、稀释1500倍的活力钾混合溶液2次，间隔14天。

第三节 露地茄果类蔬菜科学施肥

一、露地番茄科学施肥

番茄，又名西红柿、洋柿子，为一年生草本植物，原产于南美洲，在我国南北方广泛栽培。番茄是喜温、喜光性蔬菜，对土壤条件要求不太严格。

1. 番茄需肥特点

番茄是需肥较多且耐肥的茄果类蔬菜，不仅需要氮、磷、钾，而且对钙、镁等的需要量也较大。一般认为，每生产1000千克番茄需氮2.6~4.6千克、五氧化二磷0.5~1.3千克、氧化钾3.3~5.1千克、氧化钙2.5~4.2千克、氧化镁0.4~0.9千克。

番茄在不同生长发育期对养分的吸收量不同，其吸收量一般随生长发育期的推进而增加。在幼苗期以氮营养为主，在第一穗果开始结果时，对氮、磷、钾的吸收量迅速增加，氮的吸收量在三要素的吸收总量中占50%，而钾的吸收量只占32%；到结果盛期和开始采收期，氮的吸收量只占36%，而钾的吸收量已占50%，结果期磷的吸收量约占15%。番茄需钾的特点是从坐果开始其吸钾量一直直线上升，果实膨大期的吸钾量约占

全生长发育期吸钾总量的70%以上，直到采收后期对钾的吸收量才稍有减少。番茄对氮和钙的吸收规律基本相同，从定植至采收末期，氮和钙的累计吸收量直线上升，从第一穗果实膨大期开始，吸收速率迅速增大，吸氮量急剧增加。番茄对磷和镁的吸收规律基本相似，随着生长发育期的进展对磷、镁的吸收量也逐渐增多，但是与氮相比，磷、镁的累积吸收量都比较低。虽然苗期对磷的吸收量较小，但磷对苗期以后的生长发育影响很大，供磷不足不利于花芽分化和植株发育。

2. 露地春季栽培番茄科学施肥技术

番茄春季露地栽培一般采用设施育苗，露地移栽定植。一般北方多在4月中下旬定植，6月中旬~7月中旬采收；南方在3月下旬~4月上旬定植，6月上旬~7月下旬采收。

（1）基肥　定植前结合整地撒施或沟施基肥。每亩施生物有机肥400~500千克或无害化处理过的有机肥料4000~5000千克、总养分含量为45%的三元平衡肥40~50千克或过磷酸钙30~40千克+硫酸钾10~25千克。

（2）根际追肥　主要追施发棵肥、催果肥、盛果肥、防早衰肥等。

1）发棵肥。一般在番茄定植后10~15天追施，晚熟品种在第一穗果长到3~4厘米时进行第1次追肥。每亩冲施总养分含量为50%的高氮型大量元素水溶肥料10~12千克或含腐殖酸水溶肥料15~20千克或尿素8~10千克。

2）催果肥。一般在第一穗果开始膨大，晚熟品种在第二穗果长到3~4厘米时进行第2次追肥。每亩可冲施人粪尿500~1000千克或尿素8~10千克或总养分含量为50%的大量元素水溶肥料8~12千克。

3）盛果肥。一般在第一穗果采收，第二穗果开始膨大时进行第3次追肥；晚熟品种在第三穗果开始膨大时进行第3次追肥。每亩冲施高钾型大量元素水溶肥料10~15千克或含腐殖酸水溶肥料15~20千克或尿素10~15千克+硫酸钾10~15千克。

4）防早衰肥。一般在第二穗果采收后进行第4次追肥，以防引起筋腐果和品质下降。每亩冲施高钾型大量元素水溶肥料8~10千克或尿素8~10千克+钾肥8~12千克。

（3）叶面追肥　番茄移栽定植15~20天后，叶面喷施稀释500~600倍的含氨基酸水溶肥料或稀释500~600倍的含腐殖酸水溶肥料2次，间隔15天。进入结果盛期后，叶面喷施稀释1500倍的活力钾、稀释1500倍的活力硼、稀释1500倍的活力钙混合溶液2次，间隔15天。

3. 露地越夏或秋季栽培番茄科学施肥技术

番茄越夏露地栽培一般于5月中下旬定植，6月中下旬~7月中下旬采收；番茄秋季露地栽培一般于7月下旬~8月中旬定植，9月中下旬~10月中下旬采收。

（1）基肥 定植前结合整地撒施或沟施基肥。每亩施生物有机肥300~500千克或无害化处理过的有机肥料3000~5000千克、总养分含量为45%的三元平衡肥40~50千克或过磷酸钙40~50千克+钾肥20~30千克。

（2）根际追肥 主要追施催果肥、盛果肥等。

1）催果肥。一般在第一穗果开始膨大、晚熟品种在第二穗果长到3~4厘米时进行第1次追肥。每亩冲施高钾型大量元素水溶肥10~15千克或含腐殖酸水溶肥料12~15千克或尿素10~12千克+硫酸钾8~10千克。

2）盛果肥。一般在第一穗果采收、第二穗果开始膨大时进行第2次追肥，晚熟品种在第三穗果开始膨大时进行第2次追肥。每亩冲施高钾型大量元素水溶肥料12~15千克或含腐殖酸高效水溶肥料15~20千克或尿素10~15千克+硫酸钾10~15千克。

（3）叶面追肥。进入结果盛期，叶面喷施稀释1500倍的活力钾、稀释1500倍的活力硼、稀释1500倍的活力钙混合溶液2次，间隔15天。

4. 露地樱桃番茄科学施肥技术

樱桃番茄，又称圣女果、小西红柿、袖珍番茄、迷你番茄，是茄科番茄属的一年生草本植物，为无限生长型，既可作为蔬菜又可作为水果。其需肥特点基本同番茄，但需肥量稍高于番茄。露地栽培主要是在春季和秋季，这里以春季露地栽培为例进行说明。春季露地栽培无公害樱桃番茄一般于12月在大棚内进行小棚育苗，采用地热线加热，3月下旬覆盖地膜后定植于大田，5月下旬~7月下旬采收。

（1）基肥 定植前结合整地撒施或沟施基肥。每亩施生物有机肥400~600千克或无害化处理过的有机肥料5000~6000千克、总养分含量为45%的三元平衡肥50~60千克或过磷酸钙40~50千克+硫酸钾25~30千克。

（2）根际追肥 一般追肥3~5次。

1）第一果穗肥。一般在第一穗果开始膨大时进行第1次追肥。每亩冲施总养分含量为50%的高钾型大量元素水溶肥料10~15千克或腐殖酸

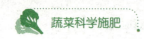

型复合肥（15-5-20）15~20千克，每亩追施尿素10~12千克+钾肥8~12千克。

2）第二果穗肥。一般在第一穗果采收、第二穗果开始膨大时进行第2次追肥。每亩冲施总养分含量为50%的高钾型大量元素水溶肥料15~20千克或腐殖酸型复合肥（15-5-20）20~25千克，每亩追施尿素12~15千克+钾肥10~15千克。

3）第三果穗肥。一般在第二穗果采收后、第三穗果开始膨大进行第3次追肥。每亩冲施总养分含量为50%的高钾型大量元素水溶肥料10~12千克或腐殖酸型复合肥（15-5-20）15~20千克，每亩追施尿素10~12千克+钾肥9~11千克。

根据樱桃番茄长势和需要，可增加施肥次数。

（3）叶面追肥　樱桃番茄移栽定植缓苗后，叶面喷施稀释500~600倍的含氨基酸水溶肥料或稀释500~600倍的含腐殖酸水溶肥料、稀释1500倍的活力硼混合溶液1次。进入结果期，结合根际追肥，间隔15天叶面喷施稀释1500倍的活力钾、稀释1500倍的活力钙混合溶液1次，共计3次。

二、露地茄子科学施肥

茄子，又名矮瓜、白茄、吊菜子、落苏、紫茄、青茄，为草本或亚灌木植物，植株高度可达1米。茄子原产于亚洲的热带地区，在我国各省均有栽培。

1. 茄子需肥特点

据有关研究资料显示，每生产1000千克茄子需氮2.62~3.3千克、五氧化二磷0.63~1.0千克、氧化钾4.7~5.6千克、氧化钙1.2千克、氧化镁0.5千克，其吸收比例为1∶0.27∶1.42∶0.39∶0.16。从全生长发育期来看，茄子对钾的吸收量最多，氮、钙次之，磷、镁最少。

茄子对各种养分吸收的特点是：从定植开始到采收结束逐步增加，特别是开始采收后养分吸收量增多，至采收盛期急剧增加。其中在生长中期吸收钾与吸收氮的情况相近，到生长发育后期钾的吸收量远比氮要多，到后期磷的吸收量虽有所增多，但与钾、氮相比要小得多。

在苗期，氮、磷、钾三要素的吸收量分别仅为其各自吸收总量的0.05%、0.07%、0.09%。在开花初期，养分的吸收量逐渐增加，到盛果期至末果期养分的吸收量占全生长发育期吸收总量的90%以上，其中盛果期的养分吸收量占2/3左右。各生长发育期对养分的要求不同，生长发育初期的肥料主要用于促进植株的营养生长，随着生长发育期的推进，养分向花和果实的输送量增加。在盛花期，氮和钾的吸收量显著增加，这个时期如果氮不足，会造成花发育不良，短柱花增多，产量降低。

2. 露地春季栽培茄子科学施肥技术

茄子春季露地栽培一般采用设施育苗，露地移栽定植。一般北方多在4月中下旬定植，6月中旬~7月中旬采收；南方在3月下旬~4月上旬定植，6月上旬~7月下旬采收。

（1）基肥 定植前结合整地撒施或沟施基肥。每亩施生物有机肥400~500千克或无害化处理过的有机肥料5000~6000千克、总养分含量为45%的三元平衡肥40~50千克或过磷酸钙30~40千克+大粒钾肥15~20千克。

（2）根际追肥 主要追施门茄肥、对茄肥、四母斗肥、八面风肥、满天星肥等。

1）门茄肥。一般在结束蹲苗、门茄进入瞪眼期时结合浇水追施。每亩施高氮型复合肥12~15千克或尿素8~10千克。

2）对茄肥。一般在门茄开始采收、对茄膨大时结合浇水追施。每亩施高钾型复合肥15~20千克或尿素10~15千克+硫酸钾10~12千克。

3）四母斗肥。一般在对茄开始采收、四母斗茄膨大时结合浇水追施。每亩施高钾型复合肥20~25千克或尿素15~20千克+硫酸钾15~20千克。

4）八面风肥。一般在四母斗茄开始采收、八面风茄膨大时结合浇水追施。每亩施高钾型复合肥20~25千克或尿素15~20千克+硫酸钾15~20千克。

5）满天星肥。一般在八面风茄开始采收、满天星茄膨大时结合浇水追施。每亩施高钾型复合肥15~20千克或尿素10~15千克+硫酸钾10~12千克。

（3）叶面追肥 门茄“瞪眼”后，叶面喷施稀释500~600倍的含氨基酸水溶肥料或稀释500~600倍的含腐殖酸水溶肥料、稀释1500倍的活力硼混合溶液2次，间隔15天。四母斗茄膨大时，叶面喷施稀释500~600倍的含氨基酸水溶肥料或稀释500~600倍的含腐殖酸水溶肥料、稀释1500倍的活力钙、稀释1500倍的活力钾混合溶液1次。满天星茄膨大时，叶面喷施稀释1500倍的活力钙、稀释1500倍的活力钾混合溶液1次。

3. 露地夏季栽培茄子科学施肥技术

茄子越夏露地栽培一般在 5 月中下旬定植，7 月中下旬~9 月中下旬采收。

（1）基肥　定植前结合整地撒施或沟施基肥。每亩施生物有机肥 300~400 千克或无害化处理过的有机肥料 3000~4000 千克、总养分含量为 45%的三元平衡 40~45 千克或过磷酸钙 20~30 千克+硫酸钾 10~15 千克。

（2）根际追肥　主要追施门茄肥、四母斗肥、满天星肥等。

1）门茄肥。一般在结束蹲苗、门茄进入瞪眼期时结合浇水追施。每亩施高氮型复合肥 12~15 千克或尿素 8~10 千克。

2）四母斗肥。一般在对茄开始采收、四母斗茄膨大时结合浇水追施。每亩施高钾型复合肥 20~25 千克或尿素 15~20 千克+硫酸钾 15~20 千克。

3）满天星肥。一般在八面风茄开始采收、满天星茄膨大时结合浇水追施。每亩施高钾型复合肥 20~25 千克或尿素 15~20 千克+硫酸钾 15~20 千克。

（3）叶面追肥　茄子移栽定植后、门茄达到瞪眼后，叶面喷施稀释 500~600 倍的含氨基酸水溶肥料或稀释 500~600 倍的含腐殖酸水溶肥料、稀释 1500 倍的活力硼混合溶液 2 次，间隔 15 天。四母斗茄膨大时，叶面喷施稀释 500~600 倍的含氨基酸水溶肥料或稀释 500~600 倍的含腐殖酸水溶肥料、稀释 1500 倍的活力钙、稀释 1500 倍的活力钾混合溶液 1 次。

三、露地辣椒科学施肥

辣椒，也称牛角椒、长辣椒、菜椒等，是茄科辣椒属的一年或有限多年生草本植物，是我国主要的夏、秋季蔬菜之一。

1. 辣椒需肥特点

辣椒吸肥量较多，每生产 1000 千克鲜辣椒需氮 3.5~5.5 千克、五氧化二磷 0.7~1.4 千克、氧化钾 5.5~7.2 千克、氧化钙 2~5 千克、氧化镁 0.7~3.2 千克。

辣椒在不同生长发育期所吸收的氮、磷、钾等营养物质的量也有所不同。从出苗到现蕾，由于根少叶小，干物质积累较慢，因而需要的养分也少，约占吸收总量的 5%；从现蕾到初花，植株生长加快，营养体迅速扩大，干物质积累量也逐渐增加，对养分的吸收量增多，约占吸收总量的 11%；从初花至盛花结果是辣椒营养生长和生殖生长旺盛时期，也是吸收养分和氮最多的时期，约占吸收总量的34%；从盛花至成熟期，植株的营养生长较弱，这时对磷、钾的需要量最多，约占吸收总量的50%；在成熟果采收后，为了及时促进枝叶生长发育，这时又需较大量的氮肥。

2. 露地辣椒科学施肥技术

辣椒春季露地栽培多在4月中下旬定植，6月中旬~7月中下旬采收；秋季露地栽培多在7~8月定植，9~11月采收。

（1）基肥 定植前结合整地撒施或沟施基肥。每亩施生物有机肥400~600千克或无害化处理过的有机肥料5000~6000千克、总养分含量为45%的三元平衡肥50~60千克或过磷酸钙40~50千克+硫酸钾25~30千克。

（2）根际追肥 主要追施发棵肥，并在结果期追施2~3次肥。

1）发棵肥。一般在定植15天缓苗后，为促苗早发棵而结合浇水追施。每亩冲施总养分含量为50%的大量元素水溶肥料10~15千克或尿素8~10千克或人粪尿800~1000千克。

2）结果初期肥。一般在门椒开始膨大时结合浇水追施。每亩冲施总养分含量为50%的大量元素水溶肥料12~15千克或尿素10~12千克+硫酸钾10~12千克。

3）结果盛期肥。一般在第2层的对椒和第3层的四斗椒开始膨大时结合浇水追施。每亩冲施总养分含量为50%的大量元素水溶肥料15~20千克或尿素12~15千克+硫酸钾15~20千克。

4）结果后期肥。一般在辣椒采收的中后期，根据辣椒长势每10天结合浇水追施1次。每次每亩施总养分含量为50%的大量元素水溶肥料10~15千克或尿素10~12千克+硫酸钾10~12千克或无害化处理过的畜禽粪水600~800千克。

（3）叶面追肥 辣椒移栽定植缓苗后，叶面喷施稀释500~600倍的含氨基酸水溶肥料或稀释500~600倍的含腐殖酸水溶肥料2次，间隔15天。结果初期，叶面喷施稀释500~600倍的含氨基酸水溶肥料或稀释500~600倍的含腐殖酸水溶肥料、稀释1500倍的活力钾混合溶液1次。结果盛期，叶面喷施稀释1500倍的活力钙、稀释1500倍的活力钾混合溶液2次，间隔20天。结果中后期，叶面喷施稀释500~600倍的含氨基酸水溶肥料或稀释500~600倍的含腐殖酸水溶肥料、稀释1500倍的活力钙、稀释1500倍的活力钾混合溶液2次，间隔20天。

3. 露地甜椒科学施肥技术

甜椒春季露地栽培多在4月中下旬定植，6月中旬~7月中下旬采收；秋季露地栽培多在7~8月定植，9~11月采收。

（1）基肥　定植前结合整地撒施或沟施基肥。每亩施生物有机肥料400~500千克或无害化处理过的有机肥料4000~5000千克、腐殖酸高效缓释肥50~60千克或过磷酸钙40~50千克+大粒钾肥20~25千克。

（2）根际追肥　主要追施发棵肥、结果盛期肥、结果后期肥。

1）发棵肥（第1次追肥）。在缓苗后进行，在植株附近开沟追肥，将肥料施于沟中，然后覆土，这时适当控制浇水，以便蹲苗，促进根系发育。每亩施总养分含量为45%的腐殖酸高效缓释肥15~20千克或总养分含量为50%的硫基长效缓释复混肥12~15千克或尿素12~15千克+硫酸钾10~15千克。

2）结果盛期肥（第2次追肥）。在盛果期进行，在第1层果实（门椒）采收前，第2层果实（对椒）和第3层果实（四斗椒）继续膨大及第4层果实正在谢花坐果时，是需肥的高峰时期。每亩施总养分含量为45%的腐殖酸高效缓释肥20~25千克或总养分含量为50%的硫基长效缓释复混肥15~20千克或尿素15~20千克+硫酸钾12~15千克。

3）结果后期肥（第3次追肥）。应在采收的中后期进行，进入8~9月后，雨季已过，光照充足，气温下降，昼夜温差大，正适合甜椒生长发育，也进入了第2次开花坐果的高峰阶段，此时应每隔10天追肥1次。每次每亩冲施高钾型大量元素水溶肥10~15千克或尿素10~12千克+硫酸钾10~12千克或无害化处理过的畜禽粪水600~800千克。

（3）叶面追肥　结果初期，叶面喷施稀释500~600倍的含氨基酸水溶肥料或稀释500~600倍的含腐殖酸水溶肥料、稀释1500倍的活力钾混合溶液1次。结果盛期，叶面喷施稀释1500倍的活力钙、稀释1500倍的活力钾混合溶液2次，间隔20天。结果中后期，叶面喷施喷施稀释500~600倍的含氨基酸水溶肥料或稀释500~600倍的含腐殖酸水溶肥料、稀释1500的倍活力钙、稀释1500倍的活力钾混合溶液2次，间隔20天。

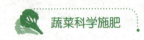

第四节　露地瓜类蔬菜科学施肥

一、露地黄瓜科学施肥

黄瓜，又名胡瓜、刺瓜、王瓜、勤瓜、青瓜、唐瓜、吊瓜，是葫芦科黄瓜属的一年生蔓生或攀缘草本植物，广泛分布于温带和热带地区，在我国各地普遍栽培。

1. 黄瓜需肥特点

黄瓜的营养生长与生殖生长并进时间长，产量高，需肥量大，喜肥但不耐肥，是典型的果蔬型瓜类作物。每生产 1000 千克商品瓜需氮 2.8~3.2 千克、五氧化二磷 1.2~1.8 千克、氧化钾 3.3~4.4 千克、氧化钙 2.9~3.9 千克、氧化镁 0.6~0.8 千克，氮、磷、钾的比例为 1∶0.4∶1.6。黄瓜在全生长发育期中需钾最多，其次是氮，再次为磷。

黄瓜对氮、磷、钾的吸收是随着生长发育期的推进而有所变化的。从播种到抽蔓对各养分的吸收量增加；进入结瓜期，对各养分吸收的速度加快；到盛瓜期养分吸收量达到最大值，结瓜后期养分吸收量则又减少。黄瓜的养分吸收量因品种及栽培条件而异。分析各个时期养分的相对含量，氮、磷、钾在采收初期偏高，随着生长发育期的推进，它们的相对含量下降；而钙和镁的相对含量则是随着生长发育期的推进而上升。

黄瓜茎秆和叶片中的氮、磷含量高，茎秆中的钾含量高。当产品器官形成时，约 60%的氮、50%的磷和 80%的钾集中在果实中。当采收种瓜时，矿质元素的含量更高。始花期以前进入植株体内的营养物质不多，仅占各养分吸收总量的 10%左右，绝大部分养分是在结瓜期进入植株体内的。当采收嫩瓜基本结束之后，矿质元素进入植株体内的很少。但采收种瓜时则不同，在后期对营养元素的吸收还较多，氮与磷的吸收量约占它们各自吸收总量的 20%，钾的吸收量则为吸钾总量的 40%。

2. 露地春季栽培黄瓜科学施肥技术

露地黄瓜春季栽培时，为了提前定植，提前采收，我国大多数地区采用苗床育苗的办法，提前 1 个多月的时间播种，在晚霜过后定植，采收期处于春夏蔬菜淡季。

（1）基肥　定植前结合越冬进行的秋耕冻垡撒施或沟施基肥。每亩施生物有机肥 500~700 千克或无害化处理过的有机肥料 5000~7000 千克、

总养分含量为45%的三元平衡肥50~60千克或腐殖酸型过磷酸钙30~40千克。

（2）根际追肥　主要在结瓜期进行追肥。

1）结瓜初期追肥。一般在黄瓜结瓜后结合浇水进行第1次追肥。每亩冲施含腐殖酸水溶肥料10~15千克或大量元素水溶肥料10~12千克+有机水溶肥料10~12千克，或每亩追施尿素10~12千克+硫酸钾8~10千克。

2）结瓜盛期追肥。一般在第2批瓜采收后进行第2次追肥，以后每隔20天左右再追施1次，共追施4~7次。每次每亩冲施含腐殖酸水溶肥料10~12千克或大量元素水溶肥料8~10千克+有机水溶肥料8~10千克，或每次每亩追施尿素8~10千克+硫酸钾8~10千克。

（3）叶面追肥　黄瓜移栽定植后，叶面喷施稀释500~600倍的含氨基酸水溶肥料或稀释500~600倍的含腐殖酸水溶肥料、稀释1500倍的活力硼混合溶液1次。黄瓜进入结瓜期，叶面喷施稀释1500倍的活力钾、稀释1500倍的活力钙混合溶液2次，间隔15天。黄瓜进入结瓜盛期，每隔20~30天叶面喷施稀释500~600倍的含氨基酸水溶肥料或稀释500~600倍的含腐殖酸水溶肥料、稀释1500倍的活力钾混合溶液1次。

3. 露地越夏或秋季栽培黄瓜科学施肥技术

露地黄瓜越夏栽培播种时间在5月中下旬，上市期在7月下旬。露地黄瓜秋季栽培播种期最好选在初秋，开花结果期在9月中旬以后，此时昼夜温差逐渐增大，有利于黄瓜生长并高产，10月底采收。

（1）基肥　定植前结合越冬进行的秋耕冻垡撒施或沟施基肥。每亩施生物有机肥400~500千克或无害化处理过的有机肥料4000~5000千克、总养分含量为45%的三元平衡肥50~60千克或总养分含量为45%的硫基长效缓释复混肥50~60千克或过磷酸钙20~30千克。

（2）根际追肥　主要在结瓜期进行追肥。

1）结瓜初期追肥。一般在黄瓜结瓜后结合浇水进行第1次追肥。每亩冲施含腐殖酸水溶肥料12~15千克或大量元素水溶肥料12~12千克+有机水溶肥料12~15千克，或每亩追施尿素11~13千克+硫酸钾10~12千克。

2）结瓜盛期追肥。一般在第2批瓜采收后进行第2次追肥，以后每隔20天左右再追施1次，共追3~4次。每亩冲施含腐殖酸水溶肥料10~15千克或大量元素水溶肥料10~12千克+有机水溶肥料10~12千克，或每次每亩追施尿素10~12千克+硫酸钾8~10千克。

（3）叶面追肥 进入结瓜期后，叶面喷施稀释1500倍的活力钾、稀释1500倍的活力钙混合溶液2次，间隔15天。进入结瓜盛期后，每隔20~30天叶面喷施稀释500~600倍的含氨基酸水溶肥料或稀释500~600倍的含腐殖酸水溶肥料、稀释1500倍的活力钾混合溶液1次。

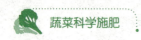

4. 露地滴灌栽培黄瓜科学施肥技术

（1）基肥 定植前结合越冬进行的秋耕冻垡撒施或沟施基肥。每亩施生物有机肥300~500千克或无害化处理过的有机肥料3000~5000千克、总养分含量为45%的三元平衡肥40~50千克或总养分含量为45%的硫基长效缓释复混肥40~50千克或过磷酸钙20~30千克。

（2）滴灌追肥 一般在黄瓜定植活棵后，整个生长发育期采用滴灌追施5~6次。根据当地肥源情况，可选择下列肥料组合之一：每次每亩施用含腐殖酸水溶灌溉肥（20-0-15）10~15千克、磷酸二氢钾3~5千克，间隔20天再施第2次，依次类推；每次每亩施用黄瓜滴灌专用水溶肥料（15-15-20），间隔20天再施第2次，依次类推。

（3）叶面追肥 进入结瓜期，叶面喷施稀释1500倍的活力钾、稀释1500倍的活力钙混合溶液2次，间隔15天。进入结瓜盛期，每隔20~30天叶面喷施稀释500~600倍的含氨基酸水溶肥料或稀释500~600倍的含腐殖酸水溶肥料、稀释1500倍的活力钾混合溶液1次。

二、露地西葫芦科学施肥

西葫芦，又名占瓜、茄瓜、熊（雄）瓜、白瓜、窝瓜、小瓜、番瓜、角瓜、荀瓜等。西葫芦为一年生蔓生草本植物，有矮生、半蔓生、蔓生三大品系。

1. 西葫芦需肥特点

西葫芦由于根系强大，吸肥吸水能力强，因而比较耐肥、抗旱。对养分的吸收量以钾最多，氮次之，再次为钙和镁，磷最少。每生产1000千克西葫芦果实，需要吸收氮3.92~5.47千克、五氧化二磷2.13~2.22千克、氧化钾4.09~7.29千克，其吸收比例为1：0.46：1.21。每亩生产1茬西葫芦，需要吸收氮18.8~32.9千克、五氧化二磷8.72~15.26千克、氧化钾22.76~39.83千克。

西葫芦在不同生长发育期对肥料种类、养分比例的需求有所不同。出

苗后到开花结瓜前需供给充足的氮肥，以促进植株生长，为果实生长奠定基础。生长发育阶段的前1/3对氮、磷、钾、钙的吸收量少，植株生长缓慢；生长发育阶段的中间1/3是果实生长旺期，随生物量的剧增而对氮、磷、钾的吸收量也猛增，此期增施氮、磷、钾肥有利于促进果实的生长，提高植株连续结果的能力；而在生长发育阶段的最后1/3里，植株生长量和养分吸收量增加更显著。因此，西葫芦栽培时施缓效基肥和后期及时追肥对高产优质更为重要。

2. 露地西葫芦科学施肥技术

露地西葫芦一般为春季和秋季栽培，以春季栽培为主。春季栽培一般在4月上旬定植，5~7月采收；秋季栽培一般在7月下旬~8月上旬定植，9~11月采收。

（1）基肥　定植前结合越冬进行的秋耕冻垡撒施或沟施基肥。每亩施生物有机肥400~600千克或无害化处理过的有机肥料4000~5000千克、总养分含量为45%的三元平衡肥30~40千克或过磷酸钙20~30千克。

（2）根际追肥　一般追施缓苗肥、促瓜肥、盛瓜肥等。

1）缓苗肥。一般在定植后7天左右，结合浇水进行第1次追肥。每亩施大量元素水溶肥料10~12千克或尿素6~8千克+硫酸钾5~7千克。

2）促瓜肥。进入结瓜期，当根瓜开始膨大时，进行第2次追肥。每亩施大量元素水溶肥料12~15千克或总养分含量为40%的腐殖酸长效缓释肥12~15千克或尿素8~10千克+硫酸钾8~10千克。

3）盛瓜肥。进入结瓜盛期，一般每隔15天追肥1次。每亩施大量元素水溶肥料15~20千克或总养分含量为40%的腐殖酸长效缓释肥20~25千克或尿素10~12千克+硫酸钾10~15千克。

（3）叶面追肥　进入结瓜期，叶面喷施稀释1500倍的活力钾、稀释1500倍的活力钙混合溶液1次。进入结瓜盛期，每隔15天叶面喷施稀释500~600倍的含氨基酸水溶肥料或稀释500~600倍的含腐殖酸水溶肥料、稀释1500倍的活力钾混合溶液1次。

三、露地冬瓜科学施肥

冬瓜，又名白瓜、枕瓜、水芝、东瓜等，是葫芦科冬瓜属的一年生蔓生或架生草本植物。冬瓜起源于我国和印度，在我国各地都有栽培。

1. 冬瓜需肥特点

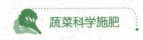

冬瓜耐肥力强，产量高，需肥量也多，特别是对磷肥的需要量比一般蔬菜多，对钾肥的需要量相对较少。冬瓜对氮、磷、钾三要素的吸收，以钾最多，氮次之，磷最少。一般每生产 1000 千克冬瓜需氮 1.0~3.6 千克、五氧化二磷 0.6~1.5 千克、氧化钾 1.5~3.0 千克，吸收比例约为1∶0.53∶1.13。

冬瓜根系粗壮、发达，吸肥能力强，在整个生长发育期需肥量较大，耐肥能力强。施肥以有机肥料为主，配合追施复合专用肥。植株对肥料的吸收量表现为：幼苗期少，抽蔓期多，而开花期特别是果实发育前期和中期吸收量最多，后期吸收量又减少。生长发育前期需肥量较少，根系以吸收氮为主；开花结瓜期是需肥高峰，需要吸收大量的磷、钾；氮的吸收高峰在开花结瓜期，磷的吸收高峰在种子发育期，钾的吸收高峰在冬瓜膨大期。在整个生长发育期中，氮、磷、钾应配合施用。在一定范围内，增施氮肥与主茎伸长呈正相关；增施磷、钾肥可延缓早衰，并能降低雌花节位，提高单果瓜量。

2. 露地冬瓜科学施肥技术

露地冬瓜可以直播或育苗移栽，在 4 月下旬~5 月下旬移栽定植，或在 5 月上旬催芽直播，7~8 月采收。

（1）基肥　定植前结合整地撒施或沟施基肥。每亩施生物有机肥 200~300 千克或无害化处理过的有机肥料 2000~3000 千克、总养分含量为 45%的三元平衡肥 30~40 千克或过磷酸钙 20~30 千克。

（2）根际追肥　主要追施缓苗肥、催瓜肥、盛瓜肥。

1）缓苗肥。一般在移栽定植 7 天后。如果基肥不足，就在缓苗后瓜苗长出 5~6 片真叶时开沟进行追肥。每亩施尿素 3~5 千克或无害化处理过的腐熟稀粪水 500~700 千克。

2）催瓜肥。当瓜坐稳后，应及时施催瓜肥。每亩施大量元素水溶肥料 10~15 千克或尿素 7~9 千克+钾肥 8~10 千克。

3）盛瓜肥。在冬瓜膨大期，根据瓜秧长势和土壤墒情，每隔 10~15 天追肥 1 次。每亩冲施大量元素水溶肥料 15~20 千克，或冬瓜滴灌专用水溶肥料（20-0-15）15~20 千克，或每亩施尿素 12~15 千克+大粒钾肥 10~15 千克。

（3）叶面追肥　在冬瓜抽蔓期，叶面喷施稀释 500~600 倍的含氨基酸水溶肥料或稀释 500~600 倍的含腐殖酸水溶肥料、稀释 1500 倍的活力

硼混合溶液 2 次，间隔 15 天。进入结瓜盛期，叶面喷施稀释 500~600 倍的含氨基酸水溶肥料或稀释 500~600 倍的含腐殖酸水溶肥料、稀释 1500 倍的活力钾混合溶液 3~5 次，间隔 15 天。

第五节　露地根菜类蔬菜科学施肥

根菜类蔬菜是指以肥大的肉质根为产品的一类蔬菜，包括十字花科的萝卜、芥菜、芜菁等，伞形科的胡萝卜等，菊科的牛蒡、婆罗门参、黑婆罗门参（菊牛蒡），藜科的根恭菜等。在我国以萝卜和胡萝卜的栽培面积最大。

一、露地萝卜科学施肥

萝卜为十字花科萝卜属的二年生草本植物，起源于我国，被广泛栽培于世界各地。目前我国栽培的萝卜有两大类：一类是最常见的大型萝卜，在分类上称为中国萝卜；另一类是小型萝卜，在分类上称为四季萝卜。

1. 萝卜需肥特点

萝卜对氮、磷、钾的需要量因栽培地区、产量水平及品种等因素而有差别。每生产 1000 千克萝卜需从土壤中吸收氮 2.1~3.1 千克、五氧化二磷 0.8~1.9 千克、氧化钾 3.8~5.6 千克、钙 0.8~1.1 千克，氮、磷、钾三者的比例为 1∶0.2∶1.8。可见萝卜是喜钾蔬菜，而不应过多施用氮肥。另外，萝卜对硼比较敏感，在肉质根膨大前期和盛期叶面喷施硼肥，可有效提高萝卜的品质。

萝卜在不同生长发育期对氮、磷、钾的吸收量差别很大，一般幼苗期吸氮量较多，对磷、钾的吸收量较少；进入肉质根膨大前期，植株对钾的吸收量显著增加，其次为氮、磷；肉质根膨大盛期是养分吸收的高峰期，此期的吸氮量占全生长发育期吸氮总量的 77.3%，吸磷量占吸磷总量的 82.9%，吸钾量占吸钾总量的 76.6%。因此，保证这一时期的营养充足是萝卜丰产的关键。

2. 露地萝卜科学施肥技术

借鉴 2016—2023 年农业农村部萝卜科学施肥指导意见和相关测土配方施肥技术研究资料、书籍，提出推荐施肥方法，供农民朋友参考。

（1）施肥原则　针对萝卜生产中存在的重氮、磷肥，轻钾肥，氮磷钾比例失调，磷钾肥施用时期不合理，有机肥料施用明显不足，对微量元素肥料施用的重视程度不够等问题，提出以下施肥原则：依据土壤肥力条件和目标产量，优化氮、磷、钾肥的用量，特别注意适度降低氮、磷肥的用量，增施钾肥；北方石灰性土壤有效锰、锌、硼、钼等微量元素含量较低，应注意微量元素肥料的补充；南方菜田酸化严重时应适量施用石灰等酸性土壤调理剂；合理施用有机肥料提高萝卜产量和改善品质，忌用没有充分腐熟的有机肥料，提倡施用商品有机肥料及腐熟的农家肥。

（2）施肥建议 对产量水平为1000~1500千克/亩的小型萝卜（四季萝卜），可施有机肥料500~800千克/亩；对产量水平为4500~5000千克/亩的高产品种，施有机肥料2500~3000千克/亩或商品有机肥料100~150千克/亩。产量水平在4000千克/亩以上时，推荐施氮肥（N）10~12千克/亩、磷肥（P_2O_5）4~6千克/亩、钾肥（K_2O）10~13千克/亩；产量水平为2500~4000千克/亩时，推荐施氮肥（N）6~10千克/亩、磷肥（P_2O_5）3~5千克/亩、钾肥（K_2O）8~10千克/亩；产量水平为1000~2500千克/亩时，推荐施氮肥（N）4~6千克/亩、磷肥（P_2O_5）2~4千克/亩、钾肥（K_2O）5~8千克/亩。

对容易出现硼缺乏的地块，或往年已有缺硼表现的地块，可于播种前每亩基施硼砂1千克，或于萝卜生长中后期用0.1%~0.5%硼砂或硼酸溶液进行叶面喷施，每隔5~6天喷1次，连喷2~3次。

基肥施用全部的有机肥料和磷肥，以及氮肥和钾肥总量的40%；将氮肥总量的60%于莲座期和肉质根生长前期分2次作为追肥施用，钾肥总量的60%主要在肉质根生长前期和膨大期追施。

二、露地胡萝卜科学施肥

胡萝卜，别名红萝卜、丁香萝卜、葫芦菔金，又被称为胡芦菔、红菜头、黄萝卜等，有“小人参”之称，是伞形科的二年生草本植物，以肉质根作为食用器官。

1. 胡萝卜需肥特点

胡萝卜对氮、磷、钾的需要量因栽培地区、产量水平及品种等因素而有差别。胡萝卜需钾最多，氮、钙次之，磷、镁最少。据研究资料显示，每生产1000千克产品，需吸收氮4.1~4.5千克、五氧化二磷1.7~1.9千

克、氧化钾10.3～11.4千克、氧化钙3.8～5.9千克，氧化镁0.5～0.8千克，氮、磷、钾之比为4.3∶1.8∶10.8。

胡萝卜在不同生长发育期对养分的吸收量差异较大：苗期对养分的吸收量较少，进入莲座期后，随着生物量逐渐增加，对养分的需求增多。在肉质根膨大期，胡萝卜对氮、磷、钾的吸收进入高峰期，这个时期对氮的吸收量占吸氮总量的74%左右，磷的吸收占吸磷总量的93%，钾的吸收量占吸钾总量的85%左右，因此在进入莲座期后，应保证对胡萝卜充足的养分供应。

胡萝卜对氮的需求以前期为主，在播种后30～50天适量追施氮肥很有必要，如此期缺氮，根的直径明显减小，肉质根膨大不良。不同形态的氮对胡萝卜的生长影响很大。胡萝卜对磷的吸收较少，约为吸氮量的1/3。当土壤中有效磷含量少时，增施磷肥的效果明显，随着施肥量增加，产量也有增加的趋势。在对磷吸收系数比较大的石灰性土壤上，施用较多的磷肥作为基肥，有益于植株早期生长和后期根系的膨大。钾对胡萝卜的影响主要是使肉质根膨大，生产中应重视钾肥的施用，防止土壤缺钾，特别是在肉质根膨大期要保证钾肥的供给。

2. 露地胡萝卜科学施肥技术

借鉴2016—2023年农业农村部胡萝卜科学施肥指导意见和相关测土配方施肥技术研究资料、书籍，提出推荐施肥方法，供农民朋友参考。

（1）施肥原则　胡萝卜施肥以基肥为主、追肥为辅，实行有机无机相结合，大量元素与中、微量元素配合施肥；增施优质有机肥料，选用含钾量较高的草木灰、家禽家畜粪便、菜籽饼等，忌用没有充分腐熟的有机肥料；根据土壤钾的状况，注重施用钾肥，补充钙、硼、钼等中、微量元素。

（2）施肥量及比例　对于目标产量在4000千克/亩以上的地块，每亩施用有机肥（农家肥）2500～3500千克、氮肥（N）11～14千克、磷肥（P_2O_5）5～6千克、钾肥（K_2O）16～18千克。对于目标产量为2500～4000千克的地块，每亩施用有机肥料（农家肥）1500～2500千克、氮肥（N）8～11千克、磷肥（P_2O_5）4～5千克、钾肥（K_2O）13～15千克。目标产量在2500千克/亩以下的地块，每亩施用有机肥料（农家肥）1000～1500千克、氮肥（N）6～8千克、磷肥（P_2O_5）3～4千克、钾肥（K_2O）10～13千克。

有机肥料和磷肥全部作为基肥施用；氮肥总量的30%～50%作为基肥

施用，70%~50%分2次作为追肥施用；钾肥总量的2/3作为基肥施用，1/3在生长前期作为追肥施用。

在采收前的25~30天，按每亩2千克磷酸二氢钾加水100千克进行根外追肥；对于缺硼地块，在幼苗期、莲座期和肉质根膨大期各喷施1次0.2%硼砂溶液；对于缺钼地块，喷施0.05%~0.1%钼酸铵溶液2次。

第六节　露地豆类蔬菜科学施肥

豆类蔬菜都是豆科的一年生或二年生草本植物，主要包括菜豆、豇豆、毛豆、豌豆、蚕豆、扁豆、刀豆、四棱豆等。豆类蔬菜在我国栽培历史悠久，种类多，分布广。

一、露地菜豆科学施肥

菜豆，也称芸豆、豆角、四季豆、玉豆、京豆等，为豆科菜豆属中的栽培种，是一年生缠绕或近直立草本植物。其矮生品种又称矮生菜豆、地芸豆、地油豆等，蔓生品种又叫蔓生菜豆、架芸豆、架豆。

1. 菜豆需肥特点

菜豆在正常生长发育过程中需要16种营养元素。根据河北农业大学高志奎研究，菜豆每形成1000千克产品，需氮10.09千克、五氧化二磷2.2千克、氧化钾5.93千克，氮、磷、钾的吸收比例为1∶0.22∶0.59。其中从土壤中吸收的氮为3.3千克，约占33%。虽然植株需氮最多，但在根瘤形成后，大部分氮（约67%）可由根瘤固定空气中的氮来提供，仅生长初期菜豆吸收的氮来自于土壤。

菜豆在整个生长发育阶段对氮、钾肥的需求量都很大，其需肥特点是：在生长发育初期对氮、钾的吸收量较大；到开花结荚时，对氮、钾的吸收量迅速增加。幼苗茎叶中的氮、钾也随着生长中心的改变逐渐转移到荚果中去。由于菜豆根瘤菌没有其他豆科植物发达，所以在生产上应及时供应适量的氮肥，以获得高产和改善品质。磷肥的吸收量虽比氮、钾肥少，但根瘤菌对磷特别敏感。根瘤菌中磷的含量比根中多1.5倍。因此，施磷肥可达到以磷增氮的明显增产效果。

矮生品种的菜豆生长发育期短，从开花盛期起就进入了养分吸收旺盛期，在嫩荚开始伸长时，茎叶中的无机养分向嫩荚的转移率：氮为24%，磷为11%，钾为40%。到了荚果成熟期，氮的吸收量逐渐减少，而磷的吸

收量逐渐增多。

蔓生品种的菜豆的生长发育相对较迟缓，大量吸收养分的时间也相对延迟。嫩荚开始伸长时，才进入养分吸收旺盛期，日吸收量较矮生品种大，生长发育后期仍需吸收大量的氮。在荚果伸长期，茎叶中的无机养分向荚果中的转移也较矮生品种菜豆少。

菜豆喜硝态氮肥，铵态氮肥施用过量时，会影响根瘤菌的正常发育。硼、钼等微量元素对菜豆的作用较其他元素更为重要，尤其对根瘤菌的活动起着重要作用。因此，应适量施用硼、钼肥，以提高菜豆的产量和品质。

2. 露地春播栽培菜豆科学施肥技术

菜豆露地春播，东北地区在4月下旬~5月下旬，西北地区在4月，华北地区在4月中旬~5月上旬，华东地区在3月下旬~4月上旬。一般以直播为主，也可育苗移栽。

（1）基肥　一般结合整地将基肥撒匀后进行翻耕整地起垄或做畦，以备播种。每亩施生物有机肥200~300千克或无害化处理过的有机肥料2000~3000千克、总养分含量为45%的三元平衡肥20~30千克或过磷酸钙15~20千克+硫酸钾8~10千克。

（2）根际追肥　主要追施催苗肥、催蔓肥、催荚肥、防早衰肥等。

1）催苗肥。直播菜豆在复叶出现时、育苗移栽的在定植后3~4天追施第1次肥。每亩追施总养分含量为45%的三元平衡肥6~8千克或无害化处理过的腐熟稀粪水1200~1500千克或尿素5~7千克。

2）催蔓肥。菜豆进入伸蔓期后结合浇水施肥1次，蔓生品种应在抽蔓和搭架前进行。每亩施无害化处理过的腐熟稀粪水1200~1500千克、大量元素水溶肥料12~15千克或有机水溶肥料10~12千克或尿素10~12千克+硫酸钾8~10千克。

3）催荚肥。开花结荚期是肥水管理的关键时期，应重施追肥。一般追施2~3次，间隔10~15天。每次每亩施高钾型大量元素水溶肥料15~20千克或含腐殖酸水溶肥料12~16千克或尿素12~15千克+硫酸钾10~15千克。

4）防早衰肥。菜豆进入采收后期，茎叶生长缓慢，结荚率低，畸形荚和短荚增多，此时若缺肥水，植株易早衰。可每隔5~7天追施1次，延长采收期。每次每亩施无害化处理过的腐熟稀粪水100~150千克或高钾型大量元素水溶肥料3~5千克或尿素3~5千克+硫酸钾3~5千克。

(3) 叶面追肥 进入结荚期后，叶面喷施稀释500~600倍的含氨基酸螯合钼锌硼水溶肥料、稀释1500倍的活力钾混合溶液1次。采收期，每采收1~2次豆荚，叶面喷施稀释1500倍的活力钙、稀释1500倍的活力钾混合溶液1次。

3. 露地秋播栽培菜豆科学施肥技术

菜豆露地秋播，北方地区多在6月下旬~7月中旬，长江流域一般在7月中旬~8月初，华南地区在9~10月。一般以直播为主，也可育苗移栽。

(1) 基肥 一般结合整地将基肥撒匀后进行翻耕整地起垄或做畦，以备播种。每亩施生物有机肥150~200千克或无害化处理过的有机肥料1500~2000千克、总养分含量为40%的腐殖酸高效缓释肥30~40千克或总养分含量为48%的三元平衡肥25~30千克或过磷酸钙20~30千克。

(2) 根际追肥 主要追施催蔓肥、催荚肥等。

1）催蔓肥。菜豆进入伸蔓期后结合浇水施肥1次，蔓生品种应在抽蔓和搭架前进行。每亩施大量元素水溶肥料10~15千克或有机水溶肥料12~15千克或总养分含量为45%的腐殖酸长效缓释肥8~12千克或尿素10~12千克+硫酸钾8~10千克。

2）催荚肥。开花结荚期是肥水管理的关键时期，应重施追肥。一般追施2~3次，间隔10~15天。每亩施大量元素水溶肥料15~20千克或有机水溶肥料20~25千克或总养分含量为45%的腐殖酸长效缓释肥12~15千克或尿素12~15千克+硫酸钾10~15千克。

(3) 叶面追肥 进入结荚期后，叶面喷施稀释500~600倍的含氨基酸螯合钼锌硼水溶肥料、稀释1500倍的活力钾混合溶液1次。采收期，每采收1~2次豆荚，叶面喷施稀释1500倍的活力钙、稀释1500倍的活力钾混合溶液1次。

二、露地豇豆科学施肥

豇豆，俗称长豆角、角豆、裙带豆、带豆、挂豆角等，分为长豇豆和饭豇两种。豇豆为豆科的一年生缠绕、草质藤本或近直立草本植物，有时顶端呈缠绕状，茎有矮性、半蔓性和蔓性3种。豇豆原产于热带，在汉代传入我国，栽培历史悠久，栽培面积大，分布于南北各地。

1. 豇豆需肥特点

据报道，每生产1000千克豇豆产品，需要吸收氮12.16千克、五氧

化二磷 2.53 千克、氧化钾 8.75 千克，但所需氮仅有 4.05 千克是从土壤中吸收的，占所需氮量的 33.31%。据关佩聪等人（2000 年）研究，豇豆对氮、磷、钾的吸收，以氮最多，钾次之，磷最少。蔓生型豇豆对氮、磷、钾的吸收比例为（2.72~2.92）∶1∶（2.15~2.75），矮生型豇豆为 4.49∶1∶4.21。

王卫平等人（2013 年）研究发现，在豇豆的 4 个主要生长发育阶段（幼苗期、伸蔓期、结荚初期、结荚后期）中，养分需求最多的时期是结荚初期，其次是结荚后期。在豇豆的养分总需求中，营养生长期的氮、磷、钾吸收量较少，其吸收量约占总吸收量的 20.7%，生殖生长期吸收量约占总吸收量的 79.3%；至结荚后期，利用了氮、磷总吸收量的 82.2%，钾总吸收量近 74.5%。

2. 露地春播栽培豇豆科学施肥技术

豇豆春季露地栽培，在 4 月中下旬直播，6 月中下旬始收；晚春茬 5 月上旬直播，7 月中旬始收。豇豆一般以直播为主，也可育苗移栽。

（1）基肥　一般结合整地将基肥撒匀后进行翻耕整地起垄或做畦，以备播种。每亩施生物有机肥 150~200 千克或无害化处理过的有机肥料 2000~2500 千克、总养分含量为 45%的三元平衡肥 20~30 千克或总养分含量为 45%的腐殖酸高效缓释肥 20~25 千克或过磷酸钙 20~30 千克+硫酸钾 10~12 千克。

（2）根际追肥　主要追施结荚肥、采收肥等。

1）结荚肥。在第一花序坐荚后开始结合浇水追施第 1 次肥。每亩施总养分含量为 45%的腐殖酸高效缓释肥 6~8 千克或总养分含量为 40%的硫基长效缓释复混肥 7~9 千克或大量元素水溶肥料 8~10 千克或尿素 5~7 千克+硫酸钾 4~5 千克。

2）采收肥。豇豆进入结荚盛期，应重施追肥。一般每采收 2 次豆荚就追施肥料 1 次（或每采收 1 次就追施肥料 1 次，但施肥量减半）。每亩施总养分含量为 45%的腐殖酸高效缓释肥 10~15 千克或总养分含量为 40%的硫基长效缓释复混肥 12~15 千克或大量元素水溶肥料 12~15 千克或尿素 8~10 千克+硫酸钾 10~15 千克。

（3）叶面追肥　进入结荚期后，叶面喷施稀释 1500 倍的含活力硼水溶肥料、稀释 1500 倍的活力钾混合溶液 1 次。采收期，每采收 1~2 次豆荚，叶面喷施稀释 1500 倍的活力钾溶液 1 次。

3. 露地秋播栽培豇豆科学施肥技术

豇豆秋季露地栽培在6月中下旬直播，8月上旬~9月中旬始收。

(1) 基肥　一般结合整地将基肥撒匀后进行翻耕整地起垄或做畦，以备播种。每亩施生物有机肥100~150千克或无害化处理过的有机肥1000~1500千克、总养分含量为45%的三元平衡肥15~20千克或总养分含量为45%的腐殖酸高效缓释肥15~20千克或过磷酸钙20~25千克+硫酸钾8~10千克。

(2) 根际追肥　主要追施提苗肥、结荚肥、采收肥等。

1）提苗肥。一般在苗期施1次提苗肥。每亩冲施大量元素水溶肥料8~10千克、有机水溶肥料8~10千克或尿素5~7千克。

2）结荚肥。豇豆进入结荚期应追肥1次，以后浇1次清水，浇1次冲施肥，间隔进行。每次每亩施总养分含量为45%的腐殖酸高效缓释肥8~12千克或总养分含量为45%的腐殖酸长效缓释肥8~12千克或高钾型大量元素水溶肥料10~15千克，或尿素8~10千克+硫酸钾10~15千克。

3）采收肥。在生长后期，可连续重施追肥1~2次，以促进植株旺盛生长，继续抽发花序，提高结荚率，延长采收期，增加产量。每次每亩施总养分含量为45%的腐殖酸高效缓释肥10~15千克或总养分含量为45%的腐殖酸长效缓释肥12~15千克或高钾型大量元素水溶肥料12~15千克或尿素10~12千克+硫酸钾10~15千克。

(3) 叶面追肥　进入结荚期后，叶面喷施稀释1500倍的含活力硼水溶肥料、稀释1500倍的活力钾混合溶液1次。采收期，每采收1~2次豆荚，叶面喷施稀释1500倍的活力钾溶液1次。

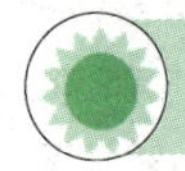

第七节　露地葱蒜类蔬菜科学施肥

葱蒜类蔬菜是百合科葱属的二年生或多年生草本植物，主要有韭菜、大蒜、大葱、洋葱、分葱、韭葱等。葱蒜类蔬菜原产地多为大陆性气候，适应性强，抗旱、耐寒或耐热，在我国南北方地区均可栽培。

一、露地大葱科学施肥

葱是百合科葱属中以叶鞘组成的肥大假茎和嫩叶为产品的二、三年生草本植物，主要类型有大葱、胡葱、细香葱、韭葱、分葱、楼葱等。其

中，大葱和楼葱以食用葱白为主，在北方栽培普遍；细香葱、韭葱以食用嫩叶主，在南方栽培较多。

1. 大葱需肥特点

大葱为喜肥作物，生长发育期长，产量高，需肥量大，并且对肥料的需要量随产量的增加而增多。综合有关资料，每生产1000千克大葱需吸收氮2.7~3.3千克、五氧化二磷0.5~1.2千克、氧化钾3.3~4.0千克，吸收总量以钾最多，氮次之，磷最少，氮、磷、钾的吸收比例为1∶0.4∶1.3。

从氮、磷、钾的积累吸收动态来看，进入8月中旬，天气变凉后，正是大葱植株和葱白生长盛期的需肥高峰期，氮的吸收首先起步，钾突起赶超，磷则缓和。在大葱移栽缓苗期，天气炎热，因大葱根系不发达，叶的生长量小，需氮不多，氮的吸收量占总吸氮量的13%；8月下旬（处暑前后）绿叶生长量加大，至9月底（秋分以后）氮的吸收量占总吸氮量的50%；至10月底（霜降前后）氮的吸收量占总吸氮量的87.7%；11月上旬植株含氮量达到高峰；到11月中旬回落至80.7%。磷的吸收积累较缓和，9月上旬以前基本稳定在每亩吸收量为1~1.5千克的水平上；9月中旬以后开始递增，磷的吸收量占总吸磷量的34.9%；至10月底，磷的吸收量占总吸磷量的86%；11月上旬达到高峰，以后逐渐回落。钾是大葱需要较多的元素，在8月中旬以前吸收量不多，9月中旬以后激剧增加，钾的吸收量占总吸钾量的34.85%，至10月钾的吸收量占总吸钾量的86.1%，随着植株产品的形成，11月上旬钾的吸收量达到高峰，11月中旬回落到80.7%。

2. 露地春播栽培大葱科学施肥技术

（1）基肥　定植前每亩施商品有机肥料400~500千克或无害化处理过的有机肥料4000~5000千克，每亩施总养分含量为45%的腐殖酸长效缓释复混肥25~30千克或总养分含量为40%的腐殖酸高效缓释肥20~30千克或总养分含量为48%的三元平衡肥20~30千克或腐殖酸型过磷酸钙20~30千克+硫酸钾10~15千克。

（2）大田根际追肥　主要追施攻叶肥、葱白增重肥等。

1）攻叶肥。在葱白生长初期，每亩冲施大量元素水溶肥料10~15千克或含腐殖酸水溶肥料12~15千克或尿素8~10千克+硫酸钾8~10千克。

2）葱白增重肥。在大葱增重期，每亩施生物有机肥100千克、总养分含量为45%的腐殖酸长效缓释复混肥20~30千克或总养分含量为40%

的腐殖酸高效缓释复混肥25~30千克，也可冲施大量元素水溶肥料15~20千克或尿素12~15千克+过磷酸钙20~30千克+大粒钾肥10~15千克。

（3）叶面喷肥 在大葱发叶盛期，叶面喷施稀释500~600倍的含氨基酸水溶肥料或稀释500~600倍的含腐殖酸水溶肥料、稀释500倍的活力硼、稀释500倍的活力钙混合液2次，间隔20天。在葱白形成期，叶面喷施稀释500倍的生物活性钾肥、稀释500倍的活力钙混合液2次，间隔20天。

3. 露地秋播栽培大葱科学施肥技术

（1）基肥 定植前每亩施商品有机肥料300~500千克或无害化处理过的有机肥料3000~5000千克，每亩施总养分含量为45%的腐殖酸长效缓释复混肥25~30千克或总养分含量为40%的腐殖酸高效缓释肥20~30千克或总养分含量为48%的三元平衡肥20~30千克或腐殖酸型过磷酸钙20~30千克+硫酸钾10~15千克。

（2）大田根际追肥 主要追施攻叶肥、攻棵肥、葱白增重肥等。

1）攻叶肥。每亩施用土杂肥3000~4000千克或施用饼肥150千克或生物有机肥150千克，施在垄背上，随即浅锄1次，并浇水。

2）攻棵肥。在葱白生长盛期，每亩冲施腐熟人粪尿750千克或大量元素水溶肥料12~15千克或含腐殖酸水溶肥料15~20千克或尿素10~12千克+硫酸钾8~10千克。

3）葱白增重肥。在大葱增重期，每亩施生物有机肥100千克、总养分含量为45%的腐殖酸长效缓释复混肥20~30千克或总养分含量为40%的腐殖酸高效缓释复混肥料25~30千克，也可冲施大量元素水溶肥料15~20千克或尿素12~15千克+过磷酸钙20~30千克+大粒钾肥10~15千克。

（3）叶面追肥 在大葱发叶盛期，叶面喷施稀释500~600倍的含氨基酸水溶肥料或稀释500~600倍的含腐殖酸水溶肥料、稀释500倍的活力硼、稀释500倍的活力钙混合液2次，间隔20天。在葱白形成期，叶面喷施稀释500倍的生物活性钾肥、稀释500倍的活力钙混合液2次，间隔20天。

二、露地大蒜科学施肥

大蒜，又叫蒜头、大蒜头、胡蒜、葫、独蒜、独头蒜，是蒜类植物的统称，是百合科葱属的一、二年生草本植物。我国大蒜的主要产地有山东省金乡县、河南省中牟县和杞县、安徽省来安县等。

1. 大蒜需肥特点

大蒜是一种喜钾、喜硫的作物，对钾的需要量最多，氮次之，磷较少。一般每亩可产鲜蒜1500~2000千克。有关研究表明，每生产1000千克鲜蒜需吸收氮4.2~5.1千克、磷1.3~2.0千克、钾4.1~5.5千克、硫0.8~0.8千克、钙1.3~2.1千克、镁0.4~0.6千克，氮、磷、钾的吸收比例为1∶0.3∶0.9。

大蒜是需肥较多而且耐肥的蔬菜。在发芽期，大蒜生长量小，生长期短，消耗的营养也少，所需营养由种蒜提供。在幼苗期，随着幼苗生长，种蒜储藏的营养被逐渐消耗，此期大蒜生长依靠土壤营养供应，吸肥量明显增加。在鳞芽、花芽分化期，大蒜以叶部生长为主，根系生长增强，植株进入旺盛生长期，营养物质的积累增多，为蒜头和蒜薹的生长打下基础。在抽薹期，营养生长和生殖生长并进，生长量最大，需肥量最多，根系生长和吸肥能力达到高峰，此期是施肥的关键时期。在鳞茎膨大盛期，大蒜以增重为主，此期吸收的养分和叶片及叶鞘中储存的养分集中向鳞茎输送，鳞茎加速膨大和充实。在鳞茎膨大期，根、茎、叶的生长逐渐衰老，对营养的吸收量不大，鳞茎膨大所需要的养分大多数来自于自身营养的再分配。

鳞芽和花芽分化后，是大蒜一生中氮、磷、钾三要素吸收量最高的时期；抽薹前是微量元素铁、锰、镁的吸收高峰；采薹后氮、磷、钾及硼的吸收量再次达到小高峰，锌的吸收量达到高峰。

2. 露地大蒜科学施肥技术

（1）基肥　采用玉米秸秆还田，每亩还田量为450千克，或每亩施优质厩肥4500~5000千克或商品有机肥料300~500千克或无害化处理过的有机肥料3000~5000千克。在此基础上，再每亩施大蒜专用肥80~100千克或总养分含量为45%的腐殖酸硫基长效缓释肥70~80千克或总养分含量为40%的腐殖酸高效缓释肥80~100千克或总养分含量为52%的大蒜长效硫基配方肥60~80千克或尿素20~30千克+过磷酸钙50~60千克+大粒钾肥20~30千克。

（2）根际追肥　主要追施催薹肥、催头肥。

1）催薹肥。在大蒜返青后长出9~10片叶时，每亩冲施高钾型大量元素水溶肥料15~20千克或大蒜硫基水溶肥（22-0-28）15~20千克或硫基长效水溶滴灌肥（10-15-25）15~20千克，或每亩施总养分含量为45%的腐殖酸硫基长效缓释肥20~25千克或尿素15~20千克+硫酸钾

12~15千克。

2）催头肥。在大蒜蒜薹伸长后，每亩冲施高钾型大量元素水溶肥料12~15千克或大蒜硫基水溶肥料（22-0-28）8~10千克或硫基长效水溶滴灌肥（10-15-25）10~15千克，或每亩施总养分含量为45%的腐殖酸硫基长效缓释肥10~12千克或每亩施尿素8~10千克+硫酸钾10~12千克。

（3）叶面追肥 早春返青后，叶面喷施稀释500~600倍的含氨基酸水溶肥料或稀释500~600倍的含腐殖酸水溶肥料1次。在蒜薹抽出后，叶面喷施稀释500倍的生物活性钾肥2次，间隔15天。

三、露地韭菜科学施肥

韭菜，别名丰本、草钟乳、起阳草、懒人菜、长生韭、壮阳草、扁菜等，是百合科的多年生草本植物。韭菜适应性强，抗寒耐热，我国各地都有栽培。

1. 韭菜需肥特点

韭菜和其他作物一样，正常生长发育需要16种必需的营养元素，以氮、磷、钾的需要量较多，其他营养元素的需要量很少。综合有关资料，一般每生产1000千克韭菜需吸收氮2.8~5.5千克、五氧化二磷0.85~2.1千克、氧化钾3.13~7.0千克，氮、磷、钾的吸收比例为1：0.36：1.22。

韭菜从种子萌动到花芽分化的一段时期为营养生长期，主要进行根、茎、叶的生长，又可分为发芽期、幼苗期、营养生长盛期和越冬休眠期；从花芽开始分化到授粉受精后种子发育成熟为韭菜的生殖生长期，又可分为花芽分化期、抽薹开花期和种子发育成熟期。

不同的生长发育时期和生长年限的韭菜的需肥量也不相同。韭菜在幼苗期生长量小，需肥量也少；至营养生长盛期，生长量大，需肥量也相应增多。生长1年的韭菜，植株尚未充分发育，株数少，需肥量也较少；生长2~4年的韭菜，分蘖力强，植株生长旺盛，产量高，需肥量也多，是韭菜一生中肥料需要的高峰；生长5年以上的韭菜，逐渐进入衰老阶段，为防止早衰，仍需加强施肥。

2. 露地韭菜科学施肥技术

（1）基肥 定植前在每亩施商品有机肥料300~500千克或无害化处理过的有机肥料3000~5000千克的基础上，再每亩施总养分含量为45%的腐殖酸硫基长效缓释肥25~30千克或总养分含量为40%的腐殖酸高效

缓释复混肥30~35千克或过磷酸钙20~25千克+大粒钾肥10~15千克。

（2）大田定植第1年根际追肥 韭菜苗移栽成活后，每隔30天追肥1次，共追施2~3次。每次每亩冲施大量元素水溶肥料10~12千克或韭菜腐殖酸水溶肥料12~15千克或硫基长效水溶滴灌肥（15-25-10）8~10千克，或每次每亩施尿素6~8千克+大粒钾肥8~10千克。

（3）大田定植第2~4年根际追肥 分别在春季、夏季、秋季追肥1次，共追施2~3次。每次每亩冲施大量元素水溶肥料：春季10~12千克，夏季和秋季各12~15千克；或每次每亩冲施韭菜腐殖酸水溶肥料：春季10~12千克，夏季和秋季各12~15千克；或每次每亩冲施硫基长效水溶滴灌肥（15-25-10）：春季8~10千克，夏季和秋季各10~12千克。

（4）大田定植第5年根际追肥 冬季每亩施商品有机肥料150~200千克或无害化处理过的有机肥料2000~3000千克。然后在生长盛期追肥3~4次，根据当地肥源情况，可选择下列肥料组合之一：每次每亩冲施大量元素水溶肥料13~16千克或含腐殖酸水溶肥料（20-0-15）13~16千克或硫基长效水溶滴灌肥（15-25-10）10~12千克，或每次每亩施腐殖酸包裹型尿素8~10千克+大粒钾肥10~12千克。

（5）叶面追肥 在春季，叶面喷施稀释500~600倍的含氨基酸水溶肥料或稀释500~600倍的含腐殖酸水溶肥料、稀释500倍的活力钙混合液2次，间隔20天。在秋季，叶面喷施稀释500倍的生物活性钾肥2次，间隔20天。

四、露地洋葱科学施肥

洋葱，别名球葱、圆葱、玉葱、葱头、荷兰葱、皮牙子等，为百合科葱属二年生草本植物。洋葱原产于中亚或西亚，现在在我国分布广泛，南北各地均有栽培，是我国主栽蔬菜之一。

1. 洋葱需肥特点

洋葱喜肥，对土壤肥力要求高，一般每生产1000千克洋葱需要吸收氮1.9~2.2千克、五氧化二磷0.6~0.9千克、氧化钾3.2~3.6千克，以钾的吸收量最多，其次是氮、钙、磷。

洋葱在不同生长发育阶段对氮、磷、钾的需求不同。在幼苗期，洋葱生长缓慢，需肥量小，以吸收氮为主；进入叶片生长盛期，需肥量和吸肥强度迅速增长，此时仍以吸收氮为主；在鳞茎膨大期，生长量和需肥量仍缓慢上升，以吸收钾为主；洋葱整个生长发育期都不能缺磷。叶片是洋葱的同化器官，鳞茎是养分储藏器官，因此叶片的生长直接影响葱头的品质和产量。洋葱在苗期吸肥量很少，随着地上部分的发育加快，吸肥量急剧增加。当鳞茎开始膨大后，养分向葱头集中，叶片颜色变浅。而在储藏养分的鳞茎中，元素含量则是按氮、钾、磷、钙的顺序递减。

赵锴等人（2009 年）研究发现，洋葱在幼苗期生长极为缓慢，干物质积累少，对氮、磷、钾的吸收速率较低，吸收量仅占全生长发育期吸收总量的 4%左右；发棵期植株生长迅速，氮、磷、钾的吸收速率较高，吸收量分别占全生长发育期吸收总量的 92.74%、91.01%、71.79%；在鳞茎膨大期，氮、磷的吸收速率已经降低，而钾仍保持较高的吸收速率。

2. 露地洋葱科学施肥技术

（1）基肥 定植前翻耕土地，施足基肥，做到土肥相融。在每亩施商品有机肥料 150~200 千克或无害化处理过的有机肥料 1500~2000 千克的基础上，再每亩施总养分含量为 40%的腐殖酸硫基长效缓释肥 20~25 千克或总养分含量为 40%的腐殖酸高效缓释复混肥 20~30 千克或总养分含量为 45%的三元平衡肥 20~30 千克或腐殖酸型过磷酸钙 15~20 千克+硫酸钾 10~12 千克。

（2）根际追肥 主要在叶旺盛生长期、鳞茎膨大期追施肥料。

洋葱长出“六叶一心”时即进入旺盛生长期，每亩冲施大量元素水溶肥料 10~12 千克或含腐殖酸水溶肥料 12~15 千克或长效水溶滴灌肥（10-15-25）10~12 千克。

洋葱地上部分达到 9 片叶时即进入鳞茎膨大期，每亩施总养分含量为 45%的腐殖酸硫基长效缓释肥 15~20 千克或总养分含量为 40%的腐殖酸高效缓释复混肥 20~25 千克，也可每亩冲施大量元素水溶肥料 15~20 千克或洋葱长效水溶滴灌肥（10-15-25）15~20 千克，或每亩施尿素 12~15 千克+大粒钾肥 12~15 千克。

（3）叶面追肥 洋葱定植缓苗后，叶面喷施稀释 500~600 倍的含氨基酸水溶肥料或稀释 500~600 倍的含腐殖酸水溶肥料、稀释 1500 倍的活力钙混合液 2 次，间隔 20 天。在鳞茎迅速膨大期，叶面喷施稀释 500~600 倍的含氨基酸水溶肥料或稀释 500~600 倍的含腐殖酸水溶肥料、稀释 500 倍的生物活性钾肥混合液 2 次，间隔 20 天。

第八节　露地薯芋类蔬菜科学施肥

薯芋类蔬菜主要有两类：一类喜冷凉气候，耐轻微霜冻，如马铃薯、菊芋、草石蚕等；另一类喜温暖气候，不耐霜冻，如生姜、山药、芋头、魔芋、葛、豆薯、蕉芋等。栽培面积比较大的主要有马铃薯、生姜、芋头等。

一、露地马铃薯科学施肥

马铃薯是茄科的多年生草本植物，块茎可供食用。马铃薯在东北和鄂西北称土豆，在华北称山药蛋，在西北和两湖地区称洋芋，在江浙一带称洋番芋或洋山芋，在广东称薯仔，在粤东一带称荷兰薯，在闽东地区则称为番仔薯。

1. 马铃薯需肥特点

马铃薯以钾的吸收量最大，氮次之，磷最少，是一种喜钾作物。试验表明，每生产1000千克块茎需吸收氮4.5~5.5千克、五氧化二磷1.8~2.2千克、氧化钾8.1~10.2千克，氮、磷、钾的吸收比例为1：0.4：2。

马铃薯在苗期吸肥量很少，发棵期吸肥量迅速增加，到结薯初期达到最高峰，而后吸肥量急剧下降。苗期是马铃薯的营养生长期，此期植株吸收氮、磷、钾的量分别为各自全生长发育期吸收总量的18%、14%、14%；在养分来源上，前期主要是靠种薯供应，在种薯萌发新根后，靠从土壤和肥料中吸收养分。块茎形成期吸收氮、磷、钾的量分别占吸收总量的35%、30%、29%，而且吸收速度快，此期供肥的好坏将影响结薯的多少。块茎肥大期主要以块茎生长为主，植株吸收氮、磷、钾的量分别占吸收总量的35%、35%、43%，此期养分需求量最大，吸收速率仅次于块茎形成期。在淀粉积累期，叶中的养分向块茎转移，茎叶逐渐枯萎，养分吸收减少，植株吸收氮、磷、钾的量分别占吸收总量的12%、21%、14%，此期供应一定的养分对块茎的形成与淀粉积累具有重要意义。

马铃薯除需要吸收大量的大量元素之外，还需要吸收钙、镁、硫、锰、锌、硼、铁等中、微量元素。马铃薯对氮、磷、钾肥的需要量随茎叶和块茎的不断生长而增加。块茎形成盛期的需肥量约占总需肥量的60%，生长初期与末期的需肥量约占各自总需肥量的20%。

2. 北方春夏露地马铃薯科学施肥技术

借鉴2016—2023年农业农村部马铃薯科学施肥指导意见和相关测土配方施肥技术研究资料、书籍，提出推荐施肥方法，供农民朋友参考。

（1）施肥原则 依据测土结果和目标产量，确定氮、磷、钾肥的合理用量；降低氮肥的基施比例，适当增加氮肥的追施次数，加强块茎形成期与块茎膨大期的氮肥供应；依据土壤中、微量元素养分含量状况，在马铃薯旺盛生长期叶面喷施适量的中、微量元素肥料；增施有机肥料，提倡有机和无机肥料配合施用；肥料施用应与病虫草害防治技术相结合，尤其需要注意病害防治；采用滴灌和喷灌等管道灌溉模式的，尽量实施水肥一体化。

（2）施肥建议 推荐11-18-16（N-P_2O_5-K_2O）或相近配方的肥料作为种肥，尿素与硫酸钾（或氮钾复合肥）作为追肥。

产量水平为3000千克/亩以上时，配方肥（种肥）推荐用量为60千克/亩，从苗期到块茎膨大期分次追施尿素18~20千克/亩+硫酸钾12~15千克/亩。

产量水平为2000~3000千克/亩时，配方肥（种肥）推荐用量为50千克/亩，从苗期到块茎膨大期分次追施尿素15~18千克/亩+硫酸钾8~12千克/亩。

产量水平为1000~2000千克/亩时，配方肥（种肥）推荐用量为40千克/亩，从苗期到块茎膨大期追施尿素10~15千克/亩+硫酸钾5~8千克/亩。

产量水平为1000千克/亩以下时，建议施用19-10-16（N-P_2O_5-K_2O）或相近配方的肥料35~40千克/亩，播种时一次性施用。

3. 南方春作露地马铃薯科学施肥技术

（1）施肥原则 依据测土结果和目标产量，确定氮、磷、钾肥的合理用量；依据土壤肥力条件优化氮、磷、钾肥的用量；增施有机肥料，提倡有机和无机肥料配合施用；忌用没有充分腐熟的有机肥料；依据土壤中钾的状况，适当增施钾肥；肥料分配上以基肥和追肥结合为主，追肥以氮、钾肥为主；依据土壤中、微量元素养分含量状况，在马铃薯旺盛生长期叶面喷施适量的中、微量元素肥料；肥料施用时应与高产优质栽培技术相结合，尤其需要注意病害防治。

（2）施肥建议 推荐13-15-17（N-P_2O_5-K_2O）或相近配方的肥料作为基肥，尿素与硫酸钾（或氮钾复合肥）作为追肥；也可选择15-10-

20（$N-P_2O_5-K_2O$）或相近配方的肥料作为追肥。

产量水平为3000千克/亩以上时，配方肥（基肥）推荐用量为60千克/亩；从苗期到块茎膨大期分次追施尿素10~15千克/亩+硫酸钾10~15千克/亩，或追施配方肥（15-10-20）20~25千克/亩。

产量水平为2000~3000千克/亩时，配方肥（基肥）推荐用量为50千克/亩；从苗期到块茎膨大期分次追施尿素5~10千克/亩+硫酸钾8~12千克/亩，或追施配方肥（15-10-20）15~20千克/亩。

产量水平为1500~2000千克/亩时，配方肥（基肥）推荐用量为40千克/亩；从苗期到块茎膨大期分次追施尿素5~10千克/亩+硫酸钾5~10千克/亩，或追施配方肥（15-10-20）10~15千克/亩。

产量水平为1500千克/亩以下时，配方肥（基肥）推荐用量为40千克/亩；从苗期到块茎膨大期分次追施尿素3~5千克/亩+硫酸钾4~5千克/亩，或追施配方肥（15-10-20）10千克/亩。

每亩施用1500~2500千克有机肥料作为基肥；若基肥施用了有机肥料，可酌情减少化肥用量。对于缺乏硼或锌的土壤，每亩可基施硼砂1千克或硫酸锌1~2千克。

4. 南方秋冬作露地马铃薯科学施肥技术

（1）施肥原则　针对南方秋、冬季马铃薯种植过程中有机肥料和钾肥施用不足等问题，提出以下施肥原则：依据土壤肥力条件优化氮、磷、钾肥的用量；增施有机肥料，提倡有机和无机肥料配合施用及秸秆覆盖；忌用没有充分腐熟的有机肥料；依据土壤中钾的状况，适当增施钾肥；肥料施用宜基肥、追肥结合，追肥以氮、钾肥为主并与绿色增产增效栽培技术相结合。

（2）施肥建议　产量水平为3000千克/亩以上时，施氮肥11~13千克/亩、磷肥9~11千克/亩、钾肥12~15千克/亩；产量水平为2000~3000千克/亩时，施氮肥9~11千克/亩、磷肥7~9千克/亩、钾肥10~12千克/亩；产量水平为1500~2000千克/亩时，施氮肥7~9千克/亩、磷肥5~7千克/亩、钾肥7~10千克/亩；产量水平为1500千克/亩以下时，施氮肥6~7千克/亩、磷肥（P_2O_5）3~5千克/亩、钾肥5~7千克/亩。

每亩施用1500~2500千克有机肥料作为基肥；若基肥施用有机肥料，可酌情减少化肥用量。对于缺乏硼或锌的土壤，每亩可基施硼砂1千克或硫酸锌1~2千克。对于缺乏硫的土壤，选用含硫肥料，或每亩基施硫黄2千克。氮、钾肥用量的40%~50%用作基肥，50%~60%用作追肥，磷肥全部用作基肥，对于土壤质地偏沙的田块应分次施用钾肥。

二、露地生姜科学施肥

生姜是姜科的多年生草本植物姜的新鲜根茎，别名有姜根、百辣云、勾装指、因地辛、炎凉小子、鲜生姜、蜜炙姜。姜原产于东南亚的热带地区，在我国中部、东南部至西南部、南方各省区广为栽培。

1. 生姜需肥特点

综合相关研究资料，生姜在全生长发育期内对氮、磷、钾的吸收比例为1：0.29：1.57，喜大量元素中的钾，偏爱中、微量元素中的镁、钙、硼、锌。每生产1000千克生姜约需从土壤中吸收氮6.34千克、五氧化二磷0.57千克、氧化钾9.27千克、钙3.69千克、镁3.86千克、硼3.76克，锌9.88克。

据报道，姜对氮、磷、钾的吸收表现出典型的“S”形曲线，这种吸收规律与其自身的生长规律相一致。在幼苗期，植株生长缓慢，生长量小，幼苗对氮、磷、钾的吸收量也较少，此期吸收的氮量占全生育期氮总吸收量的12.59%，磷占14.44%，钾占15.71%。不论从吸收的绝对量还是相对量来看，幼苗期生姜植株吸收钾最多，其次是氮，磷最少。三股杈期以后，植株生长速度加快，分杈数量增加，叶面积迅速扩大，根茎生长旺盛，因而需肥量迅速增加。整个旺盛生长期吸收氮、磷、钾的量分别占它们各自全生育期总吸收量的87.41%、85.56%、84.29%。从不同生育期氮、磷、钾的吸收比例可以看出，随着生育期的推进，钾的吸收比例略有下降，氮的吸收比例略有上升。总之，生姜对钾的吸收量最大，其次是氮，磷最少，吸收比例为1：0.29：1.46。

除大量吸收氮、磷、钾以外，生姜还吸收钙、镁、硼、锌等元素。生姜对钙和镁的吸收规律一致，吸收量也极为接近，至采收时，单株约吸收钙461.5毫克、镁483.03毫克。生姜对锌的吸收呈指数曲线变化，在生长后期，单株每天吸收锌的量达49.5微克，比生长前期高出近1倍。对硼的吸收表现为双“S”曲线，在生长中期有一个平缓吸收期。据采收时取样测产，生姜单株对钙、镁、硼和锌的吸收量分别为461.5毫克、483.07毫克、1340.26微克和3119.51微克。

2. 露地生姜科学施肥技术

（1）重施基肥 结合整地，耕前撒施有机肥料并深耕25厘米，耕细耙平做畦或起垄，其他基肥在播种时沟施。在每亩施商品有机肥料200~

400 千克或无害化处理过的有机肥料 2000~4000 千克的基础上，再每亩施总养分含量为 45%的腐殖酸涂层长效肥 30~40 千克或总养分含量为 40%的腐殖酸高效缓释肥 35~45 千克或总养分含量为 45%的三元平衡肥 30~40 千克或腐殖酸型过磷酸钙 25~30 千克+硫酸钾 15~20 千克。

（2）根际追肥　主要施壮苗肥、转折肥、根茎膨大肥。

1）壮苗肥。一般生姜长出 1~2 个分枝时，每亩施总养分含量为 45%的腐殖酸涂层长效肥 15~20 千克或总养分含量为 40%的腐殖酸高效缓释肥 15~20 千克或总养分含量为 45%的硫基长效缓释复混肥 15~20 千克或包裹型尿素 10~12 千克+硫酸钾 10~15 千克。

2）转折肥。一般在三股杈阶段，即生姜从幼苗期向旺盛生长期的转换阶段施转折肥。应根据当地肥源情况，每亩随水冲施腐熟人粪尿 800~100 千克或含腐殖酸水溶肥料 20~25 千克或高钾型大量元素水溶肥料 15~20 千克，或每亩施总养分含量为 45%的硫基长效缓释复混肥 20~25 千克或总养分含量为 40%的腐殖酸高效缓释复混肥 25~30 千克或包裹型尿素 12~15 千克+硫酸钾 12~15 千克。

3）根茎膨大肥。在根茎生长旺盛期，每亩施总养分含量为 45%的腐殖酸涂层长效肥 15~20 千克或总养分含量为 40%的腐殖酸高效缓释肥 15~20 千克或总养分含量为 45%的硫基长效缓释复混肥 15~20 千克或包裹型尿素 10~12 千克+硫酸钾 10~15 千克。

（3）叶面追肥　在三股杈期，叶面喷施稀释 500 倍的活力钙 2 次，间隔 20 天。在根茎膨大期，叶面喷施稀释 500 倍的生物活性钾肥、稀释 500 倍的活力钙混合液 2 次，间隔 20 天。

第五章

主要设施蔬菜科学施肥

蔬菜的主要设施栽培方式有：一是春早熟栽培，主要采用塑料大棚、日光温室、塑料小拱棚等设施。二是秋延迟栽培，主要采用塑料大棚、塑料小拱棚等设施。三是越冬长季栽培，主要采用日光温室等设施。四是越夏避雨栽培，主要采用冬暖大棚在夏季休闲期进行避雨栽培。由于处于相对封闭的栽培环境中，因而与露地蔬菜的施肥有所不同。

第一节　设施叶菜类蔬菜科学施肥

设施栽培的叶菜类蔬菜主要是芹菜、莴苣、菠菜、菜薹等，其他的比较少。

一、设施芹菜科学施肥

芹菜设施栽培的主要方式有：一是春提早栽培，采用日光温室设施。二是秋延迟栽培，多采用塑料大棚设施。三是越冬长季栽培，播种可在大棚或日光温室中进行，定植于日光温室中。

1. 秋延迟设施栽培芹菜科学施肥

芹菜秋延迟栽培，一般在 8 月中下旬播种，10 月上中旬定植于塑料大棚内栽培，12 月上旬~第 2 年 1 月下旬采收。

（1）施足基肥　芹菜定植前 3~7 天，每亩施商品有机肥料 400~500 千克或腐熟的农家肥 3000~4000 千克。在施足有机肥料的基础上，再施芹菜专用配方肥 15~20 千克或过磷酸钙 25~30 千克。缺硼的土壤每亩可施入硼砂 0.5~1 千克。

（2）提苗肥　芹菜定植后，在缓苗期间一般不再追肥，缓苗后植株生长缓慢，为了促进新根和新叶生长，可施 1 次提苗肥，每亩施尿素 5~

7千克。

（3）旺盛生长期肥　芹菜在旺盛生长期追肥3次。

当芹菜进入旺盛生长期，进行第1次追肥，每亩施尿素5~7千克+硫酸钾5~7千克，也可每亩施高氮高钾型大量元素水溶肥料15~20千克或含腐殖酸复合水溶肥料15~20千克。

半个月后进行第2次追肥，每亩施尿素6~8千克+硫酸钾8~10千克，也可每亩施芹菜专用冲施肥20~25千克或高氮高钾型大量元素水溶肥料20~25千克或含腐殖酸复合水溶肥料20~25千克。

再经半个月进行第3次追肥，每亩施尿素5~7千克+硫酸钾5~7千克；也可每亩施芹菜专用冲施肥15~20千克或高氮高钾型大量元素水溶肥料15~20千克或含腐殖酸复合水溶肥料15~20千克。

采收前20天停止追肥。

（4）叶面追肥　菜苗返青后，叶面喷施稀释500~600倍的含氨基酸水溶肥料或稀释500~600倍的含腐殖酸水溶肥料2次，间隔14天。

进入旺盛生长期后，叶面喷施稀释500~600倍的含氨基酸水溶肥料或稀释500~600倍的含腐殖酸水溶肥料、稀释1500倍的活力钾、稀释1500倍的活力硼混合溶液2次，间隔14天。

喷施硼肥可在一定程度上避免茎裂的发生，每次每亩喷施0.2%硼砂或硼酸溶液40~75千克。如发现心腐病，可叶面喷施0.3%~0.5%硝酸钙或氯化钙。

2. 越冬长季和春提早设施栽培芹菜科学施肥

春提早芹菜栽培，一般在11月中旬~12月中旬播种，第2年1月中旬~2月中下旬定植于日光温室中，3月中旬~5月中下旬采收。越冬长季芹菜栽培，一般于9月下旬~10月中下旬播种，11月下旬~12月中下旬定植于日光温室中，第2年1月上旬~3月中下旬采收。芹菜越冬长季栽培和春提早栽培施肥方式类似，因其生长期较长，需加大施肥量。

（1）施足基肥　芹菜定植前7~10天，每亩施商品有机肥料500~600千克或腐熟的农家肥3500~5000千克。在施足有机肥料的基础上，再施芹菜专用配方肥20~25千克或总养分含量为45%的三元平衡肥20千克或过磷酸钙30~35千克。缺硼的土壤可每亩施入硼砂0.5~1千克。

（2）提苗肥　芹菜定植后，在缓苗期间一般不再追肥，缓苗后植株生长缓慢，为了促进新根和新叶生长，可施1次提苗肥，每亩施尿素8~10千克，或每亩冲施高氮高钾型大量元素水溶肥料10~15千克或含腐殖酸复合水溶肥料 10~15 千克。

(3) 旺盛生长期肥 芹菜在旺盛生长期肥追肥 2~3 次。

当芹菜进入旺盛生长期，进行第 1 次追肥，每亩施尿素 8~10 千克、硫酸钾 10~15 千克，也可每亩施芹菜专用冲施肥 25~30 千克或高氮高钾型大量元素水溶肥料 20~25 千克或含腐殖酸复合水溶肥料 20~25 千克。间隔 15~20 天，结合灌水可再追肥 1 次，每亩施尿素 6~8 千克、硫酸钾 10~12 千克，也可每亩施芹菜专用冲施肥 20~25 千克或高氮高钾型大量元素水溶肥料 15~20 千克或含腐殖酸复合水溶肥料 15~20 千克。

(4) 叶面追肥 进入旺盛生长期后，叶面喷施稀释 500~600 倍的含氨基酸水溶肥料或稀释 500~600 倍的含腐殖酸水溶肥料、稀释 1500 倍的活力钾、稀释 1500 倍的活力硼混合溶液 2 次，间隔 14 天。喷施硼肥可在一定程度上避免茎裂的发生，每次每亩喷施 0.2%硼砂或硼酸溶液 40~75 千克。如发现心腐病，可叶面喷施 0.3%~0.5%硝酸钙或氯化钙。

二、设施菠菜科学施肥

菠菜的设施栽培方式主要有秋延迟栽培、越冬长季栽培和越夏遮阴避雨栽培等方式。

1. 秋延迟设施栽培菠菜科学施肥

菠菜秋延迟栽培一般在 8 月下旬~9 月上旬播种，前期敞棚，霜冻前扣棚膜，10 月下旬~11 月上旬采收。

(1) 基肥 每亩施商品有机肥料 300~400 千克或腐熟的农家肥 2000~3000 千克、总养分含量为 48%的三元平衡肥 15~20 千克或尿素 4~5 千克+硫酸钾 5~7 千克、钙镁磷肥 15~20 千克，深翻 20~25 厘米，将畦土表层整平整细，做平畦或高畦。

(2) 追肥 追肥要注意掌握轻施、勤施、先淡后浓的原则。

幼苗生长到 4~5 片叶时结合浇水追肥 1 次，每亩追施尿素 3~5 千克，也可每亩冲施高氮高钾型大量元素水溶肥料 8~10 千克或腐殖酸复合水溶肥料 8~10 千克。

进入旺盛生长期，分 2 次追施氮、钾肥，每次每亩追施尿素 6~8 千克+硫酸钾 4~5 千克，也可每次每亩施高氮高钾型大量元素水溶肥料 10~12 千克或腐殖酸复合水溶肥料 8~10 千克或硫酸铵 8~10 千克+硫酸钾 3~5 千克，以促进叶丛生长，提高产量，改善品质。

（3）叶面追肥　在幼苗期根外追肥1次，叶面喷施0.3%~0.5%尿素溶液或稀释500~600倍的含氨基酸水溶肥料或稀释500~600倍的含腐殖酸水溶肥料。进入旺盛生长期，叶面喷施稀释500~600倍的含氨基酸水溶肥或稀释500~600倍的含腐殖酸水溶肥料、稀释1500倍的活力钾、稀释1500倍的活力硼混合溶液2次，间隔14天。

2. 越冬长季设施栽培菠菜科学施肥

菠菜越冬栽培，一般在9月中下旬~10月中旬播种，利用日光温室、塑料大棚设施越冬，2~3月上市。

（1）基肥　越冬长季栽培周期长，基肥要比其他栽培方式施用量大，每亩施商品有机肥料400~500千克或腐熟的农家肥3000~4000千克、总养分含量为48%的三元平衡肥20~30千克或尿素4~5千克、硫酸钾5~7千克、钙镁磷肥20~25千克，深翻20~25厘米，将畦土表层整平整细，北方做平畦，南方做高畦。

（2）追肥　越冬长季菠菜追肥分冬前、越冬和早春3个阶段。

冬前结合浇水追肥1次，每次随水追施尿素3~5千克，也可每亩冲施高氮高钾型大量元素水溶肥料8~10千克或含腐殖酸复合水溶肥料8~10千克。

越冬前每亩随水追施尿素4~6千克，也可每亩冲施高氮高钾型大量元素水溶肥料10~15千克或含腐殖酸复合水溶肥料10~15千克。

早春返青后分2次追施氮、钾肥，每次每亩追施硫酸铵8~10千克和硫酸钾3~5千克，也可每亩冲施高氮高钾型大量元素水溶肥料10~15千克或含腐殖酸复合水溶肥料10~15千克，以促进叶丛生长，提高产量，改善品质。

（3）叶面追肥　进入旺盛生长期后，叶面喷施稀释500~600倍的含氨基酸水溶肥料或稀释500~600倍的含腐殖酸水溶肥料、稀释1500倍的活力钾、稀释1500倍的活力硼混合溶液2次，间隔14天。

3. 越夏遮阴避雨设施栽培菠菜科学施肥

夏季也可利用冬暖大棚在夏季休闲期进行遮阴避雨栽培菠菜，在6~7月播种，7~9月即可采收上市。

（1）基肥　每亩施商品有机肥料250~300千克或腐熟的农家肥2500~3000千克、尿素3~5千克+硫酸钾5~7千克或总养分含量为48%的三元平衡肥15~20千克、钙镁磷肥15~20千克，深翻20~25厘米，将畦土表层整平整细，做作平畦或高畦。

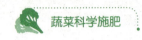

(2) 追肥　越夏菠菜追肥应少量多次。

幼苗生长到2~3片叶时结合浇水追肥1次，每亩追施尿素3~5千克，也可每亩冲施高氮高钾型大量元素水溶肥料8~10千克或含腐殖酸复合水溶肥料8~10千克。

进入旺盛生长期后，分2~3次追施氮、钾肥，每次每亩追施硫酸铵6~8千克+硫酸钾2~3千克或高氮高钾型大量元素水溶肥料10~12千克或含腐殖酸复合水溶肥料8~10千克或尿素3~5千克+硫酸钾3~5千克，以促进叶丛生长，提高产量，改善品质。

(3) 叶面追肥　菠菜根外追肥主要在苗期、长出4~5片真叶时，但在具体应用时应根据菠菜生长情况确定。

1）出苗后7~10天，叶面喷施稀释500~600倍的含氨基酸水溶肥料或稀释500~600倍的含腐殖酸水溶肥料、稀释1500倍的活力硼混合溶液1次。

2）菠菜长出4~5片真叶时，叶面喷施稀释500~600倍的含氨基酸水溶肥料或稀释500~600倍的含腐殖酸水溶肥料、稀释1500倍的活力钾混合溶液2次，间隔14天。

三、设施莴苣科学施肥

莴苣的主要设施栽培方式有：一是春早熟栽培，主要采用塑料大棚、日光温室、塑料小拱棚等设施。二是秋延迟栽培，主要采用塑料大棚等设施。三是越冬长季栽培，主要采用日光温室等设施。四是越夏避雨栽培，主要采用冬暖大棚在夏季休闲期进行避雨栽培。

1. 秋延迟设施栽培莴苣科学施肥

莴苣秋延迟栽培，一般在8月中下旬播种育苗，9月下旬定植，11月中旬~12月下旬可采收上市。

(1) 基肥　一般在定植前3~7天施基肥，每亩施商品有机肥料300~400千克或腐熟的农家肥2000~3000千克、总养分含量为45%的三元平衡肥20~30千克或掺入过磷酸钙20~30千克+硫酸钾6~8千克，也可每亩施饼肥100千克+过磷酸钙30~40千克+硫酸钾10~15千克，还可每亩施腐熟的农家肥2000千克+磷酸二铵15~20千克。将肥料均匀撒施于地表，翻耕20~25厘米，整平耙细做畦。

(2) 追肥　莴苣在生长期共追肥3次。

活棵后结合浇水追施1次肥料，每亩追施尿素3~4千克或高氮型大

量元素水溶肥料 6~8 千克或含腐殖酸复合水溶肥料 6~8 千克。

团棵时应及时追肥，每亩随水冲施高氮高钾型大量元素水溶肥料 8~10 千克或含腐殖酸复合水溶肥料 8~10 千克或尿素 4~5 千克+硫酸钾 5~6 千克，以加速叶片增加，叶面积扩大。

在产品器官形成期追施第 3 次肥料，每亩随水冲施高氮高钾型大量元素水溶肥料 12~15 千克或腐殖酸复合水溶肥料 15~20 千克或尿素 5~7 千克+硫酸钾 5~6 千克。

（3）叶面追肥　在缓苗后 7~10 天叶面喷施稀释 500~600 倍的含氨基酸水溶肥料或稀释 500~600 倍的含腐殖酸水溶肥料 1 次。在团棵期叶面喷施稀释 500~600 倍的含氨基酸水溶肥料或稀释 500~600 倍的含腐殖酸水溶肥料、稀释 1500 倍的活力钾混合溶液 2 次，间隔 10 天。

2. 越冬长季和春早熟设施栽培莴苣科学施肥

莴苣春早熟栽培，一般在 12 月中下旬~第 2 年 1 月播种育苗，2 月中下旬~3 月下旬定植，4~5 月可采收上市。莴苣越冬长季栽培，一般在 10 月~12 月上旬均可播种育苗，进入苗期 45 天后定植，第 2 年 2~3 月可采收上市。

（1）重施基肥　越冬长季和春早熟栽培莴苣的生长期长，需加大基肥施用量。一般在定植前 7~10 天施基肥，每亩施商品有机肥料 400~500 千克或腐熟的农家肥 3000~4000 千克、总养分含量为 45%的三元平衡肥 30~40 千克或掺入过磷酸钙 30~40 千克+硫酸钾 10~15 千克，也可每亩施饼肥 150 千克+过磷酸钙 40~50 千克+硫酸钾 15~20 千克，还可每亩施腐熟的农家肥 3500 千克+磷酸二铵 20~30 千克。将肥料均匀撒施于地表，翻耕 20~25 厘米，整平耙细做畦。

（2）巧施追肥　莴苣在生长期共追肥 3 次。

活棵后结合浇水追施 1 次肥料，每亩追施尿素 4~5 千克或高氮型大量元素水溶肥料 8~10 千克或含腐殖酸复合水溶肥料 8~10 千克。

越冬前注意炼苗，不宜浇施肥水过勤，防止苗期生长过旺，耐寒力降低。冬季不再施肥，避免莴苣遭受冻害。

第 2 年气温回升后，应及时追肥，每亩随水冲施高氮高钾型大量元素水溶肥料 10~15 千克或含腐殖酸复合水溶肥料 10~15 千克或尿素 4~5 千克+硫酸钾 5~6 千克，以加速叶片增加，叶面积扩大。

在产品器官形成期追施第 3 次肥料，每亩随水冲施高氮高钾型大量元素水溶肥料 12~15 千克或含腐殖酸复合水溶肥料 15~20 千克或尿素 5~

7千克+硫酸钾5~6千克。

(3)叶面追肥 缓苗后7~10天，叶面喷施稀释500~600倍的含氨基酸水溶肥料或稀释500~600倍的含腐殖酸水溶肥料1次。

第2年莴苣返青后，叶面喷施稀释500~600倍的含氨基酸水溶肥料或稀释500~600倍的含腐殖酸水溶肥料、稀释1500倍的活力钾混合溶液2次，间隔14天。

莴苣在生长后期，根系老化，吸收能力降低，可叶面喷施稀释500~600倍的含腐殖酸水溶肥料、稀释1500倍的活力钾混合溶液，或0.2%~0.3%磷酸二氢钾溶液，以满足莴苣生长后期对营养的需要。

3. 莴苣越夏避雨栽培科学施肥

莴苣越夏避雨栽培，一般在5~7月播种育苗，6~8月定植，7~9月可采收上市。

(1)基肥 一般在定植前3~7天施基肥，每亩施商品有机肥料250~300千克或腐熟的农家肥1500~2000千克、总养分含量为45%的三元平衡肥15~20千克或掺入过磷酸钙15~20千克+硫酸钾5~7千克，也可每亩施饼肥100千克+过磷酸钙20~30千克+硫酸钾8~10千克，还可每亩施腐熟的农家肥1500千克+磷酸二铵10~15千克。将肥料均匀撒施于地表，翻耕20~25厘米，整平耙细做畦。

(2)追肥 莴苣在生长期共追肥2次。

活棵后结合浇水追施1次肥料，每亩追施尿素3~4千克或高氮型大量元素水溶肥料6~8千克或含腐殖酸复合水溶肥料6~8千克。

发棵时应及时追肥，每亩随水冲施高氮高钾型大量元素水溶肥料12~15千克或含腐殖酸复合水溶肥料15~20千克或尿素5~7千克+硫酸钾5~6千克。

(3)叶面追肥 在活棵期叶面喷施稀释500~600倍的含氨基酸水溶肥料或稀释500~600倍的含腐殖酸水溶肥料1次。在产品器官形成期，叶面喷施稀释500~600倍的含氨基酸水溶肥料或稀释500~600倍的含腐殖酸水溶肥料、稀释1500倍的活力钾混合溶液2次，间隔7天。

四、设施菜薹科学施肥

北方以设施栽培菜薹为主，主要有利用塑料大棚进行春提早和秋延迟栽培，冬季可在日光温室中栽培，施肥原则基本相似。

1. 春提早或秋延迟设施栽培菜薹科学施肥

北方主要有利用塑料大棚进行春提早和秋延迟栽培。春提早栽培必须在设施内育苗，一般在长出 4~5 片叶片、苗龄 18~22 天时可进行移栽定植。

（1）基肥　基肥施用时应撒施后翻耕入土、耙平做畦。每亩施生物有机肥 150~250 千克或无害化处理过的有机肥料 2000~3000 千克、总养分含量为 48%的三元平衡肥 30~40 千克或过磷酸钙 20~30 千克+氯化钾 8~10 千克。

（2）根际追肥　育苗移栽的菜薹，在全生长发育期共追肥 2 次。

当菜薹缓苗后，进行第 1 次追肥。每亩追施尿素 5~7 千克或高氮型大量元素水溶肥料 10~15 千克或含腐殖酸复合水溶肥料 10~15 千克。

菜薹现蕾抽薹时，进行第 2 次追肥。每亩随水冲施高氮高钾型大量元素水溶肥料 12~15 千克或腐殖酸复合水溶肥料 15~20 千克或尿素 8~10 千克+硫酸钾 8~10 千克。

（3）叶面追肥　在移栽定植缓苗后，叶面喷施稀释 500~600 倍的含氨基酸水溶肥料或稀释 500~600 倍的含腐殖酸水溶肥料 1 次。在抽薹期，叶面喷施稀释 500~600 倍的含氨基酸水溶肥料或稀释 500~600 倍的含腐殖酸水溶肥料、稀释 1500 倍的活力钾混合溶液 1 次。

2. 越冬日光温室栽培菜薹科学施肥

北方冬季主要利用日光温室进行栽培。一般在叶片长出 4~5 片、苗龄 18~22 天时可进行移栽定植。

（1）基肥　基肥施用时应撒施后翻耕入土、耙平做畦。每亩施生物有机肥 200~300 千克或无害化处理过的有机肥料 3000~4000 千克、总养分含量为 48%的三元平衡肥 35~45 千克或过磷酸钙 25~35 千克+氯化钾 10~15 千克。

（2）根际追肥　育苗移栽的菜薹，在全生长发育期共追肥 2 次。

当菜薹缓苗后，进行第 1 次追肥。每亩追施尿素 8~10 千克或高氮型大量元素水溶肥料 10~15 千克或含腐殖酸复合水溶肥料 15~20 千克。

菜薹现蕾抽薹时，进行第 2 次追肥。每亩随水冲施高氮高钾型大量元素水溶肥料 15~20 千克或含腐殖酸复合水溶肥料 20~25 千克或尿素 10~15 千克+硫酸钾 10~15 千克。

（3）叶面追肥　在移栽定植缓苗后，叶面喷施稀释 500~600 倍的含氨基酸水溶肥料或稀释 500~600 倍的含腐殖酸水溶肥料 1 次。在抽薹期，叶面喷施稀释500~600倍的含氨基酸水溶肥料或稀释500~600倍的含腐殖酸水溶肥料、稀释1500倍的活力钾混合溶液1次。

第二节　设施茄果类蔬菜科学施肥

茄果类蔬菜采用设施栽培的较多，是设施栽培的主要品种。

一、设施番茄科学施肥

番茄的主要设施栽培方式有：一是春早熟栽培，主要采用塑料大棚、日光温室等设施。二是秋延迟栽培，主要采用塑料大棚、日光温室、塑料小拱棚等设施。三是越冬长季栽培，主要采用日光温室等设施。四是越夏避雨栽培，主要采用冬暖大棚在夏季休闲期进行避雨栽培。

1. 设施番茄需肥特点

在设施栽培条件下，番茄对氮、磷、钾的需要量要大于露地栽培条件。据研究，在设施栽培条件下，每生产1000千克番茄需吸收氮3.8~4.8千克、五氧化二磷1.2~1.5千克、氧化钾4.5~5.5千克。另据陈清（2009年）研究，不同产量水平下设施番茄吸收氮、磷、钾的量见表5-1。

表5-1　不同产量水平下设施番茄吸收氮、磷、钾的量

（单位：千克/亩）

养分	不同产量水平下的吸收量					
	<3330千克/亩	3330~<5330千克/亩	5330~<8000千克/亩	8000~<10660千克/亩	10660~<13330千克/亩	≥13330千克/亩
氮（N）	<9.0	9.0~<14.4	14.4~<21.6	21.6~<28.8	28.8~<36.0	>36.0
磷（P）	<3.3	3.3~<5.3	5.3~<8.0	8.0~<10.7	10.7~<13.3	>13.3
钾（K）	<13.2	13.2~<21.1	21.1~<31.6	31.6~<42.1	42.1~<52.7	>52.7

冬春茬设施番茄一般在每年的2月中上旬移栽定植，至第一穗果膨大时（3月下旬），番茄对氮的吸收量占整个生长发育期总吸收量的5%，而从第一穗果膨大到第四穗果膨大的1个月时间内（4月）番茄对氮的吸收量占整个生长发育期总吸收量的71%；而与冬春茬相反，秋冬茬是一个温度逐渐降低的过程，从8月移栽到9月下旬第三穗果开始膨大，短短的60多天时间内氮的吸收量占整个生长发育期总吸收量的78%。相对氮而言，

番茄对磷的积累量和吸收量都比较低，并且番茄对磷的吸收以生长前期为主。番茄对钾的吸收量最大，其累计吸收量约为氮的2倍，其中果实膨大期是番茄吸收钾的主要时期。

2. 春早熟设施栽培番茄科学施肥

番茄春早熟设施栽培一般利用塑料大棚和日光温室。利用日光温室栽培时，多在2月上旬~3月上中旬定植，4月上旬~6月上旬采收；利用塑料大棚栽培时，一般在2月下旬~3月中旬定植，5月上旬~6月中旬采收。

（1）基肥 定植前3~7天，结合整地撒施或沟施基肥。每亩施生物有机肥400~500千克或无害化处理过的有机肥料3000~4000千克、番茄有机型专用肥80~100千克或总养分含量为40%的硫酸钾型腐殖酸高效缓释肥60~80千克或总养分含量为45%的硫基长效缓释复混肥50~70千克或总养分含量为51%的硫基三元平衡肥50~60千克。另外，可每亩施钙镁磷肥20~30千克、硫酸镁10~20千克、硫酸锌1~2千克、硼砂0.5~1千克。

（2）根际追肥 一般追肥3~4次。

1）催果肥。一般在第一穗果开始膨大时采取穴施法追肥1次。每亩冲施高钾型大量元素水溶肥料10~15千克或硫酸钾型含腐殖酸水溶肥料15~20千克或硫基长效缓释复混肥10~15千克或含腐殖酸水溶肥料15~20千克或尿素10~12千克+大粒钾肥8~12千克。并注意经常增施二氧化碳肥料。

2）盛果肥。进入盛果期后，第一穗果即将采收，第二、第三穗果很快膨大，果实旺盛生长，应及时追肥，一般追肥2~3次。每次每亩冲施高钾型大量元素水溶肥料8~10千克或硫酸钾型含腐殖酸水溶肥料10~15千克或硫基长效缓释复混肥10~12千克或含腐殖酸水溶肥料10~15千克或尿素6~8千克+大粒钾肥5~7千克。并注意经常增施二氧化碳肥料。

（3）叶面追肥 番茄移栽定植后，叶面喷施稀释500~600倍的含氨基酸水溶肥料或稀释500~600倍的含腐殖酸水溶肥料2次，间隔15天。进入结果盛期后，叶面喷施稀释1500倍的活力钾、稀释1500倍的活力硼、稀释1500倍的活力钙混合溶液2次，间隔15天。

3. 秋延迟设施栽培番茄科学施肥

番茄秋延迟设施栽培一般利用塑料大棚和日光温室。利用日光温室栽培多在8月上旬~下旬定植，11月中旬~第2年1月下旬采收；利用塑料大棚一般在8月上中旬定植，10月中旬~11月上旬采收。

（1）基肥　秋季栽培前期温度较高，土壤中的养分容易释放，基肥可适当减少。定植前3~7天，结合整地撒施或沟施基肥。每亩施生物有机肥200~300千克或无害化处理过的有机肥料1500~2000千克、番茄有机型专用肥50~60千克或总养分含量为40%的硫酸钾型腐殖酸高效缓释肥30~40千克或总养分含量为45%的硫基长效缓释复混肥30~40千克或总养分含量为51%的硫基三元平衡肥25~35千克。另外，可每亩施钙镁磷肥10~15千克、硫酸镁8~12千克、硫酸锌0.5~1千克。

（2）根际追肥　一般追肥3~4次。

1）缓苗肥。一般在定植缓苗后采取穴施法追肥1次。每亩冲施高钾型大量元素水溶肥料5~8千克或硫酸钾型含腐殖酸水溶肥料6~8千克或硫基长效缓释复混肥6~8千克或含腐殖酸水溶肥料10~12千克或尿素4~5千克+大粒钾肥3~5千克，也可施腐熟人粪尿300~400千克。并注意经常增施二氧化碳肥料。

2）结果肥。第一、第二穗果坐住后，可追肥2~3次。每次每亩冲施高钾型大量元素水溶肥料8~10千克或硫酸钾型含腐殖酸水溶肥料10~15千克或硫基长效缓释复混肥10~12千克或含腐殖酸水溶肥料10~15千克或尿素6~8千克+大粒钾肥5~7千克。并注意经常增施二氧化碳肥料。

（3）叶面追肥　番茄移栽定植后，叶面喷施稀释500~600倍的含氨基酸水溶肥料或稀释500~600倍的含腐殖酸水溶肥料2次，间隔15天。进入结果盛期后，叶面喷施稀释1500倍的活力钾、稀释1500倍的活力硼、稀释1500倍的活力钙混合溶液2次，间隔15天。

4. 越冬长季设施栽培番茄科学施肥

番茄越冬长季设施栽培一般利用日光温室。多在11月上旬定植，第2年2~7月采收。

（1）基肥　越冬长季设施栽培番茄的结果期长达几个月，要求地力肥沃，因此要加大基肥施入量。定植前3~7天，结合整地撒施或沟施基肥。每亩施生物有机肥500~600千克或无害化处理过的有机肥料4000~5000千克、番茄有机型专用肥100~120千克或总养分含量为40%的硫酸钾型腐殖酸高效缓释肥70~90千克或总养分含量为45%的硫基长效缓释复混肥60~80千克或总养分含量为51%的硫基三元平衡肥60~70千克。另外，可每亩施钙镁磷肥20~30千克、硫酸镁10~20千克、硫酸锌1~2千克、硼砂0.5~1千克。

（2）根际追肥　一般追肥3~4次。

1）催果肥。一般在第一穗果开始膨大时采取穴施法追肥1次。每亩冲施高钾型大量元素水溶肥料8~10千克或硫酸钾型含腐殖酸水溶肥料10~15千克或硫基长效缓释复混肥8~10千克或腐殖酸水溶肥料10~15千克或尿素6~8千克+大粒钾肥6~8千克。并注意经常增施二氧化碳肥料。

2）盛果肥。进入盛果期后，第一穗果即将采收，第二、第三穗果很快膨大，果实旺盛生长，应及时追肥，一般追肥2~3次。每次每亩冲施高钾型大量元素水溶肥料8~10千克或硫酸钾型含腐殖酸水溶肥料10~15千克或硫基长效缓释复混肥8~10千克或含腐殖酸水溶肥料10~15千克或尿素6~8千克+大粒钾肥6~8千克。并注意经常增施二氧化碳肥料。

（3）叶面追肥　番茄移栽定植后，叶面喷施稀释500~600倍的含氨基酸水溶肥料或稀释500~600倍的含腐殖酸水溶肥料2次，间隔15天。进入结果盛期，叶面喷施稀释1500倍的活力钾、稀释1500倍的活力硼、稀释1500倍的活力钙混合溶液2~4次，间隔15天。

二、设施辣椒科学施肥

辣（甜）椒的主要设施栽培方式有：一是春提早栽培，主要采用塑料大棚、小拱棚全程覆盖等设施。二是秋延迟栽培，主要采用塑料大棚、日光温室等设施。三是越冬长季栽培，主要采用日光温室等设施。

1. 春提早设施栽培辣椒科学施肥

辣椒春提早设施栽培多采用塑料大棚，一般开春后大苗带蕾定植于塑料大棚中，4月底~5月初采收上市。

（1）基肥　定植前5~7天，结合整地撒施或沟施基肥。每亩施生物有机肥200~300千克或无害化处理过的有机肥料3000~5000千克、番茄有机型专用肥80~100千克或总养分含量为40%的硫酸钾型腐殖酸高效缓释肥60~80千克或总养分含量为45%的硫基长效缓释复混肥50~60千克或总养分含量为51%的硫基三元平衡肥50~60千克或尿素5~7千克+过磷酸钙30~40千克+硫酸钾10~15千克。

（2）根际追肥　在活棵后、开花前、盛花期、结果期等时期要及时追肥。

1）活棵肥。活棵后，结合浇水浇1次稀沼液，每亩约1000千克，或每亩冲施含腐殖酸水溶肥料 8~10 千克，以促进秧苗生长。

2）花前肥。植株开花前，根据生长情况结合浇水追肥 1~2 次，每次每亩冲施高钾型大量元素水溶肥料 5~7 千克或硫酸钾型含腐殖酸水溶肥料 8~10 千克或硫基长效缓释复混肥 6~8 千克或含腐殖酸水溶肥料 8~10 千克或尿素 4~5 千克和大粒钾肥 5~7 千克或 30%沼液（沼液与水的比例为 3∶7）1000~1500 千克。

3）花肥。盛花期追施肥料 1 次，不宜多施氮肥，以免徒长引起落花，每次每亩冲施高钾型大量元素水溶肥料 8~10 千克或硫酸钾型含腐殖酸水溶肥料 10~12 千克或含腐殖酸水溶肥料 10~15 千克或 30%沼液 2000~2500 千克。

4）结果初期肥。一般在门椒采收、对椒果实长到 2~3 厘米时结合浇水追施，每 7~10 天追施 1 次。每次每亩冲施高钾型大量元素水溶肥料 15~20 千克或硫酸钾型含腐殖酸水溶肥料 20~25 千克或硫基长效缓释复混肥 15~20 千克或含腐殖酸水溶肥料 20~25 千克或尿素 10~15 千克+大粒钾肥 6~8 千克。

5）结果盛期肥。一般在辣椒采收的中后期，根据辣椒长势结合浇水追肥 2~3 次。每次每亩冲施高钾型大量元素水溶肥料 20~25 千克或硫酸钾型含腐殖酸水溶肥料 25~30 千克或硫基长效缓释复混肥 20~25 千克或含腐殖酸水溶肥料 25~30 千克或尿素 15~20 千克+30%沼液 1500 千克。

（3）叶面追肥 在辣椒移栽定植缓苗后，叶面喷施稀释 500~600 倍的含氨基酸水溶肥料或稀释 500~600 倍的含腐殖酸水溶肥料 2 次，间隔 15 天。在结果初期，叶面喷施稀释 500~600 倍的含氨基酸水溶肥料或稀释 500~600 倍的含腐殖酸水溶肥料、稀释 1500 倍的活力钾混合溶液 1 次。在结果盛期，叶面喷施稀释 1500 倍的活力钙、稀释 1500 倍的活力钾混合溶液 2 次，间隔 20 天。在结果中后期，叶面喷施稀释 500~600 倍的含氨基酸水溶肥料或稀释 500~600 倍的含腐殖酸水溶肥料、稀释 1500 倍的活力钙、稀释 1500 倍的活力钾混合溶液 2 次，间隔 20 天。

2. 秋延迟设施栽培辣椒科学施肥

辣椒秋延迟设施栽培多采用塑料大棚或日光温室，一般在 8~9 月定植于塑料大棚或日光温室中，11~12 月采收。

（1）基肥 定植前 2~3 天，结合整地撒施或沟施基肥。每亩施生物有机肥 150~200 千克或无害化处理过的有机肥料 2500~3000 千克，总养

分含量为40%的硫酸钾型腐殖酸高效缓释肥60~80千克或总养分含量为45%的硫基长效缓释复混肥60~70千克或总养分含量为51%的硫基三元平衡肥50~60千克或尿素15~20千克+过磷酸钙30~40千克+硫酸钾20~30千克、硼砂1千克。

（2）根际追肥　在施足基肥基础上，前期一般不需要根际追肥。

第1次追肥应在定植后20~30天，每亩冲施高钾型大量元素水溶肥料12~15千克或硫酸钾型含腐殖酸水溶肥料15~20千克或硫基长效缓释复混肥12~15千克或含腐殖酸水溶肥料15~20千克或尿素10~12千克+大粒钾肥8~10千克。

第2次追肥在门椒采收后、对椒果实长到2~3厘米时结合浇水追施。每亩冲施高钾型大量元素水溶肥料15~20千克或硫酸钾型含腐殖酸水溶肥料20~25千克或硫基长效缓释复混肥15~20千克或含腐殖酸水溶肥料20~25千克或尿素10~15千克+大粒钾肥10~15千克。

第3次追肥在辣椒采收中后期，每次每亩冲施高钾型大量元素水溶肥料8~10千克或硫酸钾型含腐殖酸水溶肥料10~15千克或硫基长效缓释复混肥8~10千克或含腐殖酸水溶肥料10~15千克或尿素5~7千克+大粒钾肥5~10千克。

（3）叶面追肥　辣椒移栽定植缓苗后，叶面喷施稀释500~600倍的含氨基酸水溶肥料或稀释500~600倍的含腐殖酸水溶肥料2次，间隔15天。在结果盛期，叶面喷施稀释1500倍的活力钙、稀释1500倍的活力钾混合溶液2次，间隔20天。在结果中后期，叶面喷施稀释500~600倍的含氨基酸水溶肥料或稀释500~600倍的含腐殖酸水溶肥料、稀释1500倍的活力钙、稀释1500倍的活力钾混合溶液2次，间隔20天。

3. 越冬长季设施栽培辣椒科学施肥

辣椒越冬长季设施栽培多采用日光温室，一般在11~12月定植于日光温室中，第二年2~3月采收。

（1）基肥　越冬茬辣椒由于生长期长，必须施足基肥。一般每亩施生物有机肥300~400千克或无害化处理过的有机肥料4000~6000千克、总养分含量为40%的硫酸钾型腐殖酸高效缓释肥80~100千克或总养分含量为45%的硫基长效缓释复混肥60~80千克或总养分含量为51%的硫基三元平衡肥60~70千克或尿素20~25千克+过磷酸钙40~50千克+硫酸钾25~30千克。

（2）根际追肥　果实进入膨大期后，每15~20天追肥1次，每次每亩冲施高钾型大量元素水溶肥料15~20千克或硫酸钾型含腐殖酸水溶肥料20~25千克或硫基长效缓释复混肥15~20千克或含腐殖酸水溶肥料20~25千克或尿素10~15千克+大粒钾肥10~15千克。

每次采收后，随水每亩冲施高钾型大量元素水溶肥料8~10千克或硫酸钾型含腐殖酸水溶肥料10~15千克或硫基长效缓释复混肥8~10千克或含腐殖酸水溶肥料10~15千克或尿素5~7千克+大粒钾肥5~10千克。

（3）叶面追肥 在开花期，叶面喷施稀释500~600倍的含氨基酸水溶肥料或稀释500~600倍的含腐殖酸水溶肥料、稀释1500倍的活力硼混合溶液1次。在坐果后，叶面喷施稀释500~600倍的含氨基酸水溶肥料或稀释500~600倍的含腐殖酸水溶肥料、稀释1500倍的活力钾混合溶液1次。在结果中后期，叶面喷施稀释500~600倍的含氨基酸水溶肥料或稀释500~600倍的含腐殖酸水溶肥料、稀释1500倍的活力钙、稀释1500倍的活力钾混合溶液2次，间隔20天。

三、设施茄子科学施肥

茄子的主要设施栽培方式有：一是春提早栽培，主要采用塑料大棚、日光温室等设施。二是秋延迟栽培，主要采用塑料大棚等设施。三是越冬长季栽培，主要采用日光温室等设施。

1. 春提早设施栽培茄子科学施肥

茄子春提早设施栽培一般在3月中下旬定植，5~7月采收。

（1）基肥 定植前10~15天结合整地撒施或沟施基肥，深翻耙匀。每亩施生物有机肥200~300千克或优质饼肥150~300千克或无害化处理过的腐熟有机肥料3000~5000千克、总养分含量为45%的三元平衡肥40~50千克或总养分含量为40%的腐殖酸高效缓释肥40~60千克或总养分含量为45%的硫基长效缓释复混肥40~50千克或过磷酸钙30~40千克和氯化钾15~20千克。

（2）根际追肥 主要追施提苗肥、培土肥、采果肥等。

1）提苗肥。定植活棵后追施提苗肥，每亩施总养分含量为45%的三元平衡肥10~12千克或尿素5~7千克，也可每亩冲施高氮高钾型大量元素水溶肥料8~10千克或含腐殖酸复混水溶肥料10~12千克或含腐殖酸水溶肥料12~15千克。

2）培土肥。一般在结束蹲苗、门茄坐住后及时培土，结合培土水追施。每亩施总养分含量为40%的硫酸钾型腐殖酸复混肥30~40千克或总

养分含量为45%的硫基长效缓释复混肥25~35千克或总养分含量为45%的三元平衡肥30~40千克，也可每次每亩冲施尿素20~25千克+氯化钾20~30千克。

3）采果肥。一般在门茄开始采收后，每采收1次果结合浇水追施。随水每次每亩冲施高钾型大量元素水溶肥料25~30千克或硫酸钾型含腐殖酸水溶肥料30~40千克或总养分含量为45%的长效缓释复混肥25~30千克或含腐殖酸水溶肥料30~40千克或尿素15~20千克+大粒钾肥20~25千克，也可每次每亩浇施沼液500~1000千克。

（3）叶面追肥　茄子移栽定植后，叶面喷施稀释500~600倍的含氨基酸水溶肥料或稀释500~600倍的含腐殖酸水溶肥料1次。门茄达到瞪眼后，叶面喷施稀释500~600倍的含氨基酸水溶肥料或稀释500~600倍的含腐殖酸水溶肥料、稀释1500倍的活力硼混合溶液2次，间隔15天。四母斗茄膨大时，叶面喷施稀释500~600倍含氨基酸水溶肥料或稀释500~600倍的含腐殖酸水溶肥料、稀释1500倍的活力钙、稀释1500倍的活力钾混合溶液1次。满天星茄膨大时，叶面喷施稀释1500倍的活力钙、稀释1500倍的活力钾混合溶液1次。

2. 秋延迟设施栽培茄子科学施肥

茄子秋延迟设施栽培一般在8~9月定植，延迟采收到12月。

（1）基肥　定植前5~7天结合整地重施基肥，深翻耙匀。每亩施生物有机肥150~200千克或优质饼肥150~200千克或无害化处理过的腐熟有机肥料2000~3000千克，总养分含量为45%的三元平衡肥70~80千克或总养分含量为40%的腐殖酸高效缓释肥80~90千克或总养分含量为45%的硫基长效缓释复混肥60~70千克。

（2）根际追肥　主要追施门茄肥、采果肥等。

1）门茄肥。门茄长至3~5厘米时，结合浇水追肥1次，每亩施尿素15~20千克和磷酸二铵5千克，也可每亩冲施高氮高钾型大量元素水溶肥料20~30千克或含腐殖酸复混水溶肥料25~30千克或含腐殖酸水溶肥料30~40千克。

2）采果肥。在结果盛期每采收1次果结合浇水追施1次肥。随水每次每亩冲施高钾型大量元素水溶肥料25~30千克或硫酸钾型含腐殖酸水溶肥料30~40千克或总养分含量为45%的长效缓释复混肥25~30千克或含腐殖酸水溶肥料30~40千克或尿素15~20千克+大粒钾肥20~25千克，也可每次每亩浇施沼液1000~1500千克。

（3）叶面追肥 茄子移栽定植后，叶面喷施稀释500~600倍的含氨基酸水溶肥料或稀释500~600倍的含腐殖酸水溶肥料1次。对茄膨大时，叶面喷施稀释1500倍的活力钙、稀释1500倍的活力钾混合溶液1次。四母斗茄膨大时，叶面喷施稀释500~600倍的含氨基酸水溶肥料或稀释500~600倍的含腐殖酸水溶肥料、稀释1500倍的活力钙、稀释1500倍的活力钾混合溶液1次。满天星茄膨大时，叶面喷施稀释1500倍的活力钙、稀释1500倍的活力钾混合溶液1次。

3. 越冬长季设施栽培茄子科学施肥

茄子越冬长季设施栽培一般在11~12月定植，第2年2~5月采收。

（1）基肥 定植前10~15天结合整地撒施或沟施基肥。每亩施生物有机肥400~600千克或商品有机肥料800~1000千克或无害化处理过的有机肥料4000~6000千克、总养分含量为48%的三元平衡肥60~80千克或总养分含量为40%的腐殖酸高效缓释肥70~80千克或总养分含量为45%的硫基长效缓释复混肥60~80千克或尿素20~25千克+过磷酸钙40~50千克+氯化钾20~30千克。

（2）根际追肥 主要追施门茄肥、盛果肥。

1）门茄肥。门茄长至3~5厘米时，结合浇水追肥1次。每亩追施总养分含量为48%的三元平衡肥15~20千克+尿素6~8千克或总养分含量为40%的腐殖酸高效缓释肥20~25千克+尿素6~8千克或总养分含量为45%的硫基长效缓释复混肥15~20千克+尿素6~8千克或尿素15~20千克+氯化钾15~20千克。

2）盛果肥。3月进入盛果期后，一般在灌溉2~3次后随水冲施1次肥料。每次每亩冲施高钾型大量元素水溶肥料15~20千克或硫酸钾型含腐殖酸水溶肥料20~30千克或总养分含量为45%的长效缓释复混肥15~20千克或含腐殖酸水溶肥料20~30千克或尿素10~15千克+大粒钾肥10~15千克，也可每次每亩浇施沼液500~1000千克。

（3）叶面追肥 茄子移栽定植后，叶面喷施稀释500~600倍的含氨基酸水溶肥料或稀释500~600倍的含腐殖酸水溶肥料1次。对茄膨大时，叶面喷施稀释1500倍的活力钙、稀释1500倍的活力钾混合溶液1次。四母斗茄膨大时，叶面喷施稀释500~600倍的含氨基酸水溶肥料或稀释500~600倍的含腐殖酸水溶肥料、稀释1500倍的活力钙、稀释1500倍的活力钾混合溶液1次。八面风茄膨大时，叶面喷施稀释1500倍的活力钙、稀释1500倍的活力钾混合溶液1次。

第三节　设施瓜类蔬菜科学施肥

一、设施黄瓜科学施肥

黄瓜的主要设施栽培方式有：一是春提早栽培，主要采用塑料大棚、日光温室等设施。二是秋延迟栽培，主要采用塑料大棚等设施。三是越冬长季栽培，主要采用日光温室或连栋温室等设施。

1. 春提早设施栽培黄瓜科学施肥

黄瓜春提早设施栽培一般进行多层覆盖栽培，在2月下旬~3月下旬移栽定植，4月上旬~6月下旬采收。

（1）基肥　定植前结合越冬进行秋耕冻垡，撒施或沟施基肥。每亩施生物有机肥200~300千克或商品有机肥料400~600千克或无害化处理过的有机肥料4000~6000千克，每亩配施黄瓜有机型专用肥50~60千克，或总养分含量为48%的三元平衡肥40~50千克、总养分含量为40%的腐殖酸高效缓释肥50~60千克，或总养分含量为40%的硫基长效缓释复混肥50~70千克，或尿素20~30千克+过磷酸钙20~30千克+硫酸钾15~20千克。

（2）根际追肥　黄瓜属于连续采收次数较多的蔬菜，需要不断追肥，以保证果实正常生长发育和植株健壮生长。一般追肥3~5次。

1）缓苗肥。定植活棵后，保持土壤湿润，在幼苗长出4~5片叶时，结合浇水冲施1次。每亩冲施尿素2~3千克和磷酸二氢钾5千克或高氮高钾型大量元素水溶肥料5~7千克或含腐殖酸复混水溶肥料6~8千克或含腐殖酸水溶肥料8~10千克，也可每亩施尿素3~5千克+磷酸二铵3~5千克+硫酸钾3~5千克。

2）结瓜初期追肥。当70%的瓜秧坐瓜以后，结合浇水进行追肥。每亩冲施尿素3~5千克和硫酸钾15~20千克或高钾型大量元素水溶肥料20~25千克或含腐殖酸水溶肥料20~25千克和硫酸钾15~20千克。

3）结瓜盛期追肥。一般在第2批瓜采收后进行追肥，以后每采收2~3次再追肥1次，共追2~3次。每亩冲施尿素2~3千克和硫酸钾5~8千克或高钾型大量元素水溶肥料6~8千克或含腐殖酸水溶肥料10~15千克和硫酸钾5~10千克。

4）增施二氧化碳肥料。从第1根瓜坐住后开始，为弥补光照不足、气温低、光合作用弱、植株长势差等情况，除适时适量叶面喷施磷酸二氢钾或光合微量元素肥料外，应特别注重二氧化碳气肥的施用。一般选择晴天的上午，在日出揭苫后半小时左右、温度升至15℃时开始施用浓度为1000~1300毫克/升的二氧化碳气肥，3~5天施1次，每次2小时，以提高坐果率，延长结果期。

（3）叶面追肥 黄瓜进入结瓜期后，叶面喷施稀释1500倍的活力钾、稀释1500倍的活力钙混合溶液2次，间隔15天。黄瓜进入结瓜盛期后，每隔20~30天叶面喷施稀释500~600倍的含氨基酸水溶肥料或稀释500~600倍的含腐殖酸水溶肥料、稀释1500倍的活力钾混合溶液1次。

2. 秋延迟设施栽培黄瓜科学施肥

黄瓜秋延迟设施栽培利用遮阳网前期降温，后期增温保温栽培，多采用日光温室或塑料大棚。一般在6月~8月上旬播种，8~11月中旬采收。

（1）基肥 定植前结合越冬进行秋耕冻垡，在定植前10天撒施或沟施基肥。每亩施生物有机肥100~150千克或商品有机肥料300~400千克或无害化处理过的有机肥料2000~3000千克，每亩配施黄瓜有机型专用肥40~50千克或总养分含量为48%的三元平衡肥35~40千克+总养分含量为40%的腐殖酸高效缓释肥40~50千克或总养分含量为40%的硫基长效缓释复混肥40~50千克或尿素20~25千克+过磷酸钙20~30千克+硫酸钾15~20千克。

（2）根际追肥 一般追肥3~5次。

1）缓苗肥。定植活棵后，保持土壤湿润，在幼苗长出4~5片叶时，结合浇水冲施1次。每亩冲施尿素2~3千克和磷酸二氢钾5千克高氮高钾型大量元素水溶肥料5~7千克或含腐殖酸复混水溶肥料6~8千克或含腐殖酸水溶肥料8~10千克，或每亩施尿素3~5千克+磷酸二铵3~5千克+硫酸钾3~5千克。

2）结瓜初期追肥。当70%瓜秧坐瓜以后，结合浇水进行追肥。每亩冲施尿素3~5千克+硫酸钾15~20千克或高钾型大量元素水溶肥料20~25千克或含腐殖酸水溶肥料20~25千克+硫酸钾15~20千克。

3）结瓜盛期追肥。一般在第2批瓜采收后进行追肥，以后每采收2~3次再追肥1次，共追2~3次。每亩冲施尿素2~3千克和硫酸钾5~8千克或高钾型大量元素水溶肥料6~8千克或含腐殖酸水溶肥料10~15千克+硫酸钾5~10千克。

（3）叶面追肥 黄瓜进入结瓜期后，叶面喷施稀释1500倍的活力钾、

稀释1500倍的活力钙混合溶液2次，间隔15天。黄瓜进入结瓜盛期后，每隔20~30天叶面喷施稀释500~600倍的含氨基酸水溶肥料或稀释500~600倍的含腐殖酸水溶肥料、稀释1500倍的活力钾混合溶液1次。

3. 越冬长季设施栽培黄瓜科学施肥

黄瓜越冬长季设施栽培利用日光温室或连栋温室。一般在9月下旬播种，11月中旬~第2年6月中旬采收。越冬长季栽培黄瓜因生长周期长，施肥总量较大，追肥宜少量多次。

（1）基肥　在定植前15天，深翻30厘米，撒施或沟施基肥。每亩施生物有机肥200~400千克或商品有机肥料400~700千克或无害化处理过的有机肥料3000~5000千克，每亩配施黄瓜有机型专用肥50~60千克或总养分含量为48%的三元平衡肥40~50千克+总养分含量为40%的腐殖酸高效缓释肥50~60千克或总养分含量为40%的硫基长效缓释复混肥50~70千克或尿素20~30千克+过磷酸钙20~30千克+硫酸钾15~20千克。

（2）根际追肥　一般追肥3~5次。

1）缓苗肥。在定植活棵后，保持土壤湿润，在幼苗长出4~5片叶时，结合浇水冲施1次。每亩冲施尿素3~5千克+磷酸二氢钾5千克或高氮高钾型大量元素水溶肥料6~8千克或含腐殖酸复混水溶肥料8~10千克或含腐殖酸水溶肥料10~12千克或尿素3~5千克+磷酸二铵3~5千克+硫酸钾5~7千克。

2）结瓜初期追肥。当70%瓜秧坐瓜以后，结合浇水进行追肥。每亩冲施尿素3~5千克和硫酸钾15~20千克或高钾型大量元素水溶肥料20~25千克或含腐殖酸水溶肥料20~25千克+硫酸钾15~20千克。

3）结瓜盛期追肥。一般在第2批瓜采收后进行，以后每采收2~3次再追肥1次，共追2~3次。每亩冲施尿素2~5千克+硫酸钾5~8千克或高钾型大量元素水溶肥料6~8千克或含腐殖酸水溶肥料10~15千克+硫酸钾5~10千克。

4）增施二氧化碳肥料。从第1根瓜坐住后开始，除适时适量叶面喷施磷酸二氢钾或光合微量元素肥料外，应特别注重二氧化碳气肥的施用。一般选择晴天的上午，在日出揭苫后半小时左右、温度升至15℃时开始施用浓度为1000~1300毫克/升的二氧化碳气肥，3~5天施1次，每次2小时，以提高坐果率，延长结果期。

（3）叶面追肥　黄瓜移栽定植后，叶面喷施稀释500~600倍的含氨基酸水溶肥料或稀释500~600倍的含腐殖酸水溶肥料、稀释1500倍的活力硼混合溶液 1 次。黄瓜进入结瓜盛期后，每隔 20~30 天叶面喷施稀释 500~600 倍的含氨基酸水溶肥料或稀释 500~600 倍的含腐殖酸水溶肥料、稀释 1500 倍的活力钾混合溶液 1 次。

二、设施西葫芦科学施肥

西葫芦的主要设施栽培方式有：一是春提早栽培，主要采用塑料大棚、日光温室等设施。二是秋延迟栽培，主要采用塑料大棚、日光温室等设施。三是越冬长季栽培，主要采用塑料大棚、日光温室或连栋温室等设施。

1. 春提早设施栽培西葫芦科学施肥

西葫芦春提早设施栽培一般利用塑料大棚或日光温室等。一般在 2~3 月定植，4 月上旬开始采收，至 6 月下旬采收完毕。

（1）基肥 定植选择 2 年内未种植过瓜类蔬菜的田块，清除前茬作物残株和田间杂草，结合浅翻，每亩施生物有机肥 200~300 千克或商品有机肥料 350~400 千克或无害化处理过的有机肥料 3000~4000 千克，每亩配施总养分含量为 40%的腐殖酸高效缓释肥 35~40 千克或总养分含量为 40%的硫基长效缓释复混肥 35~40 千克或总养分含量为 45%的三元平衡肥 30~40 千克或尿素 15~20 千克+过磷酸钙 20~30 千克+大粒钾肥 15~20 千克。

（2）根际追肥 西葫芦属于连续采收次数较多的蔬菜，需要不断追肥，以保证果实正常生长发育和植株健壮生长。一般追肥 4~6 次。

1）缓苗肥。定植活棵后，追肥蹲苗 1 次。每亩冲施尿素 5~7 千克和磷酸二氢钾 5 千克或高氮高钾型大量元素水溶肥料 8~10 千克或含腐殖酸复混水溶肥料 10~15 千克或含腐殖酸水溶肥料 15~20 千克，也可每亩施尿素 5~7 千克+磷酸二铵 5~7 千克+硫酸钾 5~7 千克。

2）根瓜肥。根瓜膨大后，每 10~15 天追肥 1 次，共追 3~4 次。结合浇水进行追肥。每亩冲施尿素 5~7 千克和硫酸钾 15~20 千克或高钾型大量元素水溶肥料 20~25 千克或含腐殖酸水溶肥料 20~25 千克和硫酸钾 15~20 千克。

3）结瓜盛期肥。在结瓜盛期每 7~10 天追肥 1 次，共追 2~3 次。每亩冲施尿素 2~5 千克和硫酸钾 5~8 千克或高钾型大量元素水溶肥料 6~8 千克或含腐殖酸水溶肥料 10~15 千克+硫酸钾 5~10 千克。

4）增施二氧化碳肥料。从第 1 根瓜坐住后开始，为弥补光照不足、

气温低、光合作用弱、植株长势差等情况，除适时适量叶面喷施磷酸二氢钾或光合微量元素肥料外，应特别注重二氧化碳气肥的施用。一般选择晴天的上午，在日出揭苫后半小时左右、温度升至15℃时开始施用浓度为1000~1300毫克/升的二氧化碳气肥，3~5天施1次，每次2小时，以提高坐果率，延长结果期。

（3）叶面追肥　西葫芦移栽定植后，叶面喷施稀释500~600倍的含氨基酸水溶肥料或稀释500~600倍的含腐殖酸水溶肥料、稀释500~600倍的氨基酸螯合锌硼混合溶液1次。西葫芦进入结瓜盛期后，每隔15天叶面喷施稀释500~600倍的含氨基酸水溶肥料或稀释500~600倍的含腐殖酸水溶肥料、稀释1500倍的活力钾混合溶液1次。

2. 越冬长季设施栽培西葫芦科学施肥

西葫芦越冬长季设施栽培一般利用塑料大棚或日光温室等。一般在11~12月定植，第2年1~2月开始采收，4~5月采收完毕。

（1）基肥　定植选择2年内未种植过瓜类蔬菜的田块，清除前茬作物残株和田间杂草，结合浅翻，每亩施生物有机肥300~400千克或商品有机肥料400~700千克或无害化处理过的有机肥料3000~5000千克，每亩配施总养分含量为40%的腐殖酸高效缓释肥50~60千克或总养分含量为40%的硫基长效缓释复混肥50~60千克或总养分含量为45%的三元平衡肥45~55千克或尿素20~25千克+过磷酸钙20~30千克+硫酸钾20~25千克。

（2）根际追肥　一般追肥4~6次。

1）缓苗肥。定植活棵后，追肥蹲苗1次。每亩冲施尿素5~7千克和磷酸二氢钾5千克或高氮高钾型大量元素水溶肥料8~10千克或含腐殖酸复混水溶肥料10~15千克或含腐殖酸水溶肥料15~20千克，也可每亩施尿素5~7千克+磷酸二铵5~7千克+硫酸钾5~7千克。

2）根瓜肥。根瓜膨大后，每10~15天追肥1次，共追3~5次。结合浇水进行追肥。每亩冲施尿素5~7千克和硫酸钾15~20千克或高钾型大量元素水溶肥料20~25千克或含腐殖酸水溶肥料20~25千克+硫酸钾15~20千克。

3）结瓜盛期肥。结瓜盛期每7~10天追肥1次，共追2~3次。每亩冲施尿素2~5千克和硫酸钾5~8千克或高钾型大量元素水溶肥料6~8千克或含腐殖酸水溶肥料10~15千克+硫酸钾5~10千克。

4）增施二氧化碳肥料。从第1根瓜坐住后开始，除适时适量叶面喷施磷酸二氢钾或光合微量元素肥料外，应特别注重二氧化碳气肥的施用。一般选择晴天的上午，在日出揭苫后半小时左右、温度升至15℃时开始施用浓度为1000~1300毫克/升的二氧化碳气肥，3~5天1次，每次2小时，以提高坐果率，延长结果期。

（3）叶面追肥 西葫芦移栽定植后，叶面喷施稀释500~600倍的含氨基酸水溶肥料或稀释500~600倍的含腐殖酸水溶肥料、稀释500~600倍的氨基酸螯合锌硼混合溶液1次。西葫芦进入结瓜盛期后，每隔15天叶面喷施稀释500~600倍的含氨基酸水溶肥料或稀释500~600倍的含腐殖酸水溶肥料、稀释1500倍的活力钾混合溶液1次。

三、设施苦瓜科学施肥

苦瓜的主要设施栽培方式有：一是春提早栽培，主要采用塑料大棚、日光温室等设施。二是秋延迟栽培，主要采用日光温室等设施。

1. 苦瓜需肥特点

苦瓜属于喜高氮高钾的蔬菜，每生产1000千克苦瓜果实，平均从土壤中吸收氮5.28千克、五氧化二磷1.76千克、氧化钾6.67千克，氮、磷、钾的吸收比例为1∶0.33∶1.26。苦瓜在整个生长发育期中对钾肥的需求最大，氮次之，磷最少。

苦瓜在不同生长发育期对养分的需求不同。在幼苗期对养分的吸收很少，抽蔓以后生长加快，吸收养分的量也逐渐增加，在开花结果期养分吸收达到高峰。总体上来说，苦瓜生长前期需氮较多，中后期以吸收磷、钾为主。

苦瓜对肥料要求较高，尤其喜欢有机肥料，如果有机肥料充足，植株就会生长粗壮，茎叶繁茂，开花、结果多，瓜也肥大、品质好。如果营养生长过弱或过旺，易造成化瓜；若在幼苗期营养不足易产生“老化苗”，营养生长过剩则会产生“徒长苗”；在开花期营养不足，易造成茎叶生长变弱，坐果率降低；在结果盛期营养不良，易造成植株生长势弱，产生“蜂腰瓜”；特别是若生长后期肥水不足，易造成花果少，果实小且苦味增浓、品质下降。

2. 春提早设施栽培苦瓜科学施肥

苦瓜春提早设施栽培，采用多层覆盖栽培方式，在2月中旬~3月初播种，3月中旬~4月初定植，比露地栽培提早上市30天左右。

（1）基肥 定植前选择2~3年内未种植过瓜类蔬菜的田块，清除前茬作物残株和田间杂草，沟施或全层施肥，耕深20~30厘米，平整打畦，

畦宽 1.5~1.6 米。每亩施生物有机肥 200~300 千克或商品有机肥料 350~400 千克或无害化处理过的有机肥料 2500~3000 千克，每亩配施总养分含量为 45%的三元平衡肥 40~50 千克或总养分含量为 40%的腐殖酸高效缓释肥 40~50 千克或总养分含量为 40%的硫基长效缓释复混肥 40~50 千克或尿素 10~15 千克+过磷酸钙 20~30 千克+硫酸钾 10~15 千克。

（2）根际追肥　根际追肥遵循前轻后重的原则：在幼苗期少施肥，从伸蔓期开始重施肥料。

1）蔓叶肥。在伸蔓初期，追施 1 次蔓叶肥。每亩冲施尿素 5~7 千克或高氮高钾型大量元素水溶肥料 8~10 千克或含腐殖酸复混水溶肥料 10~12 千克或含腐殖酸水溶肥料 12~15 千克。

2）坐瓜肥。苦瓜坐瓜后应施充足的肥料，为多开花、多结瓜、结大瓜创造条件。每亩冲施尿素 5~7 千克和硫酸钾 8~10 千克或高钾型大量元素水溶肥料 10~15 千克或含腐殖酸水溶肥料 15~20 千克+硫酸钾 8~10 千克。

3）采收肥。进入采收期后，每隔 15~20 天追肥 1 次。每次每亩冲施高钾型大量元素水溶肥料 10~15 千克或硫酸钾型含腐殖酸水溶肥料 15~20 千克或总养分含量为 45%的长效缓释复混肥 10~15 千克或含腐殖酸水溶肥料 15~20 千克或尿素 6~7 千克和硫酸钾 5~7 千克，也可每次每亩浇施沼液 500~1000 千克。

（3）叶面追肥　在伸蔓期叶面喷施稀释 500~600 倍的含氨基酸水溶肥料或稀释 500~600 倍的含腐殖酸水溶肥料、稀释 1500 倍的活力硼混合溶液 2 次，间隔 15 天。苦瓜进入结瓜盛期后，叶面喷施稀释 500~600 倍的含氨基酸水溶肥料或稀释 500~600 倍的含腐殖酸水溶肥料、稀释 1500 倍的活力钾混合溶液 2~4 次，间隔 20 天。

3. 秋延迟设施栽培苦瓜科学施肥

苦瓜秋延迟设施栽培多采用日光温室，在 7 月中下旬播种，8 月中下旬定植，10 月上旬开始采收，上市时间集中在 11~12 月。

（1）基肥　定植前选择 2~3 年内未种植过瓜类蔬菜的田块，清除前茬作物残株和田间杂草，沟施或全层施肥，耕深 20~30 厘米，平整打畦，畦宽 1.5~1.6 米。每亩施生物有机肥 150~200 千克或商品有机肥料 300~350 千克或无害化处理过的有机肥料 2000~2500 千克，每亩配施总养分含量为 45%的三元平衡肥 40~50 千克或总养分含量为 40%的腐殖酸高效缓释肥 40~50 千克或总养分含量为 40%的硫基长效缓释复混肥 40~50 千克或尿素10~15千克+过磷酸钙20~30千克+硫酸钾10~15千克。

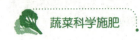

（2）根际追肥 根际追肥遵循前轻后重原则：在幼苗期少施肥，从伸蔓期开始重施肥料。

1）蔓叶肥。在伸蔓初期，追施1次蔓叶肥。每亩冲施尿素5~7千克或高氮高钾型大量元素水溶肥料8~10千克或含腐殖酸复混水溶肥料10~12千克或含腐殖酸水溶肥料12~15千克。

2）坐瓜肥。苦瓜坐瓜后应施充足的肥料，为多开花、多结瓜、结大瓜创造条件。每亩冲施尿素8~10千克和硫酸钾10~15千克或高钾型大量元素水溶肥料15~20千克或含腐殖酸水溶肥料20~25千克和硫酸钾10~12千克。

3）采收肥。进入采收期后，每隔15~20天追肥1次。每次每亩冲施高钾型大量元素水溶肥料10~15千克或硫酸钾型含腐殖酸水溶肥料15~20千克或总养分含量为45%的长效缓释复混肥10~15千克或含腐殖酸水溶肥料15~20千克或尿素5~7千克+硫酸钾5~7千克，也可每次每亩浇施沼液500~1000千克。

（3）叶面追肥 在伸蔓期叶面喷施稀释500~600倍的含氨基酸水溶肥料或稀释500~600倍的含腐殖酸水溶肥料、稀释1500倍的活力硼混合溶液2次，间隔15天。苦瓜进入结瓜盛期后，叶面喷施稀释500~600倍的含氨基酸水溶肥料或稀释500~600倍的含腐殖酸水溶肥料、稀释1500倍的活力钾混合溶液2~4次，间隔20天。

第四节 设施豆类蔬菜科学施肥

我国北方栽培的豆类蔬菜主要有菜豆和豇豆，其次为蚕豆、豌豆、毛豆和扁豆。其他豆类蔬菜多分布于南方。设施豆类蔬菜以菜豆和豇豆为主。

一、设施菜豆科学施肥

菜豆的主要设施栽培方式有：一是春提早栽培，主要采用塑料大棚、日光温室等设施。二是秋延迟栽培，主要采用塑料大棚等设施。三是越冬长季栽培，主要采用日光温室或连栋温室等设施。

1. 春提早设施栽培菜豆科学施肥

菜豆春提早设施栽培一般在2月上旬播种育苗，3月上旬移栽定植，4月中旬上市，6月上旬采收完毕。

（1）基肥 一般结合整地将基肥撒匀后翻耕25~30厘米整地起垄或

做畦，以备播种。每亩施生物有机肥200~250千克或商品有机肥料350~400千克或无害化处理过的有机肥料2500~3000千克，每亩配施总养分含量为45%的三元平衡肥50~60千克或总养分含量为48%的腐殖酸高效缓释肥40~50千克或总养分含量为40%的硫基长效缓释复混肥50~60千克。

（2）根际追肥　一般追施催蔓或花蕾肥、结荚肥。

1）催蔓或花蕾肥。蔓生菜豆进入伸蔓期、矮生菜豆呈现花蕾时，结合浇水施肥1次。每亩施总养分含量为45%的三元平衡肥20~25千克或总养分含量为48%的腐殖酸高效缓释肥20~25千克或总养分含量为45%的腐殖酸长效缓释肥20~25千克或磷酸二铵15~20千克或尿素5~7千克+过磷酸钙15~20千克。

2）结荚肥。开花结荚期是肥水管理的关键时期，应重施追肥。一般追施2~3次，间隔10~15天。每次每亩施总养分含量为45%的三元平衡肥15~20千克或总养分含量为48%的腐殖酸高效缓释肥15~20千克或总养分含量为45%的腐殖酸长效缓释肥15~20千克或磷酸二铵10~15千克或尿素4~6千克+过磷酸钙15~20千克。

（3）叶面追肥　菜豆进入结荚期后，叶面喷施稀释500~600倍的含氨基酸螯合钼锌硼水溶肥料、稀释1500倍的活力钾混合溶液1次。每采收1~2次豆荚，叶面喷施稀释1500倍的活力钙、稀释1500倍的活力钾混合溶液1次。

2. 秋延迟设施栽培菜豆科学施肥

菜豆秋延迟设施栽培一般在7月中下旬~8月上中旬播种，采收期在9月中下旬~12月中下旬。秋延迟设施菜豆水肥管理原则是：干花湿荚、前控后促，花前少施肥，花后多施肥，结荚期重施，氮、磷、钾肥配合施用，重施钾肥。

（1）基肥　一般结合整地将基肥撒匀后翻耕25~30厘米整地起垄或做畦，以备播种。每亩施生物有机肥150~200千克或商品有机肥料200~300千克或无害化处理过的有机肥料1500~2000千克，每亩配施总养分含量为45%的三元平衡肥40~50千克或总养分含量为48%的腐殖酸高效缓释肥35~40千克或总养分含量为40%的硫基长效缓释复混肥40~50千克。

（2）根际追肥　一般追施上架肥、花荚肥、防早衰肥。

1）上架肥。菜豆进入伸蔓期后，蔓生品种应在搭架时结合浇水施肥1次。每亩施总养分含量为45%的三元平衡肥10~15千克或总养分含量为48%的腐殖酸高效缓释肥10~15千克或总养分含量为45%的腐殖酸长效缓释肥10~

15千克，也可每亩冲施腐熟稀粪水1000~1500千克或沼液1000~1500千克。

2）花荚肥。一般追施2~3次，间隔10~15天。每次每亩施总养分含量为45%的三元平衡肥25~30千克或总养分含量为48%的腐殖酸高效缓释肥25~30千克或总养分含量为45%的腐殖酸长效缓释肥25~30千克或尿素4~6千克和磷酸二铵15~20千克或尿素10~15千克+硫酸钾15~20千克。

3）防早衰肥。菜豆进入采摘后期后，茎叶生长缓慢，结荚率低，畸形荚和短荚增多，此时若缺肥水，植株易早衰，可每隔5~7天追施1次肥料，延长采收期。每次每亩施无害化处理过的腐熟稀粪水600~800千克，也可冲施沼液800~1000千克或高钾型大量元素水溶肥料10~15千克或硫酸钾型含腐殖酸水溶肥料10~15千克或含腐殖酸水溶肥料15~20千克或尿素5~7千克+硫酸钾4~6千克。

（3）叶面追肥 在苗期叶面喷施稀释500~600倍的含氨基酸水溶肥料或稀释500~600倍的含腐殖酸水溶肥料2次，间隔15天。在采收期每采收1~2次豆荚，叶面喷施稀释1500倍的活力钙、稀释1500倍的活力钾混合溶液1次。

3. 越冬长季设施栽培菜豆科学施肥

菜豆越冬长季设施栽培一般在10~11月播种，1月至春节前后开始采收。

（1）基肥 一般结合整地将基肥撒匀后翻耕25~30厘米整地起垄或做畦，以备播种。每亩施生物有机肥200~250千克或商品有机肥料350~400千克或无害化处理过的有机肥料2500~3000千克，每亩配施总养分含量为45%的三元平衡肥50~60千克或总养分含量为48%的腐殖酸高效缓释肥40~50千克或总养分含量为40%的硫基长效缓释复混肥50~60千克。

（2）根际追肥 一般追施催苗肥、花期肥、结荚肥、盛荚肥等。

1）催苗肥。播种后20~25天，菜豆开始花芽分化时，如果基肥施用不足，应及时追施第1次肥。每亩施总养分含量为45%的三元平衡肥8~10千克或总养分含量为48%的腐殖酸高效缓释肥8~10千克或总养分含量为45%的腐殖酸长效缓释肥8~10千克或尿素6~8千克+硫酸钾4~6千克。

2）花期肥。菜豆开花前结合浇水施肥1次，蔓生种应在抽蔓和搭架前进行。每亩施无害化处理过的腐熟稀粪水1000~1200千克或无害化处理过的沼液1000~1200千克或尿素8~10千克。

3）结荚肥。当第1批嫩荚长到2~3厘米时，结合浇水追肥1次。每亩施总养分含量为45%的三元平衡肥10~15千克或总养分含量为48%的

腐殖酸高效缓释肥 10~15 千克或总养分含量为 45%的腐殖酸长效缓释肥 10~15 千克或尿素 5~7 千克+硫酸钾 4~6 千克。

4）盛荚肥。菜豆进入盛荚期后，一般追施 1~2 次，间隔 10~15 天。每亩施总养分含量为 45%的三元平衡肥 8~10 千克或总养分含量为 48%的腐殖酸高效缓释肥 8~10 千克或总养分含量为 45%的腐殖酸长效缓释肥 8~10 千克或尿素 6~8 千克+硫酸钾 4~6 千克。

（3）叶面追肥　在苗期叶面喷施稀释 500~600 倍的含氨基酸水溶肥料或稀释 500~600 倍的含腐殖酸水溶肥料 2 次，间隔 15 天。菜豆进入结荚期后，叶面喷施稀释 500~600 倍的含氨基酸螯合钼锌硼水溶肥料、稀释 1500 倍的活力钾混合溶液 1 次。每采收 1~2 次豆荚，叶面喷施稀释 1500 倍的活力钙、稀释 1500 倍的活力钾混合溶液 1 次。

二、设施豇豆科学施肥

豇豆的主要设施栽培方式有：一是春提早栽培，主要采用塑料大棚、日光温室等设施。二是秋延迟栽培，主要采用塑料大棚等设施。三是越冬长季栽培，主要采用日光温室或连栋温室等设施。

1. 春提早设施栽培豇豆科学施肥

豇豆春提早设施栽培在华北地区多于 3 月上旬播种，在长江流域多于 3 月上旬播种，在南方地区多于 1 月上旬~2 月上旬播种。

（1）基肥　一般结合整地将基肥撒匀后进行耕翻整地起垄或做畦，以备播种。每亩施生物有机肥 150~200 千克或商品有机肥料 300~400 千克或无害化处理过的有机肥料 2000~3000 千克，每亩配施总养分含量为 45%的三元平衡肥 30~40 千克或总养分含量为 48%的腐殖酸高效缓释肥 30~40 千克或总养分含量为 40%的硫基长效缓释复混肥 30~40 千克。

（2）根际追肥　一般追施提苗肥、结荚肥、采收肥等。

1）提苗肥。一般在齐苗或定植缓苗后进行 1 次中耕、松土、施肥。每亩施总养分含量为 45%的三元平衡肥 8~10 千克或总养分含量为 48%的腐殖酸高效缓释肥 8~10 千克或总养分含量为 45%的腐殖酸长效缓释肥 8~10 千克，也可冲施腐熟稀粪水 1000~1200 千克或沼液 1000~1200 千克或尿素 3~5 千克。

2）结荚肥。第一花序坐荚后开始结合浇水追施第 1 次肥。每亩冲施高钾型大量元素水溶肥料 15~20 千克或硫酸钾型腐殖酸水溶肥料 20~25 千克或总养分含量为 45%的长效缓释复混肥 15~20 千克或含腐殖酸水溶肥料 20~25 千克或尿素 10~15 千克+硫酸钾 10~15 千克。

3）采收肥。豇豆进入结荚盛期后，应重施追肥。一般每采收 2 次豆荚追施 1 次肥料（或每采收 1 次追施肥料 1 次，但施肥量减半）。每次每亩冲施高钾型大量元素水溶肥料 20~25 千克，或硫酸钾型含腐殖酸水溶肥料 25~30 千克或总养分含量为 45%的长效缓释复混肥 20~25 千克或含腐殖酸水溶肥料 25~30 千克或尿素 12~15 千克+硫酸钾 12~15 千克。

（3）叶面追肥 在苗期叶面喷施稀释 500~600 倍的含氨基酸水溶肥料或稀释 500~600 倍的含腐殖酸水溶肥料 1 次。豇豆进入结荚期后，叶面喷施稀释 1500 倍的含活力硼水溶肥料、稀释 1500 倍的活力钾混合溶液 1 次。每采收 1~2 次豆荚，叶面喷施稀释 1500 倍的活力钾溶液 1 次。

2. 秋延迟设施栽培豇豆科学施肥

豇豆秋延迟设施栽培，北方的矮生品种在 7 月下旬播种，蔓生品种在 6 月下旬~7 月下旬播种；长江流域的矮生品种、蔓生品种均在 7 月底~8 月初播种；华南地区的多在 8 月上旬~9 月上旬播种。

（1）基肥 一般结合整地将基肥撒匀后进行翻耕整地起垄或做畦，以备播种。每亩施生物有机肥 150~200 千克或商品有机肥料 300~350 千克或无害化处理过的有机肥料 2000~2500 千克，每亩配施总养分含量为 45%的三元平衡肥 20~30 千克或总养分含量为 48%的腐殖酸高效缓释肥 20~30 千克或总养分含量为 40%的硫基长效缓释复混肥 20~30 千克。

（2）根际追肥 一般追施提苗肥、结荚肥、采收肥等。

1）提苗肥。一般在齐苗或定植缓苗后进行 1 次中耕、松土、施肥。每亩施总养分含量为 45%的三元平衡肥 6~8 千克或总养分含量为 48%的腐殖酸高效缓释肥 6~8 千克或总养分含量为 45%的腐殖酸长效缓释肥 6~8 千克，也可冲施腐熟稀粪水 500~800 千克或沼液 500~800 千克或尿素 2~3 千克。

2）结荚肥。在底荚长到 10 厘米时，重施 1 次肥。每亩冲施高钾型大量元素水溶肥料 15~20 千克或硫酸钾型含腐殖酸水溶肥料 20~25 千克或总养分含量为 45% 的长效缓释复混肥 15~20 千克或含腐殖酸水溶肥料 20~25 千克或尿素 10~15 千克+硫酸钾 10~15 千克。

3）采收肥。豇豆进入结荚盛期后，应重施追肥。一般每 7~10 天追施 1 次肥料，共追施 2 次。每次每亩冲施高钾型大量元素水溶肥料 10~15 千克或硫酸钾型含腐殖酸水溶肥料 15~20 千克或总养分含量为 45% 长效缓释复混肥 10~15 千克或含腐殖酸水溶肥料 15~20 千克或尿素 6~8 千克+硫酸钾 8~10 千克。

（3）叶面追肥　在苗期叶面喷施稀释500~600倍的含氨基酸水溶肥料或稀释500~600倍的含腐殖酸水溶肥料1次。豇豆进入结荚期后，叶面喷施稀释1500倍的含活力硼水溶肥料、稀释1500倍的活力钾混合溶液1次。每采收1~2次豆荚，叶面喷施稀释1500倍的活力钾溶液1次。

3. 越冬长季设施栽培豇豆科学施肥

豇豆越冬长季设施栽培，一般在8月上旬~10月上旬均可播种，在保温好的日光温室中进行。

（1）基肥　一般结合整地将基肥撒匀后进行翻耕整地起垄或做畦，以备播种。每亩施生物有机肥200~300千克或商品有机肥料400~500千克或无害化处理过的有机肥料3000~4000千克，每亩配施总养分含量为45%的三元平衡肥30~40千克或总养分含量为48%的腐殖酸高效缓释肥30~40千克或总养分含量为40%的硫基长效缓释复混肥30~40千克。

（2）根际追肥　一般追施提苗肥、结荚肥等。

1）提苗肥。一般在蔓生豇豆搭架前、矮生豇豆开花前施1次肥。每亩施总养分含量为45%的三元平衡肥6~8千克或总养分含量为48%的腐殖酸高效缓释肥6~8千克或总养分含量为45%的腐殖酸长效缓释肥6~8千克，也可冲施腐熟稀粪水500~700千克或沼液500~600千克或尿素4~5千克。

2）结荚肥。在结荚期每10~15天追施肥料1次。每次每亩冲施高钾型大量元素水溶肥料20~25千克或硫酸钾型含腐殖酸水溶肥料20~25千克或总养分含量为45%的长效缓释复混肥20~25千克或含腐殖酸水溶肥料20~25千克或尿素8~10千克+硫酸钾10~12千克。

（3）叶面追肥　在苗期叶面喷施稀释500~600倍的含氨基酸水溶肥料或稀释500~600倍的含腐殖酸水溶肥料1次。在采收期每采收1~2次豆荚，叶面喷施稀释1500倍的活力钾溶液1次。

（4）追施气肥　有条件的，在开花后，于晴天上午8~10时追施二氧化碳气肥，施后2小时适当通风。

第五节　设施葱蒜类蔬菜科学施肥

葱蒜类设施蔬菜主要包括韭菜、大蒜等。

一、设施大蒜科学施肥

设施栽培大蒜，主要是采收青蒜苗。设施栽培青蒜苗主要是在冬季以蒜头或剥瓣密植于温室、温床、拱棚等设施中进行生产的一种方式。

1. 基肥

栽培前，将基肥撒于地面，深翻20~25厘米，耙平做畦，然后开沟摆放蒜头或蒜瓣。每亩施生物有机肥300~400千克或商品有机肥料400~500千克或无害化处理过的有机肥料4000~5000千克，每亩施总养分含量为45%的腐殖酸硫基长效缓释肥30~40千克或总养分含量为40%的腐殖酸高效缓释肥40~50千克或总养分含量为53%的长效硫基配方肥30~40千克或腐殖酸型过磷酸钙20~30千克和硫酸钾15~20千克。

2. 冲施追肥

蒜苗一般不用追肥，每隔15~20天冲施1次肥料，每次每亩冲施高氮高钾型大量元素水溶肥料15~20千克或总养分含量为45%的硫酸钾型含腐殖酸水溶肥料15~20千克或总养分含量为45%的长效缓释复混肥15~20千克或含腐殖酸水溶肥料15~20千克或尿素8~10千克+硫酸钾10~15千克。

3. 叶面追肥

在蒜苗苗高20厘米时，叶面喷施稀释500~600倍的含氨基酸水溶肥料或稀释500~600倍的含腐殖酸水溶肥料、稀释500倍的生物活性钾肥1~2次，间隔15天。

二、设施韭菜科学施肥

设施栽培韭菜，利用日光温室、塑料大棚等设施，定植1次，采收2~3年，每年采收3~4刀。在长江流域、黄淮地区，当4月平均气温稳定回升10~15℃后，应揭膜降温。

1. 育苗养根

（1）育苗基肥　在春季播种前，每亩施生物有机肥200~250千克或商品有机肥料400~500千克或无害化处理过的有机肥料3000~5000千克，每亩施总养分含量为45%的腐殖酸硫基长效缓释肥10~15千克或总养分含量为40%的腐殖酸高效缓释肥10~150千克或总养分含量为53%长效硫基配方肥10~15千克或腐殖酸型过磷酸钙10~20千克+硫酸钾5~10千克。

（2）育苗追肥

1）在苗高10~15厘米时，每次每亩冲施高氮高钾型大量元素水溶肥料8~10千克或总养分含量为45%的硫酸钾型含腐殖酸水溶肥料6~8千克或总养分含量为45%的长效缓释复混肥6~8千克或含腐殖酸水溶肥料6~

8千克或总养分含量为50%的硫基长效水溶滴灌肥6~8千克或尿素4~6千克+硫酸钾5~7千克。

2）秋、冬季采收3~4刀后，入冬前追肥1次。每次每亩冲施高氮高钾型大量元素水溶肥料8~10千克或总养分含量为45%的硫酸钾型含腐殖酸水溶肥料8~10千克或总养分含量为45%的长效缓释复混肥料8~10千克或含腐殖酸水溶肥料10~15千克或总养分含量为50%的硫基长效水溶滴灌肥10~15千克或尿素6~8千克+硫酸钾6~8千克。

2. 移栽养根

在移栽前整地施肥，每亩施生物有机肥200~250千克或商品有机肥料400~500千克或无害化处理过的有机肥料3000~5000千克，每亩配施总养分含量为45%的腐殖酸硫基长效缓释肥20~30千克或总养分含量为40%的腐殖酸高效缓释肥20~30千克或53%的长效硫基配方肥20~30千克或腐殖酸型过磷酸钙20~30千克+硫酸钾10~15千克。

3. 扣膜后施肥管理

在韭菜生长前期，气温低，温室密闭，水分蒸发量少。一般浇足封冻水和追过肥的地块，在第1茬收割前不再追肥浇水。从第1茬收割开始，每次收割后马上松土。

1）在第1茬收割后，待长出新叶后浇水追肥，每亩冲施高氮高钾型大量元素水溶肥料10~15千克或总养分含量为45%的硫酸钾型含腐殖酸水溶肥料10~15千克或总养分含量为45%的长效缓释复混肥10~15千克或含腐殖酸水溶肥料15~20千克或总养分含量为50%的硫基长效水溶滴灌肥10~15千克或尿素4~6千克+硫酸钾5~7千克。

2）在第2~4茬收割后，待长出新叶后浇水追肥，每亩冲施高氮高钾型大量元素水溶肥料15~20千克或总养分含量为45%的硫酸钾型含腐殖酸水溶肥料15~20千克或总养分含量为45%的长效缓释复混肥15~20千克或含腐殖酸水溶肥料20~25千克或总养分含量为50%的硫基长效水溶滴灌肥15~20千克或尿素6~8千克+硫酸钾6~8千克。

4. 叶面追肥

在春季、秋季，可进行叶面喷肥。育苗养根或移栽养根期间叶面喷施稀释500~600倍的含氨基酸水溶肥料或稀释500~600倍的含腐殖酸水溶肥料2次，间隔20天。在每季收割后，于长出新叶后10天，叶面喷施稀释500~600倍的含氨基酸水溶肥料或稀释500~600倍的含腐殖酸水溶肥料、稀释500倍的活力钾混合液1次。

第六章

健康蔬菜生产科学施肥

健康蔬菜是指源于清洁的生态环境，在蔬菜生长期间或完成生长后的加工、运输过程中，无任何有毒有害物质残留，或将残留物质控制在对人体无害的范围之内的蔬菜产品及以此为原料的加工产品的总称。因此健康蔬菜生产除对生产环境有较为严格的质量要求外，对蔬菜产品生产过程中的施肥管理也有严格的规定。

第一节　健康（合格）蔬菜生产科学施肥

在 2018 年 11 月 20 日农业农村部农产品质量安全监管司组织召开的无公害农产品认证制度改革座谈会上，农产品质量安全监管司司长肖放表示，停止无公害农产品认证工作，在全国范围启动合格证制度试行工作。因此，本书以健康（合格）蔬菜代替过去的无公害蔬菜的说法。

一、健康（合格）蔬菜生产对产地环境的要求

健康（合格）蔬菜产地应选择生态条件良好，远离污染源，并具有可持续生产能力的农业生产区域。生产基地的大气、灌溉水、土壤质量符合国家或全国农业行业蔬菜健康（合格）产品产地环境相关标准，并定期对产地环境的空气质量、灌溉水质进行检测。

1. 健康（合格）蔬菜生产的环境空气质量

健康（合格）蔬菜产地应生态环境良好，空气质量好，不受污染物影响或污染物限量控制在允许范围内。健康（合格）蔬菜产地环境空气质量指标应符合表 6-1 的要求。

表 6-1　健康（合格）蔬菜产地环境空气质量指标

项目		指标			
		日平均		1 小时平均	
总悬浮颗粒物含量（标准状态）/(毫克/米^3)	≤	0. 30			
二氧化硫含量（标准状态）/(毫克/米^3)	≤	0. 15①	0. 25	0. 50①	0. 70
氟化物含量（标准状态）/(微克/米^3)	≤	1. 5②	7		

注：日平均是指任何 1 天的平均浓度，1 小时平均是指任何 1 小时的平均浓度。

① 菠菜、青菜、白菜、黄瓜、莴苣、南瓜、西葫芦等产地应满足此要求。

② 甘蓝、菜豆等产地应满足此要求。

2. 健康（合格）蔬菜生产的水环境质量

蔬菜生产除了对水的数量有一定要求外，更重要的是对水环境质量的要求，即生产用水不能含有污染物，特别是重金属和有毒有害物质，如汞、铅、镉、铬、酚、苯、氰等。健康（合格）蔬菜产地应生态环境良好，无或不受污染源影响或污染物限量控制在允许范围内。其对产地灌溉水质的要求见表 6-2。

表 6-2　健康（合格）蔬菜产地灌溉水质指标

项目		含量指标	
pH		5. 5~8. 5	
化学需氧量/(毫克/升)	≤	40①	150
总汞/(毫克/升)	≤	0. 001	
总镉/(毫克/升)	≤	0. 005②	0. 01
总砷/(毫克/升)	≤	0. 05	
总铅/(毫克/升)	≤	0. 05③	0. 10
铬（六价）/(毫克/升)	≤	0. 10	
氰化物/(毫克/升)	≤	0. 50	
粪大肠菌值/(个/升)	≤	40000④	

① 采用喷灌方式灌溉的菜田应满足此要求。

② 白菜、莴苣、茄子、蕹菜、芥菜、芜菁、菠菜的产地应满足此要求。

③ 萝卜、水芹的产地应满足此要求。

④ 采用喷灌方式灌溉的菜田，以及浇灌、沟灌方式灌溉的叶菜类菜田应满足此要求。

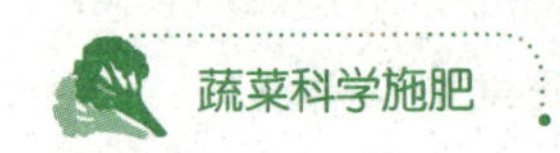

3. 健康（合格）蔬菜生产的土壤环境质量

健康（合格）蔬菜应当选择生态环境良好的区域，无污染、污染物限量在允许范围内，土壤质量指标应符合表 6-3 的要求。

表 6-3　健康（合格）蔬菜土壤质量指标

项目	含量指标/(毫克/千克)					
	pH<6.5		pH6.5～<7.5		pH≥7.5	
镉　≤	0.30		0.30		0.40①	0.60
汞　≤	0.25②	0.30	0.30②	0.50	0.35②	1.0
砷　≤	30③	40	25③	30	20③	25
铅　≤	50④	250	50④	300	50④	350
铬　≤	150		200		250	

注：本表所列含量限值适用于阳离子交换量大于 5 厘摩尔/千克的土壤；若土壤阳离子交换量小于或等于 5 厘摩尔/千克，其标准值为表内数值的半数。

① 白菜、莴苣、茄子、蕹菜、芥菜、苋菜、芜菁、菠菜的产地应满足此要求。

② 菠菜、韭菜、胡萝卜、白菜、菜豆、甜椒的产地应满足此要求。

③ 菠菜、胡萝卜的产地应满足此要求。

④ 萝卜、水芹的产地应满足此要求。

二、健康（合格）蔬菜生产的肥料选用

生产健康（合格）蔬菜，对所施用的肥料有较严格的要求。

1. 允许施用的肥料

健康（合格）蔬菜生产中允许使用的肥料种类有有机肥料、无机肥料、微生物肥料、叶面肥料、微量元素肥料、复合（混）肥料、其他肥料等。

（1）农家肥　农家肥是就地取材、就地使用的各种有机肥料，由含有大量生物物质的动植物残体、排泄物、生物废物等积制而成，包括厩肥（猪、牛、羊、马、鸡、鸭、鹅、兔、鸽等粪尿肥）、堆肥、沤肥、未经污染的泥肥、各种饼肥等。此外还包括绿肥和作物秸秆肥，其中作物秸秆肥最好经过发酵。

（2）商品有机肥料、有机复合肥　商品有机肥是以生物物质、动植物残体和排泄物、生物废弃物等为原料加工制成的肥料。有机复合肥是在有机肥制造过程中加入允许施用的化肥制成的肥料。

(3) 沼气肥 沼气肥指沼气发酵产生的沼渣、沼液。其中，沼渣要经过检测，重金属含量不超标。

(4) 腐殖酸类肥料 腐殖酸类肥料是以泥炭、褐煤、风化煤为原料生产的肥料。腐殖酸类肥料主要有腐殖酸铵、腐殖酸钾、腐殖酸钠及腐殖酸复合肥、含腐殖酸水溶肥料等。腐殖酸较能抗微生物分解，是一种缓效的有机肥料。

(5) 微生物肥料 根据微生物肥料对改善植物营养元素的不同，可分成根瘤菌肥料、固氮菌肥料、磷细菌肥料、硅酸盐细菌肥料、功能性微生物菌剂、复合微生物肥料。这类肥料无毒无害，通过微生物活动改善土壤营养或产生植物激素促进蔬菜生长。

(6) 化肥 化肥是矿物经物理或化学工业方式制成，养分呈无机盐形式的肥料，包括矿物钾肥和硫酸钾、矿物磷肥（磷矿粉）、煅烧磷酸盐（钙镁磷肥、脱氟磷肥）、石灰、石膏、硫黄等。

(7) 叶面肥料 叶面肥料是以大量元素、微量元素、氨基酸、腐殖酸为主配制的叶面喷施肥料，喷施于植物叶片并能被其吸收利用，包括含微量元素的叶面肥料和含植物生长辅助物质的叶面肥料等。叶面肥料中不得含有化学合成的生长调节剂。

(8) 微量元素肥料 微量元素肥料是以铜、铁、锌、锰、硼、钼等微量元素为主配制的肥料。

(9) 复合（混）肥料 复合（混）肥料主要指以氮、磷、钾中2种及2种以上的肥料按科学配方配制而成的有机和无机复合（混）肥料。

(10) 其他肥料 包括不含合成添加剂的食品、纺织工业的有机副产品；不含防腐剂的鱼渣，猪、牛、羊毛肥料，骨粉，氨基酸残渣，骨胶废渣，家畜加工废料等有机物制成的肥料；有机食品、绿色食品生产允许使用的其他肥料。

2. 限量、限制施用的肥料

限量施用氮素化肥、含氮复合肥，应使有机氮和无机氮之比达到1∶1左右；秸秆还田允许施用少量氮素化肥调节碳氮比。限制施用含氯复合肥。

3. 禁止施用的肥料

硝态氮肥禁止施用。劣质磷肥中含有有害金属和三氯乙醛，会造成土壤污染，也不能施用。

所有的商品肥料必须按照国家规定施用，禁止使用未在国家或省级农业部门登记或备案的肥料。

三、健康（合格）蔬菜生产的肥料施用原则

健康（合格）蔬菜生产时必须选用允许施用的肥料种类，并遵循以下原则。

1. 增施有机肥料，有机无机相结合

实践证明，蔬菜增施有机肥料，能够提供各种矿质营养和有机营养，改善蔬菜田土壤理化性状，提高化肥肥效，提高设施栽培的二氧化碳浓度，改善蔬菜品质。因此，要广辟肥源，施用各种有机肥料。要重视有机肥料的施用，根据生长发育期施肥，合理搭配氮、磷、钾肥，视蔬菜品种、产量水平、长势、天气等因素调整施肥计划；合理分配现有的有机肥料资源，将其重点分配在健康（合格）蔬菜生产上；加强有机肥料养分再循环，开发利用城市有机肥源，生产商品有机肥料；推广秸秆堆腐技术，缓解有机肥料肥源和钾肥资源的不足。

现阶段，单纯依靠有机肥料支撑健康（合格）蔬菜的生产，是远远不能满足人民日益增长的物质生活需求的。因此，有机肥料与无机肥料配合施用，是实现健康（合格）蔬菜大面积、大批量生产的根本。有机肥料与化肥配合使用，有利于土壤有机质更新，激发原有腐殖质的活性，提高土壤阳离子交换量；有利于提高土壤酶的活性，增加蔬菜对养分的吸收性能、缓冲性能和蔬菜抗逆性能；有利于协调氮的均衡、稳定、长效供应，提高氮、磷、钾肥利用率，缓解施肥比例失调状况；有利于改善蔬菜品质，提高蛋白质、氨基酸等营养成分含量，减少蔬菜中的硝酸盐、亚硝酸盐含量。

2. 平衡矿质营养，增施钙、硼肥

根据研究，蔬菜对氮、磷、钾三要素的吸收量最多，还需要吸收较多的钙、镁，对铁、锌、硼等微量元素也需要吸收一定的量。其中，蔬菜对钙、硼的需求明显较其他蔬菜敏感。要根据菜田的生态条件、土壤肥力及肥料利用率，做到控氮、稳磷、增钾，补钙、硼等中、微量元素，达到平衡施肥。有机肥料中一般含氮较多，含磷、钾较少，而蔬菜是喜钾作物，需钾量明显高于其他农作物。因此，施用有机肥料时应适当补钾；施用三元复合肥时，应选用高钾型三元复合肥，满足蔬菜对钾的需求。

3. 补施中、微量元素肥料，推广水肥一体化技术

对土壤酸性较强的菜田和设施菜田，适量施用石灰、钙镁磷肥来调节土壤酸碱度和补充相应养分；采用适宜的施肥方法，有针对性地施用中、

微量元素肥料，预防裂果；施肥与其他管理措施相结合，有条件的采用水肥一体化技术，遵循少量多次的灌溉施肥原则。

四、露地栽培健康（合格）蔬菜科学施肥应用

这里以莴苣为例，来说明露地栽培健康（合格）蔬菜的科学施肥。莴苣分为叶用莴苣和茎用莴苣。

1. 露地栽培健康（合格）叶用莴苣施肥技术

（1）基肥　春季、秋季露地栽培莴苣宜做平畦，因此基肥施用应撒施后翻耕入土、耙平做畦。在每亩施生物有机肥 200～300 千克或无害化处理过的有机肥料 2500～3000 千克的基础上，再根据当地肥源情况，可选择下列肥料之一配合施用：每亩施莴苣有机型专用肥 40～50 千克或腐殖酸型过磷酸钙 40～50 千克+腐殖酸含促生菌生物复混肥（20-0-10）40～50 千克或腐殖酸高效缓释肥（16-5-24）30～40 千克或腐殖酸包裹尿素 12～15 千克+腐殖酸型过磷酸钙 30～40 千克+大粒钾肥 20～30 千克。

（2）追肥　叶用莴苣定植后一般进行 3 次追肥，分别在缓苗后、团棵期、叶秋合抱时进行。根据当地肥源情况，可选择下列肥料组合之一：每次每亩施莴苣有机型专用肥 15～20 千克或腐殖酸高效缓释肥（16-5-24）8～10 千克或腐殖酸包裹尿素 10～12 千克+大粒钾肥 8～10 千克。

（3）叶面追肥　莴苣缓苗后 7～10 天，叶面喷施稀释 500～600 倍的含氨基酸水溶肥料或稀释 500～600 倍的含腐殖酸水溶肥料 1 次。在团棵期，叶面喷施稀释 500～600 倍的含氨基酸水溶肥料或稀释 500～600 倍的含腐殖酸水溶肥料、稀释 1500 倍的活力钾混合溶液 2 次，间隔 14 天。

2. 露地栽培健康（合格）茎用莴苣施肥技术

（1）基肥　春季、秋季露地栽培莴苣宜做平畦，因此基肥施用应撒施后翻耕入土、耙平做畦。在每亩施生物有机肥 200～300 千克或无害化处理过的有机肥料 2500～3000 千克的基础上，再根据当地肥源情况，可选择下列肥料之一配合施用：每亩施莴苣有机型专用肥 40～50 千克或腐殖酸型过磷酸钙 40～50 千克+腐殖酸含促生菌生物复混肥（20-0-10）40～50 千克或腐殖酸高效缓释肥（16-5-24）30～40 千克或腐殖酸包裹尿素 12～15 千克+腐殖酸型过磷酸钙 30～40 千克+大粒钾肥 20～30 千克。

（2）春莴苣追肥　春莴笋定植后一般进行 3 次追肥。第 1 次追肥在定植缓苗后，每亩施腐殖酸包裹尿素 8～10 千克或莴苣有机型专用肥 10～15 千克。第 2 次追肥在第 2 年返青后，此时莴苣的叶面积迅速增大呈莲座

状，每亩施腐殖酸包裹尿素12~15千克或莴苣有机型专用肥15~20千克。第3次在茎部肥大速度加快时，每亩施腐殖酸包裹尿素12~15千克+大粒钾肥10~15千克或莴苣有机型专用肥15~20千克。此期施肥可少施、勤施，以防茎部裂口。

（3）秋莴苣追肥 秋莴苣一般在6月以后播种，生长期长达3个月左右，一般进行3次追肥。第1次在缓苗后，每亩施腐殖酸包裹尿素8~10千克或莴苣有机型专用肥10~15千克。第2次追肥在团棵时，每亩施腐殖酸包裹尿素10~12千克+缓效磷酸二铵10~15千克或莴苣有机型专用肥15~20千克。第3次在封垄以前、茎部开始肥大时，每亩施腐殖酸包裹尿素10~12千克+大粒钾肥8~10千克或莴苣有机型专用肥12~15千克。

（4）叶面追肥 莴苣缓苗后7~10天，叶面喷施稀释500~600倍的含氨基酸水溶肥料或稀释500~600倍的含腐殖酸水溶肥料1次。在团棵期，叶面喷施稀释500~600倍的含氨基酸水溶肥料或稀释500~600倍的含腐殖酸水溶肥料、稀释1500倍的活力钾混合溶液2次，间隔14天。

五、设施栽培健康（合格）蔬菜科学施肥应用

这里以丝瓜为例来说明设施栽培健康（合格）蔬菜的科学施肥。丝瓜的主要设施栽培方式有：一是春提早栽培，主要采用塑料大棚、日光温室等设施。二是秋延迟栽培，主要采用日光温室等设施。三是越冬长季栽培，主要采用日光温室等设施。

1. 春提早设施栽培健康（合格）丝瓜施肥技术

丝瓜春提早设施栽培，一般在2月中旬~3月初播种；苗龄30~35天，瓜苗长出“二叶一心”至“三叶一心”时定植，即3月中旬~4月上旬定植；5月中下旬开始采收。

（1）基肥 丝瓜可以采用沟植和穴植方式栽培。根据当地肥源情况，在每亩施生物有机肥300~400千克或无害化处理过的有机肥料3000~4000千克的基础上，再选择下列肥料之一配合施用：每亩施丝瓜有机型专用肥40~50千克或腐殖酸型过磷酸钙20~30千克+腐殖酸含促生菌生物复混肥（20-0-10）40~50千克或腐殖酸高效缓释肥（20-9-11）30~40千克或硫基长效缓释复混肥（17-6-17）35~45千克或腐殖酸包裹尿素15~20千克+腐殖酸型过磷酸钙20~30千克+大粒钾肥20~25千克。

（2）根际追肥 主要追施提苗肥、膨瓜肥、盛瓜肥等。

1）提苗肥。丝瓜抽蔓后结合浇水追施1次提苗肥。根据当地肥源情

况，可选择下列肥料组合之一：每次每亩施腐殖酸包裹尿素 10~12 千克或无害化处理过的腐熟稀粪水 1200~1500 千克。

2）膨瓜肥。丝瓜开花坐瓜后，追施 1 次膨瓜肥。根据当地肥源情况，可选择下列肥料组合之一：每亩施丝瓜有机型专用肥 12~15 千克或腐殖酸含促生菌生物复混肥（20-0-10）12~15 千克或腐殖酸高效缓释肥（20-9-11）10~12 千克或腐殖酸长效缓释肥（17-6-17）10~12 千克或腐殖酸包裹尿素 10~12 千克+大粒钾肥 10~15 千克。

3）盛瓜肥。丝瓜进入采收期后，每采收 2~3 次追肥 1 次，特别是在盛瓜期重施追肥。根据当地肥源情况，可选择下列肥料组合之一：每次每亩施丝瓜有机型专用肥 8~10 千克或腐殖酸含促生菌生物复混肥（20-0-10）8~10 千克或腐殖酸高效缓释肥（20-9-11）7~9 千克或腐殖酸长效缓释肥（17-6-17）7~9 千克或腐殖酸包裹尿素 5~7 千克+大粒钾肥 8~10 千克。

（3）叶面追肥　在丝瓜伸蔓期，叶面喷施稀释 500~600 倍的含氨基酸水溶肥料或稀释 500~600 倍的含腐殖酸水溶肥料、稀释 1500 倍的活力硼混合溶液 1 次。在结瓜盛期，叶面喷施稀释 500~600 倍的含氨基酸水溶肥料或稀释 500~600 倍的含腐殖酸水溶肥料、稀释 1500 倍的活力钾混合溶液 2~4 次，间隔 20 天。

2. 秋延迟设施栽培健康（合格）丝瓜施肥技术

丝瓜秋延迟设施栽培，一般在 7 月中下旬~8 月上中旬播种，3 月下旬~9 月中旬定植，10 月中下旬开始采收。但夏季和秋季栽培时，丝瓜生长期遇高温，雨水少且秋风渐起，极易造成苗蔓生长不旺、结果少、病虫多，因此对施肥管理的要求较高。

（1）基肥　夏、秋季栽培丝瓜一般少施基肥，在定植前 7~10 天翻晒土壤，沟施基肥，整平做畦。根据当地肥源情况，在每亩施生物有机肥 200~300 千克或无害化处理过的有机肥料 2000~3000 千克的基础上，再选择下列肥料之一配合施用：每亩施丝瓜有机型专用肥 25~30 千克或腐殖酸型过磷酸钙 10~15 千克+腐殖酸含促生菌生物复混肥（20-0-10）25~30 千克或腐殖酸高效缓释肥（20-9-11）20~25 千克或硫基长效缓释复混肥（17-6-17）20~25 千克或腐殖酸包裹尿素 12~15 千克+腐殖酸型过磷酸钙 15~20 千克+大粒钾肥 10~15 千克。

（2）根际追肥　主要追施活棵肥、催蔓肥、初瓜肥、盛瓜肥等。

1）活棵肥。对于带土定植的秧苗，浇定植水时即可施 1 次提苗肥。根据当地肥源情况，可选择下列肥料组合之一：每亩施丝瓜有机型专用肥

5~7千克或腐殖酸含促生菌生物复混肥（20-0-10）5~7千克或腐殖酸高效缓释肥（20-9-11）4~6千克或腐殖酸长效缓释肥（17-6-17）4~6千克或腐殖酸包裹尿素5~7千克。

2）催蔓肥。待蔓快速生长时，追施1次催蔓肥。根据当地肥源情况，可选择下列肥料组合之一：每亩施腐殖酸包裹尿素3~5千克或无害化处理过的腐熟稀粪水500~600千克。

3）初瓜肥。丝瓜开始结瓜后，追施1次初瓜肥。根据当地肥源情况，可选择下列肥料组合之一：每亩施丝瓜有机型专用肥8~10千克或腐殖酸含促生菌生物复混肥（20-0-10）8~10千克或腐殖酸高效缓释肥（20-9-11）7~9千克或腐殖酸长效缓释肥（17-6-17）7~9千克或腐殖酸包裹尿素5~7千克+大粒钾肥8~10千克。

4）盛瓜肥。丝瓜进入采收期后，每采收1~2次追肥1次，特别是在盛瓜期重施追肥。根据当地肥源情况，可选择下列肥料组合之一：每次每亩施丝瓜有机型专用肥7~9千克或腐殖酸含促生菌生物复混肥（20-0-10）7~9千克或腐殖酸高效缓释肥（20-9-11）6~8千克或腐殖酸长效缓释肥（17-6-17）6~89千克或腐殖酸包裹尿素3~5千克+大粒钾肥5~7千克。

（3）叶面追肥 在丝瓜伸蔓期，叶面喷施稀释500~600倍的含氨基酸水溶肥料或稀释500~600倍的含腐殖酸水溶肥料、稀释1500倍的活力硼混合溶液1次。在结瓜盛期，叶面喷施稀释500~600倍的含氨基酸水溶肥料或稀释500~600倍的含腐殖酸水溶肥料、稀释1500倍的活力钾混合溶液2~4次，间隔20天。

3. 越冬长季设施栽培健康（合格）丝瓜施肥技术

丝瓜越冬长季设施栽培，一般在9~10月育苗，10~12月定植，第2年2月初开始采收，可延长到8~9月拉秧。

（1）基肥 丝瓜可以采用沟植和穴植的方式栽培。根据当地肥源情况，在每亩施生物有机肥300~500千克或无害化处理过的有机肥料3000~5000千克的基础上，再选择下列肥料之一配合施用：每亩施丝瓜有机型专用肥50~60千克或腐殖酸型过磷酸钙30~40千克+腐殖酸含促生菌生物复混肥（20-0-10）50~60千克或生腐殖酸高效缓释肥（20-9-11）40~50千克或硫基长效缓释复混肥（17-6-17）40~50千克或腐殖酸包裹尿素20~25千克+腐殖酸型过磷酸钙40~50千克+大粒钾肥20~30千克。

（2）根际追肥 主要追施蔓叶肥、膨瓜肥、盛瓜肥等。

1）蔓叶肥。丝瓜抽蔓后，结合浇水追施1次蔓叶肥。根据当地肥源

情况，可选择下列肥料组合之一：每亩施腐殖酸包裹尿素 10~12 千克或无害化处理过的腐熟稀粪水 1200~1500 千克。

2）膨瓜肥。丝瓜开花坐瓜后，追施 1 次膨瓜肥。根据当地肥源情况，可选择下列肥料组合之一：每亩施丝瓜有机型专用肥 15~18 千克或腐殖酸含促生菌生物复混肥（20-0-10）15~18 千克或腐殖酸高效缓释肥（20-9-11）12~15 千克或腐殖酸长效缓释肥（17-6-17）12~15 千克或腐殖酸包裹尿素 12~15 千克+大粒钾肥 12~15 千克。

3）盛瓜肥。丝瓜进入采收期后，每采收 2~3 次追肥 1 次，特别是在盛瓜期重施追肥。根据当地肥源情况，可选择下列肥料组合之一：每次每亩施丝瓜有机型专用肥 8~10 千克或腐殖酸含促生菌生物复混肥（20-0-10）8~10 千克或腐殖酸高效缓释肥（20-9-11）7~9 千克或腐殖酸长效缓释肥（17-6-17）7~9 千克或腐殖酸包裹尿素 5~7 千克+大粒钾肥 8~10 千克。

（3）叶面追肥　在丝瓜伸蔓期，叶面喷施稀释 500~600 倍的含氨基酸水溶肥料或稀释 500~600 倍的含腐殖酸水溶肥料、稀释 1500 倍的活力硼混合溶液 1 次。在结瓜盛期，叶面喷施稀释 500~600 倍的含氨基酸水溶肥料或稀释 500~600 倍的含腐殖酸水溶肥料、稀释 1500 倍的活力钾混合溶液 2~4 次，间隔 20 天。

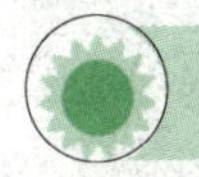

第二节　绿色蔬菜生产科学施肥

绿色蔬菜是无污染的安全、优质、营养的蔬菜。合理施用肥料是生产绿色蔬菜的重要环节，对肥料种类和施用方法的规范要求，不仅是为了保证绿色食品的品质，同时也是为了更好地保护产地生产环境和再生产能力，节省资源能源，逐步提升菜田土壤肥力，提高蔬菜品质，改善生态环境。

一、绿色蔬菜生产对产地环境的要求

1. 绿色蔬菜生产对产地土壤质量的要求

绿色蔬菜生产要求产地土壤元素含量位于土壤元素背景值的正常区域，周围没有金属或非金属矿山，并且没有农药残留污染，同时要求有较高的土壤肥力。要求各污染物含量不应超过表 6-4 所列的限制，同时土壤中的六六六、滴滴涕（DDT）含量不能超过 0.1 毫克/千克。为了促进生产者增施有机肥料，培肥地力，建议转化后的绿色食品用地的土壤肥力应达到土壤肥力分级中 1~2 级的参考指标（表 6-5）。

表 6-4 绿色蔬菜土壤质量指标

项目	含量指标（最大值）/(毫克/千克)		
	pH<6. 5	pH 6. 5~<7. 5	pH≥7. 5
总汞	0. 25	0. 350	0. 35
总砷	25	20	20
总铅	50	50	50
总镉	0. 30	0. 30	0. 60
总铬	120	120	120
总镉	0. 30	0. 30	0. 40
总铜	50	60	605

表 6-5 土壤肥力分级参考指标

项目	参考指标		
	1 级	2 级	3 级
有机质含量/(克/千克)	>20	15~20	<15
全氮含量/(克/千克)	>1. 0	0. 8~1. 0	<0. 8
有效磷含量/(毫克/千克)	>10	5~10	<5
有效钾含量/(毫克/千克)	>100	50~100	<50
阳离子交换量/(厘摩尔/千克)	>15	5~15	<5
土壤质地	轻壤	沙壤、中壤	沙土、黏土

2. 绿色蔬菜生产对灌溉水质的要求

绿色蔬菜生产用水质量要有保证；产地应选择在地表水、地下水水质清洁无污染的地区；水域、水域上游没有对该产地构成威胁的污染源；生产用水质量符合绿色食品水质环境质量标准，可根据当地实际情况，参考表 6-6。

表 6-6 绿色蔬菜产地灌溉水质指标

项目	指标	项目	指标
氯化物含量/(毫克/升)	≤250	铅含量/(毫克/升)	≤0. 10
粪大肠菌值/(个/升)	≤10000	镉含量/(毫克/升)	≤0. 005
氟化物含量/(毫克/升)	≤2. 0	铬（六价）含量/(毫克/升)	≤0. 10
总汞含量/(毫克/升)	≤0. 001	石油类含量/(毫克/升)	≤10
砷含量/(毫克/升)	≤0. 05	pH	5. 5~8. 5

二、绿色蔬菜生产的肥料选用

施用肥料必须满足蔬菜对营养元素的需要，使足够数量的有机物质返回土壤，以保持或增强土壤肥力及土壤生物活性。所有有机肥料或无机肥料，尤其是富含氮的肥料，对环境和蔬菜（营养、味道、品质和植物抗性）不产生不良后果方可施用。

1. AA 级绿色蔬菜生产的肥料施用要求

（1）允许施用的肥料

1）农家肥，如厩肥、堆肥、沤肥、沼气肥、绿肥、饼肥、作物秸秆肥等。

2）在以上肥料不能满足 AA 级绿色蔬菜生产需要时，允许施用商品肥料，如商品有机肥料、有机无机复混肥料、腐殖酸类肥料、微生物肥料、无机肥料等。无机肥料只能施用矿物经物理或化学工业方法制成，养分是无机盐形式和无机矿质的肥料，如硫酸钾、磷矿粉、钙镁磷肥、石灰、石膏、硫黄等。

温馨提示

① 可采用秸秆还田、过腹还田、直接翻压还田、覆盖还田等形式，增加土壤肥力；利用覆盖、翻压、堆沤等方式合理利用绿肥。绿肥应在盛花期翻压，翻压深度为 15 厘米左右，盖土要严，翻后耙匀，压青后 15~20 天才能进行播种或移苗。

② 腐熟的沼液、沼渣及人、畜粪尿可用作追肥。

③ 微生物肥料可用于拌种，也可作为基肥和追肥施用。微生物肥料中有效活菌的数量应符合 NY/T 227—1994《微生物肥料》中的技术指标。

④ 叶面肥料质量应符合 GB/T 17419—2018《含有机质叶面肥料》或 GB/T 17420—2020《微量元素叶面肥料》的技术要求。

（2）禁止施用的肥料　禁止施用任何化学合成肥料；禁止施用城市的垃圾和污泥、医院的粪便垃圾和含有毒物质（如毒气、病原微生物、重金属等）的垃圾；严禁施用未腐熟的人粪尿；严禁施用未腐熟的饼肥。

2. A 级绿色蔬菜生产的肥料施用要求

（1）允许施用的肥料　允许施用的肥料包括 AA 级绿色蔬菜生产允许施用的肥料种类。

在AA级绿色蔬菜生产允许施用的肥料不能满足A级绿色蔬菜生产需要的情况下，允许施用掺混肥料（有机氮和无机氮之比不超过1∶1）。

在前面两项的肥料不能满足生产需要时，允许化肥（氮、磷、钾肥）与有机肥料混合施用，但有机氮与无机氮之比不超过1∶1。化肥也可与有机肥料、复合微生物肥配合施用。对前面所提到的掺混肥料，对蔬菜最后一次追肥必须在采收前30天进行；城市生活垃圾一定要经过无害化处理，质量达到相关要求才能使用。

另外，对农家肥的堆制标准也有严格规定。生产绿色蔬菜的农家肥制作堆肥，必须经高温发酵，以杀灭各种寄生虫卵、病原菌和杂草种子，使之达到无害化卫生标准（表6-7、表6-8）。农家肥原则上应就地生产就地使用。商品肥料及新型肥料必须通过国家有关部门的登记、备案及生产许可，质量指标应达到国家有关标准的要求。

表6-7　高温堆肥卫生标准

编号	项目	卫生标准及要求
1	堆肥温度	最高堆温达50~55℃，持续5~7天
2	蛔虫卵死亡率	95%~100%
3	粪大肠菌值	0.01~0.1个/克
4	苍蝇	有效地控制苍蝇滋生，堆肥周围没有活的蛆、蛹或羽化的成蝇

表6-8　沼气肥卫生标准

编号	项目	卫生标准及要求
1	密封储存期	30天以上
2	高温沼气发酵温度	(52±2)℃，持续2天
3	寄生虫卵沉降率	95%以上
4	血吸虫卵和钩虫卵	使用粪液中不得检出活的血吸虫卵和钩虫卵
5	粪大肠菌值	普通沼气发酵为0.0001个/克，高温沼气发酵为0.0001~0.01个/克
6	蚊子、苍蝇	有效地控制蚊蝇滋生，粪液中无孑孓，池的周围无活的蛆、蛹或新羽化的成蝇
7	沼渣	经无害化处理后方可用作肥料

（2）禁止施用的肥料 禁止施用未经无害化处理的城市垃圾或含有金属、橡胶和有害物质的垃圾；未腐熟的人粪尿。禁止将硝态氮肥与有机肥料，或与复合微生物肥配合施用。

同时，因施肥造成土壤污染、水源污染，或影响蔬菜生长，蔬菜达不到食品安全卫生标准时，要停止使用该肥料，并向专门管理机构报告。

三、绿色蔬菜生产的肥料施用原则

从绿色食品“安全、优质、环保、可持续发展”的理念出发，绿色蔬菜生产施肥要遵循以下原则。

1. 可持续发展

绿色蔬菜生产中所施用的肥料应对环境无不良影响，有利于保护生态环境，保持或提高土壤肥力及土壤生物活性。要站在宏观战略高度，以整个农业生产安全、可持续的思想为本，秉持“循环经济、生态农业”的理念，通过倡导秸秆还田、增施有机肥料、提倡施用微生物肥料、减控化肥等具体措施，实现优质高产、培肥土壤、保护生态环境和农业可持续发展的目标。

2. 安全优质

绿色蔬菜生产中应使用安全、优质的肥料产品，生产安全、优质的绿色蔬菜。肥料的施用应对蔬菜的营养、味道、品质和植物抗性等不产生不良后果。

3. 化肥减控

在保障蔬菜营养有效供给的基础上减少化肥用量，兼顾元素之间的比例平衡，无机氮的用量不得高于当季蔬菜需求量的一半。因此，要在保证蔬菜需肥量的基础上，通过减少化肥用量，增施农家肥料、有机商品肥料、微生物肥料的用量，逐步改善蔬菜品质和生态环境。

4. 有机为主

绿色蔬菜生产过程中肥料种类的选取应以农家肥料、有机商品肥料、微生物肥料为主，化肥为辅。

四、绿色蔬菜科学施肥的要求

绿色蔬菜生产应选择高度熟化的土壤，菜田应耕性良好、土质疏松、保水保肥性强、不存在有害物质，施肥应遵循以下要求。

1. 创造一个良好的生态系统

充分利用本区域的有机肥源，合理循环使用有机物质，充分利用田间植物残余物、植株、动物的粪尿、厩肥及土壤中有益微生物群进行养分转化，不断增加土壤中有机质含量，提高土壤肥力。重施有机肥料，少施化肥。对农作物秸秆和畜禽粪便，要加入腐熟剂经过高温堆积发酵，使其充分腐熟后方可施入菜田。

2. 根据不同蔬菜需肥特点合理施肥

不同蔬菜由于生物学特性、栽培时间长短及采收部位不同，对肥料的要求不同，而且对土壤养分的吸收量也不同。例如，同样是叶菜类，大白菜比芫荽、菠菜的需肥量要多；同样是瓜类蔬菜，黄瓜对土壤的要求要比南瓜、冬瓜高得多。就是同一种蔬菜的不同品种，对肥料的要求差异也很大。一般来说，叶菜类蔬菜需氮较多，瓜果类蔬菜除需要足够的氮外，还需要较多的磷、钾。根据不同蔬菜对肥料的不同要求，做到有机肥料与无机肥料配合，氮、磷、钾肥合理配合，大量元素与微量元素肥料合理配合。

3. 注重有机肥料和生物肥料的施用

实践证明，施用有机肥料生产的蔬菜，产品品质优良、风味好，并且能够改善土壤物理性状，有利于生态平衡。在氮、磷、钾施用量相同的情况下，种植萝卜时，施用有机肥料比施化肥的菜体中的硝酸盐含量降低45%左右；种植芹菜时，施有机肥料的硝酸盐含量为744毫克/千克，施化肥的为1480毫克/千克。有机肥料可选择腐熟的厩肥、秸秆堆肥、豆科绿肥、商品有机肥料等。

生物肥料通常是由多种有益微生物组成的群体，内含淀粉酶、脂酶、纤维素酶、氧化还原酶等几十种不同的酶类，具有极其强大的透气性和发酵分解能力，能够催化分解作物秸秆等有机物质、土壤中难溶性矿物养分，可以降解菜田中残留的农药和肥料中有害物质，减轻土传病害的危害，还能大幅度提高蔬菜产量、改善品质。

4. 推广测土配方施肥、水肥一体化等科学施肥技术

实践证明，在测土配方的基础上合理施肥，促进蔬菜对养分的吸收，蔬菜产量可提高5%~20%或更高；平均每亩可节约氮3~5千克，每亩节本增效可达20元以上。在测土配方施肥条件下，蔬菜生长健壮，抗逆性增强，减少农药施用量，可降低化肥、农药对蔬菜及环境的污染。通过测土配方施肥技术，可实现合理用肥，科学施肥，从而改善蔬菜品质，维持土壤养分平衡，改善土壤理化性状。

实践证明，在保护地栽培蔬菜条件下，滴灌与畦灌相比，每亩大棚一季节水80~120米^3，节水率为30%~40%，氮肥利用率可达90%以上、磷

肥利用率达到70%、钾肥利用率达到95%。水肥一体化技术与常规施肥技术相比，可节省化肥30%~50%，并增产10%以上，每亩农药用量可减少15%~30%。应用水肥一体化技术种植的蔬菜，生长整齐一致，定植后生长恢复快、提早采收、采收期长、丰产优质、对环境气候变化适应性强，有利于实现标准化栽培。

第三节　有机蔬菜生产科学施肥

有机蔬菜的标准要求比绿色蔬菜高，从生产基地到生产过程，从加工过程到上市销售，都有非常严格的要求。

一、有机蔬菜生产对产地环境的要求

有机食品生产的产地环境条件比无公害和绿色食品生产更加严格。有机蔬菜生产基地应与其他生产区建立隔离区，防止非有机产品生产基地内有污染的灌溉水渗透到有机蔬菜生产基地内。并严禁在废水污染源（如重金属含量高的污灌区和被污染的河流、湖泊、水库和废水排放口，污水处理池，排污渠，有机生活垃圾、冶炼废渣、化工废渣、废化学药品附近等）周围建立有机蔬菜园，以免用于菜园灌溉的水受到这些污染源的污染，影响蔬菜的生长。有机蔬菜的灌溉用水必须清洁无污染，必须达到一定的标准，各项污染物限量应符合GB 5084—2005《农田灌溉水质标准》的规定（表6-9、表6-10）。

表6-9　有机蔬菜生产农田灌溉用水水质基本控制项目标准值

序号	项目		标准值（蔬菜）
1	五日生化需氧量/(毫克/升)	≤	40①，15②
2	化学需氧量/(毫克/升)	≤	100①，60②
3	悬浮物含量/(毫克/升)	≤	60①，15②
4	阴离子表面活性剂含量/(毫克/升)	≤	5
5	水温/℃	≤	25
6	pH		5.5~8.5
7	全盐量/(毫克/升)	≤	1000（非盐碱地区）， 2000（盐碱地区）

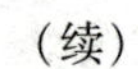
（续）

序号	项目		标准值（蔬菜）
8	氯化物含量/(毫克/升)	≤	350
9	硫化物含量/(毫克/升)	≤	1
10	总汞含量/(毫克/升)	≤	0.001
11	镉含量/(毫克/升)	≤	0.01
12	总砷含量/(毫克/升)	≤	0.05
13	铬（六价）含量/(毫克/升)	≤	0.1
14	铅含量/(毫克/升)	≤	0.2
15	粪大肠菌群数/(个/100毫升)	≤	2000[①]，1000[②]
16	蛔虫卵数/(个/升)	≤	2[①]，1[②]

① 加工烹调、去皮蔬菜。

② 生食类蔬菜、瓜类蔬菜。

表 6-10　有机蔬菜生产农田灌溉用水水质选择性控制项目标准值

序号	项目		标准值（蔬菜）
1	铜含量/(毫克/升)	≤	1
2	锌含量/(毫克/升)	≤	2
3	硒含量/(毫克/升)	≤	0.02
4	氟化物含量/(毫克/升)	≤	2（一般地区），3（高氟区）
5	氰化物含量/(毫克/升)	≤	0.5
6	石油类含量/(毫克/升)	≤	1
7	挥发酚含量/(毫克/升)	≤	1
8	苯含量/(毫克/升)	≤	2.5
9	三氯乙醛含量/(毫克/升)	≤	0.5
10	丙烯醛含量/(毫克/升)	≤	0.5

（续）

序号	项目		标准值（蔬菜）
11	硼含量/(毫克/升)	≤	1①（对硼敏感的蔬菜）， 2②（对硼耐受性较强的蔬菜）， 3③（对硼耐受性强的蔬菜）

① 对硼敏感的蔬菜，如黄瓜、豆类、马铃薯、笋瓜、韭菜等。

② 对硼耐受性较强的蔬菜，如甜椒、小白菜、葱等。

③ 对硼耐受性强的蔬菜，如萝卜、油菜、甘蓝等。

二、有机蔬菜生产的肥料选用

1. 有机蔬菜生产的肥料选用标准

根据 GB/T 19630—2019《有机产品 生产、加工、标识与管理体系要求》，有机蔬菜的生产过程应遵照特定的生产原则，在生产中不采用基因工程获得的生物及其产物，不使用的化学合成的农药、化肥、生长调节剂等物质；遵循自然规律和生态学原理，协调种植业和养殖业的平衡，保持生产体系持续稳定。在土壤培肥和改良过程中允许使用的物质见表 6-11。

表 6-11 有机蔬菜栽培允许使用的土壤培肥和改良物质

物质类别	物质名称、组分和要求	使用条件
植物和动物来源	植物材料（秸秆和绿肥等）	
	畜禽粪便及其堆肥（包括圈肥）	经过堆制并充分腐熟
	畜禽粪便和植物材料的厌氧发酵产品（沼肥）	
	海草或海草产品	仅直接通过下列途径获得： 物理过程，包括脱水、冷冻和研磨 用水或酸和/或碱溶液提取 发酵
	木料、树皮、锯屑、刨花、木灰、木炭	来自采伐后未经化学处理的木材，地面覆盖或经过堆制
	腐殖酸类物质（天然腐殖酸如褐煤、风化褐煤等）	天然来源，未经化学处理、未添加化学合成物质

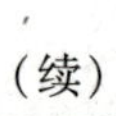

（续）

物质类别	物质名称、组分和要求	使用条件
植物和动物来源	动物来源的副产品（血粉、肉粉、骨粉、蹄粉、角粉等）	未添加禁用产品，经过充分腐熟和无害化处理
	鱼粉、虾蟹壳粉、皮毛、羽毛、毛发粉及其提取物	仅直接通过下列途径获得： 物理过程 用水或酸和/或碱溶液提取 发酵
	牛奶及乳制品	
	食用菌培养废料和蚯蚓培养基质	培养基的初始原料有限制，经过堆制
	食品工业副产品	经过堆制或发酵处理
	草木灰	作为薪柴燃烧后的产品
	泥炭	不含合成添加物。不应用于土壤改良；只允许作为盆栽基质使用
	饼粕	不能使用经化学方法加工的
矿物来源	磷矿石	天然来源，每千克五氧化二磷中镉含量小于或等于 90 毫克
	钾矿粉	天然来源，未通过化学方法浓缩。氯含量少于 60%
	硼砂	天然物来源、未经化学处理、未添加化学合成物质
	微量元素肥料	天然物来源、未经化学处理、未添加化学合成物质
	镁矿粉	天然物来源、未经化学处理、未添加化学合成物质
	硫黄	天然物来源、未经化学处理、未添加化学合成物质
	石灰石、石膏和白垩	天然物来源、未经化学处理、未添加化学合成物质

（续）

物质类别	物质名称、组分和要求	使用条件
矿物来源	黏土（如珍珠岩、蛭石等）	天然物来源、未经化学处理、未添加化学合成物质
	氯化钠	天然物来源、未经化学处理、未添加化学合成物质
	窑灰	未经化学处理、未添加化学合成物质
	碳酸钙镁	天然物来源、未经化学处理、未添加化学合成物质
	泻盐类	经化学处理、未添加化学合成物质
微生物来源	可生物降解的微生物加工副产品，如酿酒和蒸馏酒行业的加工副产品	未添加化学合成物质
	微生物及微生物制剂	非转基因，未添加化学合成物质

2. 有机蔬菜园的土壤消毒

有机菜园消毒主要依靠石灰氮消毒、高温闷棚消毒、施用生物菌有机肥消毒、药土消毒、喷淋或浇灌消毒、蒸汽热消毒等。

（1）石灰氮消毒　一般选择夏、秋季高温时节、蔬菜休闲期进行土壤消毒，处理时要求天气炎热、太阳光照强，并将菜田内前茬作物秸秆及杂物及时清理干净。每亩施用未腐熟有机物 1000~2000 千克、50%石灰氮颗粒剂 70~100 千克，均匀撒施地表，然后利用旋耕机翻耕入土，深度以 30~40 厘米为宜，然后做畦覆膜，从膜下浇水，封闭棚室闷棚。

（2）高温闷棚消毒（图 6-1）　利用太阳的能量烤棚是一种很好的土壤消毒方法。在夏季高温时节、设施栽培换茬之际，将温室大棚密闭，在土壤表面撒上碎稻草（每亩用量为 700~1000 千克）和生石灰（每亩用量为 500 千克），深翻土壤 30 厘米，使稻草、石灰、土壤均匀混合，然后起大垄，灌大水。并保持水层，盖严棚膜，密闭大棚 15~20 天。石灰遇水放热，促使稻草腐烂，而稻草腐烂也放热，再加上夏季天气炎热和大棚保温，白天棚内地温可达 55~60℃，25 厘米深的土层全天温度都在 50℃左右，半个月左右即可起到消毒土壤和除盐的作用。单独利用灌水闷棚或者生石灰闷棚也可以，但效果差一些。

（3）施用生物菌有机肥消毒 每亩细致喷洒生物菌剂 500～1000 克，或土施生物菌发酵的有机肥料。通过以上方法施入土壤中的大量有益菌，可抑制和杀灭土壤中的各种有害微生物，预防土传病害发生。

图 6-1 高温闷棚消毒

（4）药土消毒（图 6-2） 每平方米用 50%多菌灵可湿性粉剂 2 克或 50%甲基硫菌灵可湿性粉剂 8 克或 40%五氯硝基苯 8 克，兑水 2～3 千克后掺细土 5～6 千克，播种时做下垫土和上盖土，可有效防治多种真菌性病害。

图 6-2 药土消毒

（5）喷淋或浇灌消毒（图 6-3） 将 96%噁霉灵 3000 倍液用喷雾器喷淋于土壤表层，或直接灌溉到土壤中，使药液渗入土壤深层，可杀死土壤

中病原菌，防治苗期病害，效果显著。

图 6-3　喷淋或浇灌消毒

（6）蒸汽热消毒（图 6-4）　用蒸汽锅炉加热，通过导管把蒸汽热能送到土壤中，使土壤温度升高，杀死病原菌，以达到防治土传病害的目的。这种消毒方法要求的设备比较复杂，只适用于经济价值较高的蔬菜，并在苗床上小面积施用。此外，对于小面积的地块或苗床，也可以将配制好的培养土放在清洁的混凝土地面上、木板上或铁皮上，薄薄平摊，暴晒 10~15 天，这样做既可杀死大量病原菌和地下害虫，也有很好的消毒效果。

图 6-4　蒸汽热消毒

三、有机蔬菜科学施肥的原则

有机蔬菜在生产过程中施用有机肥料，并不说只要是有机肥料就可以随意施用或越多越好，施用时也要综合考虑，科学计划。

1. 营养平衡，有机为主

在有机生产基地从事蔬菜生产时，除了碳、氢、氧主要是靠水和二氧化碳提供外，其他主要营养元素则主要是靠土壤和施有机肥料供应。土壤有机质虽然只占土壤总质量的很小一部分，但它是体现土壤肥力水平的重要标志之一，其中重要的原因是土壤有机质中含有蔬菜所需的氮、磷、钾及中、微量元素等各种养分，随着土壤有机质的逐步分解，这些养分可被不断地释放出来，供蔬菜生长所需。此外，有机质还可通过影响土壤物理、化学和生物学性质，改善土壤的透水性、蓄水性、通气性、保肥性和蔬菜根系生长的环境，进而提高土壤肥力，改善土壤耕性。

2. 合理轮作，用养结合

合理轮作的目的，不仅仅是减轻病虫害的发生，还为肥料的合理施用打下基础。不同的蔬菜品种，其根系对土壤不同层养分的利用也不同，如南瓜、牛蒡、山药等可利用较深层的养分，大白菜、萝卜、番茄、辣椒等可利用较浅层的养分，黄瓜、大蒜、菠菜、小白菜等可利用的土层就更浅些。另外，不同的蔬菜品种，其对土壤中不同养分的需求利用也不同，如在轮作中安排芥菜、豌豆等，能吸收利用一般蔬菜所不能利用的磷、钾。另外，还可充分利用豆科植物的固氮特性，在轮作计划中安排一季豆科蔬菜。在有机蔬菜生产中，一方面可以通过自身系统内的种养结合，通过“养殖—沼气—种植”循环经济模式，归还土壤养分；另一方面还可以在种植计划中设计增加豆科绿肥，发挥豆科作物的固氮作用，补充土壤有机质和氮。

3. 综合效应，水肥协调

要充分认识到有机蔬菜在生产过程中受各种环境因子的综合影响，蔬菜的生长发育必须要有一个适宜的环境条件，如光照、温度、水分、养分、空气等。还要选择适宜的品种，采取相应的耕作、栽培和植物保护等措施。有机蔬菜能否丰产，关键在于上述因子的综合作用结果，施肥只是起到重要作用的一项技术措施。此外，还可充分利用因子间的交互作用，提高肥料的增产效果。必须根据每一块地的具体情况，对症下药，有针对性地采取相应措施，例如，对于常遇内涝的低洼地，必须解决水的问题；

对于酸性土壤，必须施用石灰质肥料。

菜田耕作层普遍较浅是新改造和垦殖有机菜田土壤的一个问题，这必然会影响到蔬菜根系的生长发育。在采取各种方法加深耕作层的同时，要保证肥料施用时的肥水同步和肥料施用后达到最佳效果，充分发挥水肥交互效应。

4. 因菜施肥，因肥施肥

不同的蔬菜品种对不同养分的需求不同，在安排施肥时，含氮比例高、肥效发挥较快的有机肥料如腐熟的沼液等应优先安排给叶菜类，而含钾较丰富的有机肥料如窑灰、草木灰等应优先安排给生长后期仍对钾需求较多的茄果类。蔬菜在不同生长时期的需肥特性也有不同，如苗期为培育壮苗，苗床应施用含磷高的肥料；基肥一般选用养分全面、肥效稳定的肥料，但对生长发育期短的品种而言，还应加入一些速效性肥料；进入旺盛生长阶段后，一般施用速效肥料，但也应有所区别，有的蔬菜施用含氮高的肥料即可，有的还需要补充一定的钾。

有机肥料含有丰富的有机物和各种营养元素，具有数量大、来源广、养分全面等优点，也同时存在脏、臭、不卫生、养分含量低、肥效慢、使用不方便等缺点。因此，了解常见有机肥料的特性及无害化处理方法，对于有机蔬菜科学施肥至关重要。

5. 科学培肥，安全施肥

有机菜田土壤培肥主要可以采取以下措施：增施有机肥料；因地种菜，对于新改造和垦殖的有机菜田，最初要栽培对水、肥条件要求比较低的蔬菜；合理轮作，有条件的还可实行菜、粮、饲轮作，或间套种短期绿肥如紫云英、苜蓿等，以改善菜田生态条件，建立合理的物质循环体系；深耕改土，新改造和垦殖的有机菜田土质一般较差，耕作层厚度仅为15厘米左右，栽培有机蔬菜茬次多、消耗大，应逐渐加深耕作层，改善其物理性状，深耕时间可安排在夏季、秋季蔬菜出园时，各深翻2次，使有机蔬菜生产基地的耕作层厚度达25~40厘米。培肥土壤是一个长期任务，不是短期能完成的，但只要各种措施得当，效果会相当明显，各地应因地制宜进行科学培肥。

有机蔬菜强调高品质、无污染，在肥料施用时，安全施肥，避免施肥造成对有机蔬菜生产体系和产品的污染始终是必须坚持的原则。在有机蔬菜生产过程中应尽量通过适当的耕作和栽培措施维持和提高土壤肥力；可施用有机肥料以维持和提高土壤肥力、营养平衡和土壤生物活性，同时避免过度施用有机肥，造成环境污染；不应在叶菜类、块茎类和块根类蔬菜上施用人粪尿，需要在其他蔬菜上使用时，应当进行充分腐熟和无害化处理，并不得与蔬菜的可食用部分接触；可使用溶解性小的天然矿物肥料，如磷矿石、钾矿粉、硼砂、微量元素、镁矿粉、硫黄、石灰石、石膏、白垩、黏土（如珍珠岩、蛭石等）、氯化钠、窑灰、碳酸钙镁、泻盐类等。

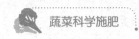

参考文献

[1] 程季珍，巫东堂，蓝创业. 设施无公害蔬菜施肥灌溉技术［M］. 北京：中国农业出版社，2013.

[2] 董印丽. 棚室蔬菜安全科学施肥技术［M］. 北京：化学工业出版社，2015.

[3] 高伟. 设施蔬菜施肥技术（瓜果类）［M］. 天津：天津科技翻译出版公司，2010.

[4] 季国军. 设施蔬菜高产施肥［M］. 北京：中国农业出版社，2015.

[5] 劳秀荣，张漱茗. 保护地蔬菜施肥新技术［M］. 北京：中国农业出版社，1999.

[6] 劳秀荣，杨守祥，李俊良. 菜园测土配方施肥技术［M］. 北京：中国农业出版社，2008.

[7] 劳秀荣. 无公害蔬菜施肥与用药指南［M］. 北京：中国农业出版社，2003.

[8] 李博文，等. 蔬菜安全高效施肥［M］. 北京：中国农业出版社，2014.

[9] 李俊良，金圣爱，陈清，等. 蔬菜灌溉施肥新技术［M］. 北京：化学工业出版社，2008.

[10] 李明悦. 设施蔬菜施肥技术（茄果类）［M］. 天津：天津科技翻译出版公司，2009.

[11] 马国瑞. 蔬菜施肥指南［M］. 北京：中国农业出版社，2000.

[12] 马国瑞. 蔬菜施肥手册［M］. 北京：中国农业出版社，2004.

[13] 裴孝伯. 绿色蔬菜配方施肥技术［M］. 北京：化学工业出版社，2011.

[14] 全国农业技术推广服务中心. 蔬菜测土配方施肥技术［M］. 北京：中国农业出版社，2011.

[15] 隋好林，王淑芬. 设施蔬菜栽培水肥一体化技术［M］. 北京：金盾出版社，2015.

[16] 宋志伟，张爱中. 蔬菜实用测土配方施肥技术［M］. 北京：中国农业出版社，2014.

[17] 巫东堂，程季珍. 无公害蔬菜施肥技术大全［M］. 北京：中国农业出版社，2010.

[18] 中国化工学会化肥专业委员会，云南金星化工有限公司. 中国主要农作物营养套餐施肥技术［M］. 北京：中国农业科学技术出版社，2013.

[19] 朱静华. 设施蔬菜施肥技术（叶菜类）［M］. 天津：天津科技翻译出版公司，2010.

[20] 张福锁，陈新平，陈清，等. 中国主要作物施肥指南［M］. 北京：中国农

业大学出版社，2009.

[21] 赵永志. 蔬菜测土配方施肥技术理论与实践［M］. 北京：中国农业科学技术出版社，2012.

[22] 王克安. 设施蔬菜高效施肥与土壤无害化处理［M］. 北京：金盾出版社，2015.

[23] 宋志伟，杨首乐. 无公害露地蔬菜配方施肥［M］. 北京：化学工业出版社，2017.

[24] 宋志伟，杨首乐. 无公害设施蔬菜配方施肥［M］. 北京：化学工业出版社，2017.

[25] 宋志伟，等. 蔬菜测土配方与营养套餐施肥技术［M］. 北京：中国农业出版社，2016.

[26] 宋志伟，等. 设施蔬菜测土配方与营养套餐施肥技术［M］. 北京：中国农业出版社，2017.

[27] 宋志伟，等. 农业节肥节药技术［M］. 北京：中国农业出版社，2017.

[28] 宋志伟，翟国亮. 蔬菜水肥一体化实用技术［M］. 北京：化学工业出版社，2018.

[29] 张新明，张志华. 绿色食品　肥料实用技术手册［M］. 北京：中国农业出版社，2016.

[30] 王迪轩. 有机蔬菜科学用药与施肥技术［M］. 2版. 北京：化学工业出版社，2015.